Astronomische Abhandlungen
Ergänzungshefte zu den Astronomischen Nachrichten
Band 11, Nr. 4

Nr. 4

M. BEYER

Über den Lichtwechsel der Veränderlichen mit Perioden von 30 bis 150 Tagen

Mit 7 Textabbildungen

1944 Mai

1948

AKADEMIE-VERLAG · BERLIN

ERSCHIENEN IM AKADEMIE-VERLAG GMBH., BERLIN NW 7, SCHIFFBAUERDAMM 19
LIZENZ-NR. 156 · 3245/47
GEDRUCKT IN DER BUCHDRUCKEREI JULIUS BELTZ, LANGENSALZA
BESTELL- UND VERLAGSNUMMER 2015/II/4 · PREIS DM 20,—

Über den Lichtwechsel der Veränderlichen mit Perioden von 30 bis 150 Tagen

Von M. Beyer, Hamburg-Bergedorf

Mit 7 Abbildungen. (Eingegangen 1944 Mai)

Eine im Jahre 1923 begonnene visuelle Überwachung der physischen Veränderlichen mit Perioden von 30 bis 150 Tagen mußte im Herbst 1939 infolge der Einberufung des Verfassers zur Wehrmacht abgebrochen werden. Der größte Teil der erhaltenen Beobachtungen sowie die daraus abgeleiteten Ergebnisse sind bereits früher in einer Reihe von Abhandlungen in den „Astron. Nachr." und in „Erg.-Hefte z. d. Astron. Nachr." 8, C mitgeteilt worden. In der vorliegenden Arbeit sind zunächst die noch vorhandenen unveröffentlichten Beobachtungen für 66 Sterne zusammengestellt. Anschließend ist der Versuch unternommen, alle bis 1943 bekannten 502 Veränderlichen des genannten Periodenbereichs nach ihren Lichtkurven zu ordnen und einzuteilen. Die auf Grund dieses Ergebnisses durchgeführten statistischen Betrachtungen bieten einen Überblick über die Verteilung der Periodenlängen auf die einzelnen Sterngruppen, über die galaktische Verteilung dieser Veränderlichen sowie über die Beziehungen zwischen ihren Perioden und Spektren.

Die periodischen Veränderlichen, deren Lichtwechsel auf Änderungen ihres physischen Zustandes zurückzuführen ist, gliedern sich im wesentlichen in die beiden Hauptgruppen der kurzperiodischen Sterne vom Typus δ Cephei und der langperiodischen vom Typus Mira Ceti. Während die δ Cephei-Sterne Perioden von 0.1 bis zu 45 Tagen mit zwei ausgesprochenen Häufungs-Maxima bei 0.5 und 4.7 Tagen aufweisen, liegen die Perioden der Mira-Sterne zwischen 91 und 760 Tagen, wobei eine besonders starke Häufung bei etwa 280 Tagen hervortritt. In den letzten Jahrzehnten sind zwar einige Sterne aufgefunden, die trotz einer Überschreitung bzw. Unterschreitung der genannten Periodengrenzen als echte Vertreter der beiden Hauptgruppen angesehen werden können. So zeigen die Sterne CE Puppis ($P = 49^{d}53$) und IJ Carinae ($P = 64^{d}24$) die wesentlichen Merkmale der δ Cephei-Sterne, während AL Sagittarii ($P = 79^{d}10$) den Lichtwechsel eines Mira-Sterns aufweist. Diese Objekte fallen aber mit ihren Periodenlängen aus dem Rahmen heraus und sind als Einzelfälle zu betrachten, sofern sie sich später nicht als normale RV Tauri-Sterne, Halbregelmäßige oder dgl. enthüllen. Ein Beispiel dafür gibt der Veränderliche RU Velorum, der mit einer Periode von 63 Tagen jahrelang als Mira-Stern mit kürzester Periode gegolten hat, bevor das erst neuerdings erkannte Vorhandensein von Doppelwellen mit $P = 125^{d}$ seine Ausnahmestellung aufhob.

In die von den beiden Hauptgruppen gemiedene Periodenlücke zwischen 45 und 90 Tagen fallen nun die Lichtwechselperioden für eine relativ kleine Zahl von Veränderlichen, die sowohl im Ablauf und Umfang ihrer Helligkeitsänderungen als auch in der Regelmäßigkeit dieser Erscheinungen mehr oder weniger stark von den δ Cephei- bzw. Mira-Sternen abweichen. Neben dem RV Tauri-Typus sind hier die verschiedensten Formen des häufig als „halbregelmäßig" bezeichneten Lichtwechsels vertreten, der neben einer zumeist ziemlich kleinen und stark veränderlichen Helligkeitsamplitude auch größere Unregelmäßigkeiten in der Periodenlänge, zuweilen auch sprunghafte Änderungen des gesamten Helligkeitsverlaufs aufweist.

Um einen Überblick über die zahlenmäßige Verteilung der verschiedenen Gruppen der physischen Veränderlichen auf die Periodenlängen zu gewinnen, wurde das von H. Schneller in „Katalog und Ephemeriden der Veränderlichen Sterne für 1943" [1]) gegebene Verzeichnis statistisch untersucht. Unter den dort aufgeführten 9476 Sternen sind 3458 physische Veränderliche mit Perioden zwischen 10 und 940 Tagen vorhanden. Eine Ordnung dieser Sterne nach der Art ihres Lichtwechsels ist nach den knappen und teilweise recht unsicheren Angaben nur in groben Umrissen möglich. Sie ergab unter Zugrundelegung von 7 Hauptgruppen das folgende Bild.

Tabelle 1.
Physische Veränderliche mit Perioden von 10 bis 940 Tagen

Gruppe	Zahl der Sterne	%
1) δ Cephei-Sterne	156	4.5
2) Mira-Sterne mit Amplituden $> 3^{m}0$ . . .	2354	68.1
3) Mira-Sterne mit Amplituden $1^{m}5$—$3^{m}0$ . .	454	13.1
4) Langperiodische mit Amplituden $0^{m}3$—$1^{m}5$	234	6.8
5) Halbregelmäßige	190	5.5
6) RV Tauri-Sterne	42	1.2
7) Zyklisch-Veränderliche	28	0.8

[1]) Kl. Veröff. d. Univ.-Sternwarte Berlin-Babelsberg Nr. 26 (1942).

In der vorstehenden Zusammenfassung ist die Gruppe der δ Cephei-Sterne am schärfsten abgegrenzt, da der sehr regelmäßige Lichtwechsel dieser Veränderlichen eine rasche und sichere Bestimmung von Art und Periode ermöglicht. Wesentlich unsicherer ist die Einordnung der Langperiodischen in die Gruppen 2 bis 4. Bei einer größeren Zahl von Mira-Sternen liegt die Helligkeit der Minima unter der Reichweite der Beobachtungsinstrumente, so daß die Amplitude des Lichtwechsels zurzeit noch unbekannt ist. In die Gruppen 3 und 4 wurden infolgedessen nur solche Langperiodische eingeordnet, deren Maximalamplituden $0\overset{m}{.}3$—$3\overset{m}{.}0$ aus Kat. u. Eph. f. 1943 entnommen werden konnten. Alle übrigen Mira-Sterne wurden in die weitaus größte Gruppe 2 eingereiht. Es ist indessen nicht anzunehmen, daß diese Unsicherheit in der Darstellung eine erhebliche Verwaschenheit des Bildes ergeben könnte. Eine Unterteilung der Langperiodischen nach ihren Amplituden erscheint aber geboten, weil mit dem Umfang des Lichtwechsels wesentliche Unterschiede im Ablauf der Helligkeitsänderungen verbunden sind, die auf eine Verschiedenartigkeit der Sterne schließen lassen. Die Grenzen der Maximal-Amplituden bei $1\overset{m}{.}5$ und $3\overset{m}{.}0$ sind ziemlich willkürlich gezogen. Sie ergaben sich aus einer Betrachtung der vorhandenen Lichtkurven und liegen in genäherter Übereinstimmung mit anderen Beobachtern, von denen z. B. L. JACCHIA [1]) auch die eigentlichen Mira-Sterne mit Amplituden $> 3\overset{m}{.}0$ von den X Monocerotis-Veränderlichen (Amplituden: $1\overset{m}{.}0$ bis $3\overset{m}{.}0$) trennt. In die 5. Gruppe der „Halbregelmäßigen" sind neben den in Kat. u. Eph. als solche bezeichneten Sternen auch diejenigen Veränderlichen aufgenommen, bei denen mehrere Perioden nebeneinander vorhanden sind, die sich entweder überlagern (z. B. TW Pegasi) oder von Zeit zu Zeit ablösen (z. B. UU Herculis). Von den in der 6. Gruppe zusammengefaßten RV Tauri-Sternen sind 13 Veränderliche schon in Kat. u. Eph. f. 1943 als fraglich bezeichnet. Einige weitere, als „RV Tauri-ähnlich" bezeichnete Sterne wurden den Halbregelmäßigen zugeordnet, weil die übrigen Angaben das Vorhandensein eines echten RV Tauri-Lichtwechsels wenig wahrscheinlich machen. Trotzdem dürfte die für die RV Tauri-Sterne gegebene Zahl nach den Ergebnissen der hier durchgeführten Untersuchungen als erheblich zu groß anzusehen sein. Die 7. Gruppe umfaßt schließlich alle Veränderlichen, deren an sich unregelmäßiger Lichtwechsel durch das Auftreten von Zyklen mit periodischen Wellen bestimmt wird, von denen oft mehrere nebeneinander laufen und Überlagerungen hervorrufen.

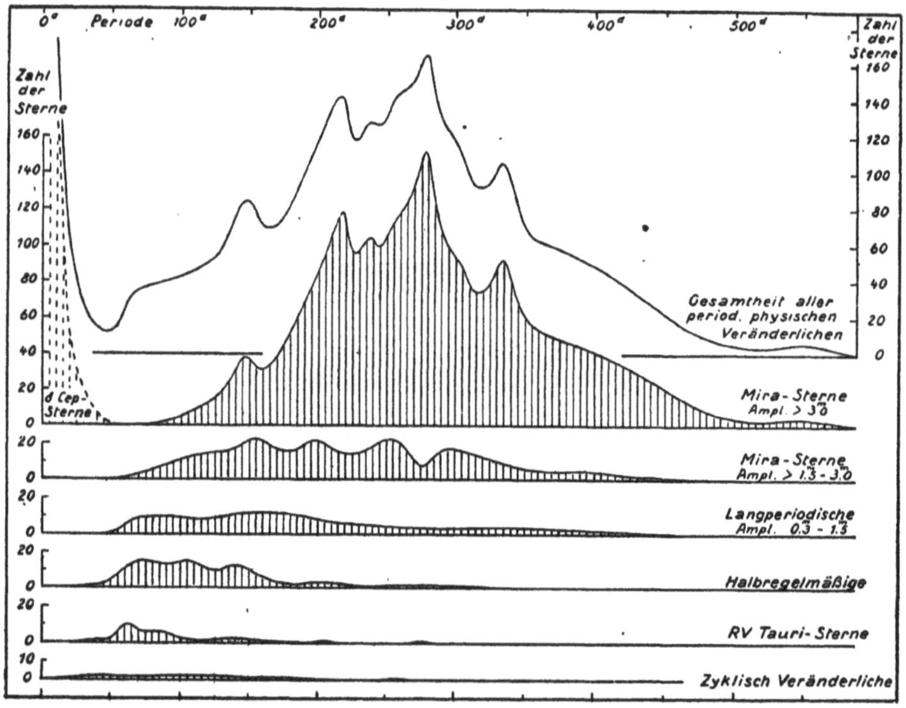

Abb. 1. Verteilung der physischen Veränderlichen auf die Periodenlängen.
Die Ordinaten geben die Anzahl der Sterne für die Mitten von 10tägigen Perioden-Intervallen, unter Zugrundelegung der Angaben in „Katalog u. Ephemeriden Veränderlicher Sterne für 1943".

In Abb. 1 ist die Verteilung der Sterne auf die Periodenlängen in Abschnitten von 10 zu 10 Tagen wiedergegeben. Die Darstellung bezieht sich sowohl auf die Gesamtheit aller physischen Veränderlichen mit Perioden zwischen 10 und 675 Tagen als auch auf die einzelnen Gruppen. Die obere Kurve zeigt dabei mit ihrem spitzen Minimum bei $P = 48^d$ deutlich die ziemlich scharfe Grenze zwischen

[1]) Publ. Oss. astron. Bologna II Nr. 14,211 (1933).

den kurz- und langperiodischen Veränderlichen. Während im Abschnitt $P = 10$ bis 20^d noch 104 δ Cephei-Sterne vorhanden sind, weist das Intervall $P = 43$ bis 53^d nur noch 12 Veränderliche, darunter 3 δ Cephei-Sterne, auf. Die Zahl der Sterne steigt dann mit zunehmender Periodenlänge ziemlich rasch wieder an und erreicht nach zwei auffallenden Häufungen bei $P = 146^d$ (84 Sterne mit $P = 141$ bis 151^d) und $P = 215^d$ (142 Sterne mit $P = 210$ bis 220^d) ihr Maximum bei $P = 277^d$ mit 166 Sternen für den Abschnitt $P = 272$ bis 282^d. Sie fällt dann sehr rasch, zeigt bei $P = 333^d$ noch einmal eine Häufung von 105 Sternen mit $P = 328$ bis 338^d, um schließlich bei $P = 500^d$ auf 5 Sterne für je 10 Tage Unterschied in der Periodenlänge abgesunken zu sein.

Die unter der Gesamtdarstellung gegebenen Kurven für die einzelnen Gruppen lassen erkennen, in welchem Umfange diese innerhalb der einzelnen Periodenabschnitte vertreten sind. Während die größeren Periodenlängen $P > 150^d$ fast ausschließlich den Mira-Sternen der Gruppen 2 und 3 vorbehalten sind, treten diese bei den kürzeren Perioden $P = 30$ bis 150^d zugunsten der übrigen 5 Gruppen stark zurück. Die bei den 3 Gruppen der Langperiodischen (2 bis 4) hervortretende starke Verlagerung des Häufigkeits-Maximums in Richtung der kürzeren Periodenlängen entspricht der seit langem bekannten Korrelation zwischen den Amplituden und Perioden der Mira-Sterne [1]). Eine völlig abweichende Verteilung zeigen die Halbregelmäßigen, deren Perioden größtenteils (zu 66%) und mit ziemlich gleichbleibender Häufigkeit zwischen den Perioden $P = 60$ und 150^d liegen. Eine gewisse Schwierigkeit bereitet die Einordnung der RV Tauri-Sterne, da bei ihnen nicht einwandfrei feststeht, ob die Länge der Einzelschwankungen oder diejenige der Doppelwellen als Periode zu betrachten ist. Legt man bei diesen Sternen die Längen der Einzelwellen als Perioden zugrunde, so fügen sich die RV Tauri-Sterne zwanglos in die von W. W. CAMPBELL gefundene Beziehung zwischen den Perioden und Spektren ein [2]). Andererseits ist sowohl nach dem Verlauf der spektralen Geschwindigkeitskurven als auch nach den Lichtkurven, die sich aus Doppelwellen mit abwechselnd tiefen und flachen Minima aufbauen, zweifellos der Abstand der tiefen Haupt-Minima als Periode anzusprechen. Für die vorliegenden Betrachtungen wurden daher — wie bisher allgemein üblich — die Längen der Doppelwellen zugrundegelegt. Es muß aber bemerkt werden, daß dieses Verfahren in Kat. u. Eph. nicht streng durchgeführt worden ist (z. B. TX Aql u. a.). Die in Abb. 1 gegebene Verteilungskurve zeigt, daß die RV Tauri-Sterne innerhalb des Periodenabschnitts $P = 30$ bis 150^d fast restlos erfaßt sind. Die folgende und letzte Kurve für die Gruppe der Zyklisch-Veränderlichen weist nur eine sehr flache Erhebung auf, so daß die Zahl dieser Sterne für die Gesamtheit der physischen Veränderlichen kaum ins Gewicht zu fallen scheint.

Im Vergleich mit den normalen δ Cephei- und Mira-Sternen sind unsere Kenntnisse über das bunte Gemisch der Veränderlichen mit Perioden zwischen 45 und 90 Tagen immer noch recht gering. Bei der Regelmäßigkeit der δ Cephei- und Mira-Sterne genügen zumeist wenige Beobachtungen und kurze Überwachungszeiten, um die Art und Form des Lichtwechsels festzulegen. Daneben bietet die große Häufigkeit dieser Objekte zahlreiche Vergleichsmöglichkeiten und die Unterlage für statistische Untersuchungen. Ganz im Gegensatz dazu findet man unter den Sternen der Periodenlücke keinen Veränderlichen, dessen Lichtwechsel so regelmäßig verläuft, daß er in kurzer Zeit erforscht sein könnte. Jeder Stern zeigt zudem sein eigenes besonderes Verhalten, und bei dem zumeist stark wechselnden Ablauf der Helligkeitsänderungen ist es ebenso schwierig wie zeitraubend, die charakteristischen Merkmale herauszufinden. Überdies sind unter der ohnehin schon kleinen Zahl der in Frage kommenden Sterne viele so lichtschwach, daß ihre fortlaufende visuelle Überwachung mit kleineren Fernrohren nicht möglich ist. In Anbetracht der zumeist nur geringen und oft rasch verlaufenden Helligkeitsänderungen ist aber gerade eine möglichst häufige, lückenlose und sorgfältige Beobachtung dringend erforderlich. Alle Versuche, aus zeitlich verstreuten Beobachtungen, umfangreichen Plattensammlungen oder neuerdings aus den Serien der Überwachungsaufnahmen nähere Aufschlüsse über diese Sterne zu erlangen, haben zu unzuverlässigen und oft völlig falschen Ergebnissen geführt. So kommt es, daß in der Literatur die Angaben für manche Veränderliche dieser Art fortgesetzt wechseln. Da diese Sterne vielleicht als selten vorkommende Übergangsformen zwischen den δ Cephei-Veränderlichen und Langperiodischen bzw. μ Cephei-Sternen anzusehen sind, erscheint eine gründliche Untersuchung ihres Lichtwechsels besonders wünschenswert.

Der erste Vorstoß in dieser Richtung wurde im Jahre 1921 von H. LUDENDORFF [3]) unternommen. Die Arbeit erstreckt sich im wesentlichen auf eine Beschreibung des Lichtwechsels der wenigen seinerzeit bekannten Sterne mit Perioden zwischen 45 und 90 Tagen. Dabei sind die RV Tauri-Sterne sowie alle RV Tauri-ähnlichen Veränderlichen gesondert behandelt, weil diese eine geschlossene Gruppe für sich bilden und hinsichtlich ihrer Perioden, Spektra und galaktischen Breiten sowie in der Gestalt ihrer Lichtkurven eindeutig verwandtschaftliche Beziehungen zu den δ Cephei- bzw. Mira-Sternen aufweisen. Eine bei den RV Tauri-Sternen angedeutete Periodenlücke zwischen $P = 100$ bis 120^d grenzt nach LUDENDORFF die δ Cephei-artigen RV Tauri-Sterne von den Mira-artigen ab. Sieht man bei den

[1]) H. LUDENDORFF: Handb. d. Astrophys. Bd. VI 120 (1928). [2]) B. P. GERASIMOVIČ: Harv. Circ. 341 (1929).
[3]) Untersuchungen über veränderliche Sterne. I. Astron. Nachr. 214.77 (1921).

RV Tauri-Veränderlichen die halbe Periodenlänge, mithin den Abstand vom Haupt-Minimum zum folgenden Neben-Minimum als maßgeblich an, so fällt die Grenze zwischen $\frac{1}{2}P = 50$ bis 60^d mit der bereits erwähnten allgemeinen Periodenlücke zusammen. Bei den übrigen Sternen findet LUDENDORFF eine große Veränderlichkeit ihrer Perioden und Lichtkurven, die auf einen instabilen Zustand schließen läßt. Zwischen den Periodengrenzen $P = 46$ und 64^d liegt nur Z Leonis mit $P = 56^d.4$. Alle übrigen Veränderlichen verteilen sich ziemlich gleichmäßig über die Perioden $P = 64$ bis 90^d. Aus ihren höheren galaktischen Breiten und späteren Spektren (M) wird auf eine nahe Verwandtschaft mit den Mira-Sternen geschlossen.

In den Jahren 1927—28 unternahm B. P. GERASIMOVIČ den Versuch, den Lichtwechsel dieser von ihm als „intermediate group" bezeichneten Sterne unter Benutzung der riesigen Plattensammlung der Harvard-Sternwarte zu untersuchen. Für die einzelnen Sterne standen damit zum Teil mehrere hundert Beobachtungen zur Verfügung, die sich aber ziemlich ungleichmäßig über 20 bis 30 Jahre verteilen und in Anbetracht der Unregelmäßigkeiten der Lichtkurven sowie der geringen Helligkeitsamplituden oft nur unsichere Ergebnisse lieferten. Nach einer Reihe von Mitteilungen über einzelne Sterne dieser Art erschienen im Jahre 1929 die beiden zusammenfassenden Abhandlungen „A General Study of RV Tauri-Variables" [1]) und „On Variables of the Intermediate Group" [2]). Obgleich diese Untersuchungen heute durch die neueren Beobachtungsergebnisse überholt sind, so liefern sie doch wertvolle Beiträge für die Kenntnis dieser Veränderlichen. Die auf Grund des unzureichenden Beobachtungsmaterials versuchte Klassifizierung der wenigen Sterne kann wohl nur als eine vorläufige Ordnung angesehen werden. Sie gibt aber einige Hinweise, die für die Aufdeckung der verwandtschaftlichen Beziehungen der einzelnen Untergruppen zueinander sowie zu den normalen Haupt-Typen und vielleicht auch für eine spätere Klarlegung der Ursache des Lichtwechsels wertvoll sind. Besonders beachtenswert dürfte die von GERASIMOVIČ vorgenommene Gliederung der „intermediate group" in zwei Klassen sein. In die erste Klasse gehören neben den RV Tauri-Veränderlichen alle Sterne, die eine engere Verwandtschaft zu den δ Cephei- bzw. Mira-Sternen aufweisen. Entscheidend ist dabei ihre zwanglose Eingliederung in die CAMPBELLsche Perioden-Spektren-Beziehung, die den weitaus größten Teil der Veränderlichen vom Haufen-Typ bis zu den Langperiodischen in eine kontinuierliche Folge stellt und damit aufzeigt, daß die Ursache des Lichtwechsels für alle ziemlich gleichartig sein dürfte. Die zweite Gruppe umfaßt die Veränderlichen, die trotz relativ kurzer Perioden späte Spektra aufweisen und mit ihren größeren Unregelmäßigkeiten den μ Cephei-Sternen nahezustehen scheinen.

Neuere zusammenfassende Darstellungen über „die Veränderlichen mit Perioden von 45^d bis 90^d" sind von H. LUDENDORFF im „Handbuch der Astrophysik" Bd. VI, S. 163—166 (1928) und Bd. VII, S. 640—643 (1936) gegeben worden. Obgleich in der letzten Arbeit einleitend auf unsere seit 1928 erheblich erweiterte Kenntnis der Lückengruppe („intermediate group") hingewiesen wird, kommt LUDENDORFF am Schlusse zum Ergebnis, daß nach dem bis 1935 vorliegenden Beobachtungsmaterial „die Verhältnisse noch ziemlich unklar liegen. Oft kommt es vor, daß spätere Beobachtungen im Widerspruch zu den aus früheren gezogenen Schlüssen stehen" [3]).

Die unsicheren und einander widersprechenden Angaben über eine Reihe von Sternen der Lückengruppe gaben mir im Jahre 1923 die Veranlassung, eine systematische Überwachung dieser Objekte in Angriff zu nehmen. Wie aus der eingangs gegebenen statistischen Betrachtung (vgl. Abb. 1) deutlich hervorgeht, liegen die äußeren Grenzen für die Perioden der in Frage kommenden Sterne zwischen etwa 30 und 150 Tagen. Ähnliche Untersuchungen, die im Jahre 1923 an Hand des weit weniger umfangreichen Materials aus Kat. u. Eph. für 1922 angestellt wurden, führten zu fast gleichen Ergebnissen. So wurde zunächst die Beobachtung aller mit dem Vierzöller erreichbaren Veränderlichen mit Perioden zwischen 30 und 100 Tagen geplant. Die Grenzen wurden jedoch sehr bald nach oben erweitert und bis zu $P = 150^d$ ausgedehnt.

Das Beobachtungsprogramm umfaßte anfangs eine verhältnismäßig kleine Zahl von Sternen, da zunächst nur eine Untersuchung derjenigen Veränderlichen vorgesehen war, für die abweichende Ergebnisse vorlagen oder nähere Angaben fehlten. Mit der gewaltigen Zunahme der Neuentdeckungen wuchs auch die Zahl der Sterne an, für die mittellange Perioden angegeben oder vermutet wurden. Soweit diese Veränderlichen für die vorhandenen optischen Hilfsmittel erreichbar waren, wurden sie bald nach dem Bekanntwerden ihres besonderen Lichtwechsels unter Überwachung genommen. Es zeigte sich jedoch, daß dabei ein großer Leerlauf der Arbeit in Kauf genommen werden mußte, weil die Angaben über die Periode und Art des Lichtwechsels nur bei einem Teil der neu aufgenommenen Sterne bestätigt werden konnten. Diese Belastung war im wesentlichen eine Folge der Leichtfertigkeit, mit der von mancher Seite aus völlig unzureichenden Beobachtungsreihen Elemente des Lichtwechsels abgeleitet, veröffentlicht und ebenso schnell wieder verworfen werden. Gerade bei den im Mittelpunkt unserer Betrachtung stehenden Veränderlichen sind der Nachweis von Gesetzmäßigkeiten und die Bestimmung der Elemente des Lichtwechsels infolge der verschiedenartigen Unregelmäßigkeiten und geringen Helligkeitsamplituden so schwierig, daß dazu stets eine mehrjährige, in vielen Fällen sogar eine

[1]) Harv. Circ. 341 (1929). [2]) Harv. Circ. 342 (1929). [3]) Handb. d. Astrophys. Bd. VII. 643.

jahrzehntelange lückenlose Überwachung erforderlich ist. Schon der Nachweis der Periodizität bereitet oft große Schwierigkeiten, da die Lichtkurven mancher unregelmäßiger Veränderlicher in Wellen verlaufen, die zuweilen bestimmte Längen bevorzugen und in solchen Abschnitten einen periodischen Lichtwechsel vortäuschen können. Umgekehrt treten bei vielen periodischen Veränderlichen unserer Gruppe Zeitspannen mit unregelmäßigen Helligkeitsänderungen oder völliger Ruhe auf, die bei einer kürzeren Beobachtung gleichfalls zu falschen Schlüssen verleiten. Auch in der Bestimmung der Art des Lichtwechsels dürfte manchmal etwas voreilig oder kritiklos verfahren worden sein, denn es ist ebenso falsch wie irreführend, wenn z. B. Halbregelmäßige oder Mira-Sterne mit Doppel-Maxima kurzerhand als RV Tauri-Veränderliche bezeichnet werden, wie es leider mehrfach geschehen ist. Mit großer Vorsicht sind überdies die „Verbesserungen" oder das Verwerfen von älteren Elementensystemen zu betrachten, solange die Gründe dafür nicht durch eine ausgedehnte Beobachtung nachgewiesen sind.

Für die Einteilung und Durchführung der Beobachtungsarbeit bedeuteten die zweifelhaften Literaturangaben jedenfalls eine große Belastung, da viele Sterne jahrelang überwacht wurden, bei denen hinterher nicht der geringste Anhalt für ihre Zugehörigkeit zur Gruppe der Veränderlichen mit $P = 30$ bis 150^d zu finden war. Trotz aller Bemühungen, die in Frage kommenden Objekte möglichst geschlossen zu erfassen, war es infolge der zahlreichen Neuentdeckungen und der wechselnden Angaben in der Literatur nicht möglich, dauernd auf dem laufenden zu bleiben.

Als Beobachtungs-Instrumente dienten von 1923 Febr. bis 1926 März ein festaufgestelltes 108 mm-Fernrohr in Altona, 1926 April bis 1932 März der 115 mm-Refraktor der Privat-Sternwarte des Herrn W. Gummelt zu Hamburg-Großborstel, 1932 April bis 1935 Mai ein festaufgestelltes 108 mm-Fernrohr und 1935 Mai bis 1939 Sept. der neuerbaute 142 mm-Refraktor der eigenen Privat-Sternwarte in Hamburg. Die Helligkeit der Veränderlichen wurde meistens nach dem Verfahren von Nijland geschätzt, das einer Verbindung der Argelanderschen Stufenschätzung mit der Pickeringschen Interpolationsmethode entspricht. Zeitweilig wurden zur Kontrolle photometrische Messungen mit einem Graffschen Keilphotometer vorgenommen. Mit diesem Instrument wurden auch die Helligkeiten der jeweils benutzten Vergleichsterne mehrfach gemessen und durch Anschluß an die Harvard-Polfolge sowie an Sterne der Harvard-Kataloge (Harv. Ann. Bd. 50, 54 und 70) in ein einheitliches photometrisches System gebracht.

Mit Ausnahme von einigen kurzen Unterbrechungen, die durch Schlechtwetterperioden, Sommerreisen sowie durch den von 1932 April bis Juli dauernden Umbau der Sternwarte hervorgerufen wurden, konnte das Beobachtungsprogramm 16½ Jahre lang durchgeführt werden. Mit der im Mai 1935 erfolgten Aufstellung des 142 mm-Refraktors war auch die Untersuchung von etwas lichtschwächeren Sternen möglich geworden. Zuletzt wurde das Programm im Herbst 1938 durch die Aufnahme von 27 Veränderlichen erweitert. Leider mußten diese Arbeiten 1939 Sept. 12 durch den Ausbruch des Krieges und die Einberufung des Verfassers zur Wehrmacht vorzeitig abgebrochen werden.

Innerhalb des Zeitraums 1923 Febr. 15 bis 1939 Sept. 12 wurden im Rahmen dieses Programms von 192 Sternen insgesamt 34 657 Helligkeitsbeobachtungen erhalten. Eine große Zahl von Beobachtungen konnte bereits früher abgeschlossen und bearbeitet werden. Diese Reihen mit 21 277 Helligkeitsbeobachtungen von 86 Veränderlichen sind in den Astron. Nachr. sowie in den Astron. Abhandl. (Erg.-Hefte z. d. Astron. Nachr.) Bd. 8 H. 3 veröffentlicht worden. Sie erstrecken sich ausnahmslos über viele Jahre und haben im allgemeinen sichere Aufschlüsse über die Eigentümlichkeiten des Lichtwechsels der verschiedenen Sterne geliefert. Nachdem die Privat-Sternwarte des Verfassers infolge eines Fliegerangriffs auf Hamburg in der Nacht vom 27. zum 28. Juli 1943 restlos vernichtet worden ist und eine Fortführung der Programm-Arbeiten in absehbarer Zeit nicht möglich erscheint, sind nunmehr die noch vorhandenen Beobachtungsreihen reduziert und bearbeitet worden. Wenn auch das Ziel der Arbeit leider nicht erreicht werden konnte, so waren die Untersuchungen doch so weit fortgeschritten, daß eine zusammenfassende Darstellung der Ergebnisse bereits einen Überblick über die Verteilung der Veränderlichen innerhalb der Periodenlücke gewährt.

Im Verzeichnis „Kat. u. Eph. d. Veränd. Sterne f. 1943" sind 518 physische Veränderliche mit Perioden zwischen 30 und 150 Tagen aufgeführt. Von diesen sind die folgenden 24 Sterne von der weiteren Betrachtung ausgeschlossen, weil die hier erhaltenen Beobachtungen bzw. die Überprüfung der Angaben zu anderen Ergebnissen geführt haben. Die mit einem * versehenen Veränderlichen sind hier im Rahmen des Programms beobachtet worden.

Tabelle 2.

Liste der Veränderlichen, die von der Betrachtung ausgeschlossen wurden

Stern	Periode nach KE 1943	Grund für die Streichung
RV Cam*	$35^d.7$ u. $102^d.6$	154 Beob. 1930—39 ergeben $P = 182^d.6$; kurze Periode nicht vorhanden.
AY And	40^d?	nach KE 1943 wahrscheinlich unregelmäßig.
RY UMa*	$41^d.42$ u. $311^d.1$	38 Beob. 1938—39: kurze Periode = Mittelwert aus kleinen sekundären Wellen.
Y Com	43.43	nach Lichtkurve in Astron. Nachr. **249**.392 Periodizität sehr zweifelhaft.

Stern	Periode nach KE 1943	Grund für die Streichung
SY Cir	$46^d_.36$	nach KE 1943 vielleicht Bedeckungsveränderlicher.
RT Vul*	62?	43 Beob. 1934—39: unveränderlich.
TU Aur*	75?	224 Beob. 1923—29: unregelmäßige flache Wellen.
RX Boo*	78 u. 500^d	130 Beob. 1932—39: unregelmäßige flache Wellen.
Z Cnc*	80, 114 u. 166^d	229 Beob. 1923—29: zyklische Schwankungen mit $P = 351^d$.
ST UMa*	81, 570 u. 3500^d	162 Beob. 1924—29: unregelmäßiges Flackern zwischen $6^m_.4$ und $7^m_.1$.
SW Per*	83.6	319 Beob. 1923—29: zyklische Schwankungen mit $P = 162^d$.
SY Leo*	85	98 Beob. 1935—39: unregelmäßig mit Zwischenzeiten von 40 bis 90^d.
CU Cas	85±	nach NNVS 5.193: Wellen mit Zwischenzeiten von 70 bis 100^d.
TZ Aql*	90	15 Beob. 1932—39: unregelmäßiger Lichtwechsel.
UU Cnc	97	nach F. LAUSE, Astron. Nachr. **266**.241 vielleicht Bedeckungsveränderlicher.
AH Cyg*	99.5	71 Beob. 1934—39: unregelmäßige langgestreckte Wellen.
RW Psc*	100	109 Beob. 1932—39: unregelmäßig mit Zwischenzeiten von 40 bis 150^d.
V 395 Cyg*	100±	23 Beob. 1938—39: unveränderlich.
VW Gem*	110±	97 Beob. 1929—36: langgestreckte glatte Wellen mit Längen von 80 bis 140^d.
BI Peg*	120	134 Beob. 1932—39: unregelmäßig mit Zwischenzeiten von 250 bis 540^d.
SZ Dra*	120±	288 Beob. 1925—36: unregelmäßig mit Zwischenzeiten von 100 bis 200^d.
SZ Peg*	130±	176 Beob. 1927—36: flache, unregelmäßige Wellen mit Längen von 88 bis 192^d.
TW Aur*	148	151 Beob. 1929—36: unregelmäßige Wellen mit Längen von 120 bis 180^d.
WZ Tau*	150	127 Beob. 1932—39: langsame und völlig unregelmäßige Schwankungen.

An ihre Stelle treten 8 Veränderliche mit Perioden von 30 bis 150 Tagen neu hinzu, für die in Kat. u. Eph. f. 1943 abweichende oder keine Angaben enthalten sind.

Tabelle 3.
Liste der neu aufgenommenen Veränderlichen

Stern	Lichtwechsel nach KE 1943	Periode und Art des Lichtwechsels nach neuen Beobachtungen				
		d				
TW Aql*	unregelmäßig	$P = 64.6$	langperiodisch mit kleiner Amplitude	43	Beob.	1934—39
BD Peg*	,,	71.6	langperiodisch mit kleiner Amplitude	169	,,	1932—39
BE Peg*	,,	78	zyklisch veränderlich	76	,,	1933—39
RY CrB*	unbekannt	96.5	langperiodisch mit kleiner Amplitude	96	,,	1934—39
EX Aql*	halbregelmäßig	99 u. 117	halbperiodisch	103	,,	1934—39
2.1935 Leo*	—	107	zyklisch veränderlich	61	,,	1935—39
RR Cam*	halbregelmäßig	123.5	langperiodisch mit kleiner Amplitude	316	,,	1924—29
VY And*	$P = 730^d$, langperiodisch	149	langperiodisch mit kleiner Amplitude	299	,,	1923—29

Nach den vorstehenden Ergebnissen dürften zurzeit etwa 502 Sterne als periodisch zwischen $P = 30$ bis 150^d anzusehen sein, von denen die folgenden 106 Veränderlichen hier beobachtet worden sind. Die Zusammenstellung enthält außer der Anzahl der erhaltenen Beobachtungen und der Beobachtungszeit auch den Ort der Veröffentlichung (Abkürzungen: AN = Astron. Nachr., EH = Ergänzungsheft zu den Astron. Nachr. Bd. 8.3).

Tabelle 4.
Liste der hier beobachteten Veränderlichen mit $P = 30$ bis 150^d

Stern	Beobachtungen			Stern	Beobachtungen		
	n	Zeit	veröffentlicht		*n*	Zeit	veröffentlicht
TV And	385	1923—29	EH 8, C 59	LU Aql	120	1932—39	S. 83
VY ,,	299	1923—29	EH 8, C 37	MU ,,	36	1934—36	AN **259**.102
WY ,,	194	1932—39	S. 14	MU ,,	58	1936—39	S. 35
RU Aqr	54	1928—39	S. 81	NO ,,	250	1932—39	S. 36
RW ,,	133	1932—39	S. 34	Z Aur	357	1923—29	AN **252**.271
XY ,,	9	1938—39	S. 56	AG ,,	344	1930—39	S. 13
TU ,,	154	1933—39	S. 60	AI ,,	103	1929—36	AN **262**.298
TW ,,	22	1932—38	S. 56	X Cam	331	1924—29	EH 8, C 29
AC ,,	151	1932—39	S. 53	RR ,,	211	1924—27	AN **232**.48
S Aql	305	1923—29	EH 8, C 27	RR ,,	105	1927—29	AN **262**.300
TW ,,	43	1934—39	S. 51	RS ,,	193	1932—39	S. 47
TX ,,	208	1924—28	AN **234**.474	RY ,,	382	1923—29	EH 8, C 25
WX ,,	147	1931—39	S. 59	TW ,,	62	1938—39	S. 23
AD ,,	81	1934—39	S. 16	UY CMa	77	1935—39	S. 10
DY ,,	246	1927—36	AN **262**.280	UZ ,,	21	1938—39	S. 45
EX ,,	103	1934—39	S. 62	RX Cap	150	1934—39	S. 17
KK ,,	291	1932—39	S. 37	UY Cas	148	1934—39	S. 46

Stern	Beobachtungen			Stern	Beobachtungen		
	n	Zeit	veröffentlicht		*n*	Zeit	veröffentlicht
VY Cas	445	1923—29	EH 8, C 56	EP Lyr	306	1932—39	S. 21
RU Cep	266	1932—39	S. 31	FK ,,	27	1938—39	S. 70
RY ,,	48	1929—33	AN 259.109	U Mon	145	1932—39	S. 26
SS ,,	249	1932—39	S. 78	TT Oph	227	1924—29	EH 8, C 16
TZ ,,	344	1929—36	AN 262.260	UZ ,,	271	1933—39	S. 24
RR CrB	235	1932—39	S. 72	ST Peg	210	1923—29	EH 8, C 58
RY ,,	96	1934—39	S. 58	TW ,,	103	1932—39	S. 80
AF Cyg	315	1923—29	EH 8, C 55	TX ,,	204	1923—29	EH 8, C 36
AV ,,	304	1932—39	S. 11	UW ,,	181	1923—29	EH 8, C 65
CH ,,	202	1932—39	S. 76	AF ,,	195	1930—39	S. 52
DF ,,	289	1935—39	S. 28	AM ,,	141	1930—36	AN 262.306
GK ,,	169	1934—39	S. 20	BC ,,	76	1933—39	S. 85
V 360 ,,	51	1938—39	S. 19	BD ,,	169	1932—39	S. 55
V 369 ,,	44	1938—39	S. 33	BE ,,	76	1933—39	S. 82
SY Del	13	1938—39	S. 49	BU ,,	9	1938—39	S. 44
TU ,,	14	1938—39	S. 48	DN ,,	8	1938—39	S. 44
TW ,,	13	1938—39	S. 86	TT Per	253	1923—29	EH 8, C 33
UZ ,,	10	1938—39	S. 41	TX ,,	358	1932—39	S. 74
SS Dra	161	1934—39	S. 71	AA ,,	252	1923—27	AN 232.41
TT ,,	344	1923—29	EH 8, C 34	AA ,,	81	1927—29	AN 262.276
TX ,,	298	1923—29	EH 8, C 42	AF ,,	332	1927—36	AN 262.308
UV ,,	394	1923—29	EH 8, C 40	R Sge	350	1923—29	EH 8, C 9
T Equ	285	1927—36	AN 262.302	Z Ser	99	1933—39	S. 56
RW Eri	26	1938—39	S. 58	AM ,,	10	1939	S. 41
SS Gem	329	1923—28	AN 234.466	RV Tau	346	1923—29	EH 8, C 18
SS ,,	43	1928—29	AN 262.284	TV ,,	189	1929—36	AN 262.278
SU ,,	40	1938—39	S. 30	TX ,,	197	1929—36	AN 262.285
SX Her	290	1924—29	EH 8, C 23	WW ,,	329	1927—36	AN 262.313
UU ,,	419	1923—29	EH 8, C 44	WW ,,	55	1937—39	S. 62
UU ,,	441	1930—39	S. 64	AB ,,	29	1938—39	S. 43
AC ,,	316	1924—29	EH 8, C 14	AU ,,	28	1938—39	S. 43
DM ,,	19	1938—39	S. 45	SV UMa	272	1924—29	EH 8, C 53
Z Leo	342	1923—29	EH 8, C 38	UV ,,	35	1938—39	S. 50
2.1935 Leo	61	1935—39	S. 84	V UMi	444	1923—29	EH 8, C 50
W LMi	198	1932—39	S. 41	R Vul	66	1928—33	AN 252.288
V Lyn	382	1923—29	EH 8, C 46	R ,,	29	1934—35	AN 259.121
V ,,	352	1932—39	S. 67	S ,,	428	1923—29	EH 8, C 21
AE Lyr	59	1938—39	S. 7	V ,,	465	1923—29	EH 8, C 11
DP ,,	300	1932—39	S. 8	SV ,,	409	1923—29	EH 8, C 7
DW ,,	30	1938—39	S. 49	BF ,,	75	1934—39	S. 39

Im folgenden sind die noch unveröffentlichten Beobachtungen sowie die aus ihnen abgeleiteten Ergebnisse mitgeteilt. Die Reihenfolge entspricht der am Schluß dieser Arbeit vorgenommenen Ordnung der Sterne zu Klassen und Gruppen mit gleichen oder ähnlichen Lichtkurven. Dabei sind die Veränderlichen innerhalb der einzelnen Gruppen nach ihren Periodenlängen geordnet.

Die Mitteilungen über die einzelnen Veränderlichen enthalten zunächst eine Übersicht über die bereits bekannt gewordenen Beobachtungen und Bearbeitungen. Es folgt dann ein Verzeichnis der benutzten Vergleichsterne mit den photometrisch bestimmten Helligkeiten sowie die Zusammenstellung der hier erhaltenen Beobachtungen. Zum Schluß sind die aus der Gesamtheit des vorliegenden Materials abgeleiteten Elemente sowie Betrachtungen über die Art des Lichtwechsels gegeben.

I. Veränderliche mit periodischen Helligkeitsänderungen

A 2. periodisch, fast regelmäßige Lichtkurven. (S Vulpeculae-Art)

AE Lyrae

Nach G. u. L. II, 2. 237 soll die Helligkeit dieses im Jahre 1928 von C. HOFFMEISTER auf Sonneberger Platten entdeckten Veränderlichen unregelmäßig zwischen den Grenzen $11^m\!.9$ und $12^m\!.9$ (phot.) schwanken. 112 Beobachtungen von M. ZVEREV (NNVS 5. 109) ergaben indessen halbregelmäßige Helligkeitsänderungen nach Art von TX Dra und lieferten die Elemente: Max. = J. D. 242 7638 + $58^d\!.0 \cdot E$; $M-m = 29^d$; Max.: $9^m\!.2$—$9^m\!.8$, Min.: $10^m\!.2$—$11^m\!.2$. Eine neuere Untersuchung des Sterns, die von P. AHNERT gelegentlich der Durchführung des Felderprogramms auf 174 Sonneberger Platten vorgenommen wurde, ließ auf eine starke Veränderlichkeit des Lichtwechsels schließen. In der Zeit J. D. 242 5090—5530 zeigte der Stern RV Tauri-Schwankungen mit einer Periode von $P = 97^d$. Anschließend folgten im Abschnitt J. D. 242 5624—5820 S Vul-ähnliche Helligkeitsänderungen mit einer Periode von P = etwa 66^d [1]). Die auf den Sonneberger Platten vorgefundene Regellosigkeit des Licht-

[1]) Kl. Veröff. Berlin-Babelsberg Nr. 24.65 (1941).

wechsels innerhalb des Abschnitts J. D. 242 9045—9569 steht im Widerspruch zu den gleichzeitig hier erhaltenen Beobachtungen. Die von P. AHNERT für diesen Abschnitt gegebenen Maxima und Minima lassen sich zwanglos durch die unten gegebenen Elemente darstellen. In der Zeit von 1938 Sept. 25 bis 1941 Nov. 15 wurden hier die folgenden 59 Beobachtungen erhalten.

Vergleichsterne

Bez.	Ort 1855.0		angen. Gr.*)
AE Lyr	$19^h\ 2^m\ 15^s$	+26° 0'.4	var.
m	19 2.0	+25 57	10^m41
a	19 1.9	+26 0	10.64
o	19 2.8	+26 3	11.37

*) durch Schätzung an HA 70 angeschlossen.

Beobachtungen

J.D.242...	Gr.	J.D.242...	Gr.	J.D.242...	Gr.	J.D.242...	Gr.	J.D.242...	Gr.	J.D.24....	Gr.
	m		m		m		m		m		m
9167.424	10.74	9230.234	10.42	9262.197	11.37	9364.516	11.37	9397.441	10.54	29422.456	11.37
169.342	10.59	232.199	10.47	274.205	10.88	371.431	11.49	400.421	10.55	423.492	11.37
174.356	10.84	235.243	10.42	279.225	10.86	372.558	11.52	403.472	10.54	425.494	11.47
175.306	10.79	243.223	10.58	322.563	11.13	374.490	11.49	407.407	10.73	428.495	11.49
191.392	10.90	245.199	10.73	333.554	10.49	379.487	11.27	410.406	10.84	430.444	11.57
192.334	10.95	249.240	10.86	334.576	10.50	386.431	10.88	412.426	10.87	436.462	11.22
193.269	11.05	250.228	10.97	340.558	10.52	388.416	10.72	414.437	10.93	492.401	10.94
195.281	11.12	251.246	11.05	342.606	10.47	389.413	10.62	416.443	11.13	519.343	10.98
205.357	11.06	258.200	11.37	354.481	10.92	390.417	10.55	417.415	11.14	30314.340	10.40
223.290	10.27	261.200	11.27	363.499	11.32	391.436	10.57	420.433	11.22		

Die Lichtkurve schwankt in kurzen und lebhaften Wellen zwischen den Grenzen $10^m.2$ und $11^m.6$. Die ziemlich glatten Kurven sind etwas verschieden geformt, zeigen aber übereinstimmend einen steileren Anstieg und recht gleichmäßig ausgebildete runde oder spitze Maxima bzw. Minima. Die Gestalt der Einzelwellen, insbesondere das Auftreten eines sekundären Buckels auf dem absteigenden Ast weist auf eine Verwandtschaft mit den δ Cephei- bzw. S Vul-Veränderlichen hin. Die vorstehenden Beobachtungen liefern die folgenden Epochen für die Hauptphasen:

E	Maxima			Minima		
	J. D. 24...	Gr.	B—R	J. D. 24...	Gr.	B—R
		m			m	
0	29223	10.28	-3^d	29200	11.22	-1^d
1	286:	—	+3:	260	11.38	+2
2	338	10.43	−2	316:	—	+1:
3	396	10.45	−1	371	11.53	−1
4	—	—	—	429	11.54	0
19	30314:	10.40	+3:			

Die daraus abgeleiteten Elemente für 1938—39 lauten:

$$\text{Max.} = \text{J. D. } 242\,9226 + 57^d.1 \cdot E; \quad M - m = 25^d.$$

Grenzen des beobachteten visuellen Lichtwechsels: $10^m.2$—$11^m.6$; mittlere visuelle Amplitude: $1^m.1$. Spektrum: unbekannt; galaktische Breite: $+ 9°$.

Sie stimmen nahezu mit den oben aufgeführten Ergebnissen von M. ZVEREV aus dem Jahre 1934 überein. Das in NNVS 5. 109 gegebene, um mehr als 4 Jahre zurückliegende Ausgangs-Maximum J. D. 242 7683 wird mit den neuen Elementen als Epoche —27 mit B—R = -1^d sehr gut dargestellt.

DP Lyrae

Die Veränderlichkeit des Sterns wurde im Jahre 1929 von C. HOFFMEISTER auf Sonneberger Platten entdeckt und in AN **236**. 233 (1929) angezeigt. Nach den Angaben des Entdeckers soll die Helligkeit des rötlichen Sterns mit einer Periode von etwa 90^d wechseln. M. ZVEREV (NNVS 5. 110), der den Veränderlichen in 104 Nächten beobachtete, zählt ihn zu den Halbregelmäßigen mit stabiler Periode und Amplitude und gibt die Elemente: Max. = J. D. 242 7855 + $87^d \cdot E$; $M - m = 44^d$; Grenzen des visuellen Lichtwechsels: $11^m.1$—$12^m.3$; Amplitude nach mittlerer Lichtkurve: $0^m.71$. In der Zeit von 1932 Dez. 18 bis 1942 Jan. 14 wurden hier 300 Helligkeitsschätzungen erhalten.

Vergleichsterne

Bez.	Ort 1855.0		Gr.phm.
DP Lyr	$18^{h}\ 55^{m}\ 9^{s}$	$+35°30'.0$	var.
g	18 54 22	+35 28.1	$11^{m}55$
p	18 55 9	+35 29.2	12.16
n	18 55 17	+35 30.5	12.26

Beobachtungen

J.D.242...	Gr.	J.D.242...	Gr.	J.D.242...	Gr.	J.D.242...	Gr.	J.D.242...	Gr.	J.D.24....	Gr.
	m		m		m		m		m		m
7060.246	11.61	8035.501	11.40	8306.456	11.80	8505.261	12.41	8798.337	11.45	29223.259	11.53
063.219	11.65	044.416	11.67	307.544	11.85	506.216	12.41	804.432	11.43	230.238	11.45
068.217	11.45	047.483	11.78	309.457	11.91	518.265	12.16:	807.474	11.55:	243.228	11.69
072.245	11.43	049.418	11.82	311.433	12.01	522.246	11.82	816.481	11.79	249.244	11.86
078.258	11.43	050.346	11.94	316.482	12.02	523.215	11.87	817.474	11.79	250.235	11.98
080.205	11.33	051.347	11.99	320.544	12.03	524.228	11.82	821.306	11.80	251.263	11.93
087.222	11.40	053.551	12.00	321.493	12.06	526.233	11.73	827.249	12.11	258.210	12.07
098.240	11.55	055.409	12.06	325.490	12.19	528.241	11.55	829.284	12.11	262.192	12.11:
180.521	11.35	056.387	12.04	326.456	12.16	534.206	11.60	831.263	12.12	274.207	12.34
188.483	11.72	060.328	12.19	328.476	12.18	542.260	11.40	840.437	12.18	279.233	12.26
603.492	11.43	066.414	12.21	332.467	12.17	545.216	11.43	847.275	12.26	308.566	11.50
605.464	11.30	069.359	12.39	333.452	12.19	557.231	11.55:	853.250	12.31	322.535	11.65
618.453	11.55	072.292	12.20	336.453	12.26	601.530	12.04	859.260	12.31	333.543	12.08
628.528	11.83	075.385	12.21	337.496	12.31	622.495	11.55	865.382	12.10	334.566	12.04
661.434	11.83	077.303	12.31	338.457	12.31	623.525	11.65	872.226	11.84	340.556	12.06
685.515	11.46	079.392	12.24	339.517	12.34	633.605	11.55	876.280	11.55	342.541	12.07
691.397	11.55	081.419	12.16	341.515	12.38	635.528	11.65	905.212	11.67	346.481	12.16:
695.336	11.67	083.303	12.16	345.517	12.46	652.472	11.79	949.576	11.94	354.469	12.28
708.390	11.70	086.283	12.16	348.514	12.41	654.454	11.88	955.574	11.86	355.446	12.31:
715.433	11.79	088.256	12.16	353.442	11.96	656.531	11.94	969.500	11.35	363.485	12.18
724.324	11.94	094.326	11.98	355.434	11.93	670.460	12.07	978.455	11.60	364.498	12.16
907.477	12.36	095.310	11.85	356.431	11.80	676.446	12.06	990.458	11.85:	371.406	12.04
916.454	12.16	097.479	11.81	389.417	11.77	678.412	12.16:	993.437	12.04	372.556	12.03
918.478	11.94	099.248	11.70	391.488	11.80	679.456	12.18	998.420	12.02	374.469	12.01
919.458	11.90	108.316	11.50	393.494	11.85	681.440	12.06	9008.407	12.02	379.479	11.85
926.480	11.87	111.265	11.33	395.480	11.85	682.492	12.12	010.502	12.08	381.415	11.70:
927.421	11.85	114.224	11.25	397.508	11.93	685.456	12.16	015.596	12.26	386.422	11.70
928.396	11.63	121.348	11.40	403.428	12.06	690.510	12.04	018.419	12.26	388.414	11.63
931.393	11.40	138.259	12.04	405.419	12.15	691.501	12.02	020.424	12.26	389.411	11.65
934.408	11.43	140.276	12.05	408.436	12.16	694.476	11.95	022.558	12.26	390.415	11.60
943.409	11.63	180.232	11.40	409.517	12.24	698.434	11.75	026.429	12.26	391.426	11.63
945.450	11.60	182.267	11.43	415.338	12.26	702.479	11.55	030.399	12.14	396.425	11.65
948.528	11.65	204.567	11.43	419.335	12.26	711.520	11.40	038.431	11.89	397.440	11.60
949.519	11.67	247.498	12.21	420.363	12.28	718.505	11.43	041.416	11.79	400.417	11.65
951.498	11.70	248.488	12.16	422.467	12.31	750.492	11.50	045.445	11.69	407.406	11.65
952.440	11.70	263.574	11.80	423.390	12.31	752.467	11.50	053.443	11.60	410.404	11.80
953.415	11.70	266.581	11.72	424.461	12.21	756.536	12.26	062.445	11.45	412.424	11.82
962.451	11.76	268.407	11.55	427.421	12.26	757.534	12.21	087.465	12.11	414.434	11.80
964.401	11.75	271.491	11.65	428.405	12.26	758.508	12.26	155.342	11.65	416.449	11.88
970.472	11.77	272.526	11.65	429.365	12.16	764.418	12.38	157.325	11.74	417.413	11.92
975.432	11.98	273.515	11.63	434.318	12.06	768.420	12.26:	166.385	11.88	420.431	11.97
977.471	12.02	278.407	11.50	435.378	11.98	769.376	12.31	167.403	11.88	422.455	12.01
984.476	12.19	280.526	11.53	436.440	11.96	770.454	12.34	169.301	11.96	423.490	12.04
985.516	12.21	282.411	11.63	440.471	11.75	772.371	12.10	174.306	12.02	425.492	12.10
986.457	12.26	290.397	11.55	449.416	11.63	775.445	12.01	178.424	12.11:	428.492	12.10
8019.381	11.40	291.422	11.50	450.434	11.55	777.483	11.93	186.258	12.26	430.442	12.12
023.437	11.47	300.375	11.47	462.358	11.60	782.428	11.87	191.332	12.36	436.467	12.14
025.399	11.50	303.472	11.60	471.342	11.55	783.395	11.55	192.294	12.36	519.329	12.12
026.396	11.43	304.504	11.70	484.354	11.81:	785.406	11.60	195.258	12.31	30314.344	11.83
032.397	11.55	305.501	11.74	493.356	12.26:	787.390	11.50	205.339	12.07	374.243	12.11

Die Lichtkurve besteht aus einer periodischen Folge von ziemlich gleichartig geformten Wellen, deren Amplituden zwischen $0^{m}7$ und $1^{m}0$ schwanken. Eine nähere Betrachtung der zumeist durch zahlreiche Beobachtungen sehr genau bestimmten Wellen läßt deutlich das Vorhandensein von kurzen sekundären Schwankungen geringen Umfangs erkennen, die zuweilen die Epochen der Hauptphasen erheblich verlagern können. Im übrigen weisen auch die Gestalt der Maxima und Minima sowie die Neigung der Kurvenäste einige Unterschiede auf. So liegt z. B. die Dauer des Lichtanstiegs (*M—m*) zwischen 23 und 45 Tagen. Im Mittel verläuft jedoch der Lichtanstieg steiler als der Abfall. In der folgenden Zusammenstellung der Hauptphasen sind die besonders sicher bestimmbaren Epochen auf Zehnteltage abgelesen worden.

E	Maxima			Minima		
	J. D. 242...	Gr.	B—R	J. D. 242...	Gr.	B—R
		m	d			
0	7080.0	11.35	−1.0	—	—	—
1	167:	11.15:	0:	—	—	—
6	599:	11.33	+3:	—	—	—
7	682.5	11.42	+0.2	7646	12^m08	-0^d3
10	935.6	11.39	−4.4	—	—	—
11	8026.9	11.40	+1.0	991.4	12.28	+ 1.5
12	115.6	11.26	+3.8	8073.2	12.30	− 2.6
13	193	11.28	−4.7	153.5	12.30	− 8.2
14	288	11.49	+4.4	242.5	12.22	− 5.1
15	369	11.5	−0.5	346.0	12.45	+12.5
16	457	11.51	+1.6	421.0	12.29	+ 1.6
17	544.2	11.42	+2.9	503.8	12.43	− 1.5
18	629.4	11.56	+2.2	592.5	12.13	+ 1.3
19	711.8	11.38	−1.3	680.3	12.15	+ 3.2
20	795.2	11.37	−3.8	765.5	12.37	+ 2.5
21	887.8	11.3	+2.9	856.0	12.31	+ 7.1
22	968.1	11.35	−2.7	935	12.3	+ 0.2
23	9058.3	11.49	+1.6	9021.7	12.29	+ 1.0
24	144	11.6	+1.4	—	—	—
25	230.9	11.44	+2.4	192.5	12.36	0.0
26	312	11.5	−2.4	273.6	12.34	− 4.8
27	396.0	11.59	−4.3	356.1	12.30	− 8.2

Die strenge Ausgleichung der vorstehenden Epochen ergibt die Elemente:

$$\text{Max.} = \text{J. D. } 242\,7081.0 + 85^d\!.9 \cdot E; \quad M - m = 36^d.$$

Grenzen des visuellen Lichtwechsels: $11^m\!.25$—$12^m\!.45$; mittlere visuelle Amplitude: $0^m\!.85$; Spektrum: unbekannt; galaktische Breite +15°.

UY Canis Majoris

Die Veränderlichkeit des Sterns BD — 16° 1430 wurde im Jahre 1929 von C. HOFFMEISTER auf Sonneberger Platten entdeckt und in AN **236**.233 (1929) angezeigt. Nach NNVS **5**.106 fand N. FLORJA einen RV Tauri-Lichtwechsel mit den Elementen: Max. = J. D. 242 6636 + $113^d\!.1 \cdot E$ (vgl. Benennungsliste Nr. 35 in AN **263**.293, 1937). Die im folgenden mitgeteilten 77 Helligkeits-Beobachtungen erstrecken sich über den Zeitraum 1935 Jan. 29 bis 1939 März 31. Da keine photometrischen Messungen der Vergleichsterne vorliegen, wurden die aus den Beobachtungen abgeleiteten Stufenhelligkeiten vermittels des mittleren Stufenwerts in Größenunterschiede verwandelt. Der Anschluß an das Harvard-System geschah durch Vergleich des hellsten Vergleichsterns *a* mit den leider ziemlich entfernt liegenden Sternen der Zone —19° aus HA 70. Es ist daher möglich, daß das Helligkeitssystem der Vergleichsterne um wenige Zehntel einer Größenklasse fehlerhaft ist.

Vergleichsterne

Bez.	BD-Nr. bzw Ort 1855.0	angen. Gr.
UY CMa	−16° 1430	var.
a	−17 1431	10^m00
b	−16 1436	10.28
c	$6^h\ 11^m\ 40^s$ −16° 56′.0	11.00
d	6 12 11 −16 57.5	11.52
e	6 11 59 −16 59.0	11.78

Beobachtungen

J.D.242...	Gr.	J.D.242...	Gr.	J.D.242...	Gr.	J.D.242...	Gr.	J.D.242...	Gr.	J.D.242...	Gr.
	m		m		m		m		m		m
7832.451	10.73	8181.390	10.87	8244.304	11.37	8571.395	11.68	9249.458	10.95	9322.262	10.78
841.394	10.69	182.378	10.84	247.326	10.64	578.374	11.65	250.520	11.05	325.299	10.76
843.358	10.77	183.415	10.84	248.294	10.76	590.334	10.90	251.411	11.05	327.304	10.69
853.369	10.45	188.335	11.05	249.324	10.75	601.307	10.52	258.433	11.49	328.286	10.82
858.336	10.89	190.359	10.84	254.308	10.62	624.315	10.90	261.412	11.83	329.298	10.87
863.266	10.83	203.427	11.10	517.432	11.00	859.501	10.65	274.432	11.40	330.298	10.77
866.353	10.80	204.401	10.95	518.452	10.72	865.490	10.80	280.347	11.20	332.281	10.80
870.292	11.20	205.328	10.95	522.390	10.80	923.383	11.71	293.420	10.72	333.284	10.83
873.342	11.00	206.264	11.05	523.389	10.76	926.428	11.54	301.288	10.60	338.299	10.88
876.301	10.76	209.361	11.12	524.428	10.78	935.360	10.98	302.314	10.67	340.341	10.87
8098.623	11.30	228.299	> 11.3	528.441	10.85	947.407	10.58	311.353	10.58	344.292	10.77
140.457	10.38	229.296	11.65	542.482	11.00	965.326	10.58	315.293	10.80	354.299	11.10:
180.456	10.75	237.288	11.6:	551.344	11.22	979.305	10.83	321.280	10.71		

Infolge seiner südlichen Lage konnte der Stern nur im Winterhalbjahr (Nov.—März) beobachtet werden. Die aus den vorstehenden Beobachtungen gezeichnete Lichtkurve besteht daher aus mehreren kürzeren Abschnitten, die aber trotzdem ein klares Bild über den Charakter der Helligkeitsänderungen liefern. Der von N. FLORJA gefundene RV Tauri-Lichtwechsel war in den Jahren 1935—39 bestimmt nicht vorhanden. Die einzelnen Wellen der Lichtkurve haben ein recht gleichmäßiges Aussehen und ähneln mit ihrem steilen Anstieg zum Maximum, dem spitzen Minimum und einer sekundären Welle auf dem mäßig geneigten absteigenden Ast den δ Cephei-Kurven.

Unter Einbeziehung der von FLORJA veröffentlichten Epoche Max. = J. D. 242 6636 erhält man die Elemente:

$\text{Max} = \text{J. D. } 242\,6636 + 116^{d}_{.}0 \cdot E;\ M - m = 36^{d}.$

Grenzen des beobachteten visuellen Lichtwechsels: $10^{m}_{.}3$—$11^{m}_{.}9$; mittlere visuelle Amplitude: $1^{m}_{.}3$; Spektrum: G 4; galaktische Breite: —15°; S Vul-Art.

E	Maxima			Minima		
	J. D. 242...	Gr.	B—R	J. D. 242...	Gr.	B—R
0	6636*)	—	0^{d}	—	—	—
11	—	—	—	7870:	$11^{m}_{.}2$	-6^{d}
13	8144	$10^{m}_{.}35$	0	8110:	—	+2
14	261	10.4	+1	229	11.65	+5
17	605	10.5	—3	575	11.75	+3
20	956	10.5	0	918	11.9	—2
23	9305	10.6	+1	9265	11.9	—3

*) Ausgangsepoche der Elemente von FLORJA (NNVS 5.106).

A 3. periodisch; halbregelmäßige Lichtkurven; δ Cephei- oder RV Tauri-ähnlich. (WY Andromedae-Art)

AV Cygni

Der Lichtwechsel dieses seit 1910 bekannten Veränderlichen ist viele Jahre hindurch von S. ENEBO überwacht worden (AN **217**.441, 1923 u. **231**.13, 1927). ENEBO bestimmte aus 15 Maxima (1912—26) die Elemente: Max. = J. D. 241 8960 + $87^{d}_{.}45 \cdot E$ und hielt den Stern für einen RV Tauri-Veränder-

Beobachtungen

J.D.242...	Gr.	J.D.242...	Gr.	J.D.242...	Gr.	J.D.242...	Gr.	J.D.242...	Gr.	J.D.24...	Gr.
	m		m		m		m		m		m
7034.256	10.04	7305.434	10.28	7605.460	10.52	7945.462	10.23	8422.461	10.96	29016.549	10.19
039.224	10.00	307.481	10.24	611.453	10.68	949.464	10.28	424.518	10.95	020.448	10.28
040.263	10.03	309.373	10.24	612.418	10.68	951.494	10.40	427.415	10.91	038.444	10.75
041.238	10.01	319.367	10.30	617.446	10.68	954.419	10.64	429.371	10.92	041.424	10.94
042.236	10.03	321.345	10.30	623.462	10.64	962.433	10.85	435.474	10.80	045.454	11.01
049.324	10.15	324.338	10.28	625.421	10.66	970.483	10.80	440.468	10.66	054.449	11.02
052.256	10.20	325.351	10.30	627.443	10.67	975.454	10.74	450.401	10.31	062.427	10.84
054.228	10.39	326.313	10.31	657.485	10.28	986.434	10.62	462.351	10.11	087.469	10.15
055.196	10.58	327.430	10.32	658.544	10.28	8020.373	10.35	471.346	10.15	157.367	10.20
059.247	10.65	332.497	10.31	664.462	10.22	025.394	10.23	484.369	10.23	166.389	10.17
060.236	10.61	333.416	10.36	669.448	10.18	032.477	10.21	505.264	10.80	169.444	10.08
061.198	10.53	335.329	10.52	676.356	10.15	036.389	10.14	506.289	10.76	174.323	10.25
062.208	10.63	336.383	10.52	677.408	10.11	044.485	10.40	512.310	10.85	186.300	10.36
063.220	10.61	339.462	10.35	681.453	10.13	047.469	10.53	522.249	10.61	192.369	10.41
065.265	10.61	342.332	10.70	684.367	10.11	053.544	10.64	524.256	10.58	193.420	10.39
068.219	10.64	343.328	10.80	685.443	10.13	055.444	10.84	526.249	10.52	205.345	10.82
072.224	10.66	344.340	10.89	689.401	10.19	066.426	10.99	542.262	10.30	222.361	11.05
073.200	10.63	345.398	10.90	691.434	10.23	069.371	11.12	545.215	10.25	223.294	11.10
078.255	10.63	348.516	10.95	692.383	10.28	077.307	11.02	622.523	10.36	230.258	10.95
083.223	10.62	352.383	10.90	693.354	10.32	081.431	10.86	637.536	10.47	243.235	10.49
087.226	10.70	355.285	11.05	694.408	10.47	083.342	10.94	653.515	10.36	249.262	10.23
093.254	>10.5	356.258	11.02	695.345	10.52	086.287	10.85	657.446	10.32	250.269	10.18
094.231	10.52	358.321	11.00	696.372	10.52	094.378	10.25	676.449	10.52	258.215	10.14
097.224	10.58	359.315	10.95	698.354	10.60	099.251	10.28	678.416	10.57	261.231	9.98
098.231	10.65	368.442	10.70	706.308	10.80	111.296	10.03	680.456	10.66	274.222	10.03
155.533	10.52	372.281	10.38	708.355	10.84	121.371	10.03	691.530	10.52	279.227	10.08
156.549	10.44	384.271	10.23	709.333	10.85	138.267	10.52	695.437	10.61	333.574	10.64
158.524	10.37	399.240	10.16	710.396	10.87	145.259	10.66	703.513	10.42	342.567	10.36
161.546	10.42	530.476	10.52	714.298	10.80	164.214	10.90	711.542	10.37	354.495	10.14
177.479	10.57	531.474	10.52	715.386	10.71	179.212	10.30	712.501	10.57	363.530	10.19
180.505	10.60	532.497	10.62	718.426	10.66	180.228	10.31	718.510	10.32	371.457	10.35
185.578	10.39	535.535	10.64	724.288	10.61	182.241	10.37	750.535	10.18	372.564	10.37
187.474	10.37	543.490	10.94	728.397	10.46	247.619	10.41	753.517	10.25	379.502	10.44
188.515	10.37	546.468	11.05	736.240	10.60	263.598	10.30	764.423	10.52	386.441	10.74
190.469	10.27	553.522	10.95	739.322	10.32	268.487	10.39	769.379	10.89	388.428	10.69
195.463	10.35	559.422	10.72	740.358	10.29	273.518	10.37	770.445	10.87	391.449	10.74
204.442	10.30	562.440	10.69	750.249	10.19	280.542	10.23	772.417	10.90	397.444	10.80
213.457	10.39	564.481	10.70	755.248	10.08	291.419	10.28	777.511	11.08	403.469	10.78
214.439	10.42	567.494	10.57	765.307	10.13	303.494	10.42	782.442	11.00	407.419	10.80
259.442	10.60	569.457	10.47	781.247	10.39	305.504	10.39	785.419	10.73	412.440	10.67
261.528	10.67	572.424	10.35	872.638	10.68	325.499	11.00	798.419	10.36	414.453	10.62
262.442	10.62	574.409	10.31	891.576	10.92	333.478	11.00	816.482	9.93	417.431	10.52
263.469	10.63	575.516	10.32	899.541	10.77	353.481	10.34	817.462	10.11	420.446	10.39
273.531	10.37	576.437	10.23	906.488	10.67	389.508	10.23	840.418	10.34	424.505	10.32
274.442	10.39	577.482	10.21	907.480	10.69	395.492	10.23	854.237	10.99	429.446	10.30
277.445	10.41	578.489	10.19	916.473	10.40	403.484	10.47	859.263	10.80	436.516	10.21
279.538	10.34	588.451	10.19	919.475	10.39	407.360	10.80	866.274	11.12	492.410	10.94
281.540	10.32	592.459	10.30	926.465	10.13	409.358	10.86	905.219	10.15	519.358	10.23
282.415	10.32	599.485	10.32	927.428	10.17	410.347	10.88	955.603	11.01	30314.322	10.25
295.410	10.30	601.456	10.39	929.410	10.14	415.365	10.95	998.486	10.23		
298.485	10.23	604.431	10.48	934.418	10.16	420.425	10.98	9008.461	10.08		

Vergleichsterne

Bez.	Ort 1855.0					Gr.phm.
AV Cyg	19^h	14^m	58^s	$+29°$	$14'.2$	var.
d	19	14	38	+29	13	9^m82
e	19	14	47	+29	16	10.03
g	19	14	40	+29	6.5	10.52
f	19	15	1	+29	9	10.80

lichen. Spätere Beobachtungen von ENEBO, E. ZINNER, L. JACCHIA und Mitgliedern der Mirovedenie bestätigten die Art des Lichtwechsels. In G. u. L. II, Bd. 2. 30 gibt B. KUKARKIN die aus einer Ausgleichung sämtlicher bis dahin bekannt gewordenen Maxima bestimmten Elemente: Max. = J. D. 242 3070 + $87^d.52 \cdot E$; $M - m = 39^d$. In der Zeit 1932 Nov. 22 bis 1939 Sept. 9 wurden hier die obigen 304 Beobachtungen erhalten.

Die Lichtkurve verläuft unter lebhaften Schwankungen zwischen den Grenzen $10^m.0$ und $11^m.1$. Während alle Maxima fast die gleiche Höhe aufweisen und nur wenig von der mittleren Helligkeit $10^m.1$ abweichen, zeigen die Minima eine wechselnde Tiefe zwischen $10^m.7$ und $11^m.1$. Im allgemeinen sind die Minima, insbesondere die tiefeien, etwas spitzer geformt als die Maxima, die zuweilen sogar flach verlaufen. Der für RV Tauri-Sterne eigentümliche, regelmäßige Wechsel von tiefen und flachen Minima ist nur im ersten Abschnitt der Lichtkurve von J. D. 242 7030 bis 8120 über 6 Doppel-Perioden hinweg vorhanden. Von J. D. 242 8120 ab bis zum Schluß der Beobachtung J. D. 242 9520 ist über 15 Perioden hinweg diese Gesetzmäßigkeit nicht mehr nachzuweisen, obgleich beide Arten von Minima vorkommen. Im Gegensatz zu den echten RV Tauri-Kurven zeigen die Doppel-Wellen des ersten Abschnitts meistens einen mäßig geneigten Anstieg und steileren Abfall. Im übrigen Teil der Lichtkurve sind die Einzelwellen ziemlich symmetrisch geformt. Obgleich es bei den echten RV Tauri-Sternen allgemein üblich ist, den Abstand zweier Haupt-Minima als Periode aufzufassen, haben neben ENEBO und KUKARKIN auch alle anderen Beobachter bei diesem Stern die Perioden der Einzelwellen den Elementen zugrunde gelegt. Diese bemerkenswerte Tatsache dürfte darauf hinweisen, daß auch früher die regelmäßig wechselnde Tiefe der Minima nur zeitweilig vorhanden war und AV Cygni somit nicht zu den echten RV Tauri-Sternen zu zählen ist.

E	Maxima			Minima		
	J. D. 242...	Gr.	B—R	J. D. 242...	Gr.	B—R
		m				
−16	7040:	10.00	-3^d	—	—	—
−15	—	—	—	7082	10^m66	-4^d
−14	201	10.28	−21	—	—	—
−13	305	10.24	− 6	258:	10.66	− 6
−12	397:	10.25	− 3	353	11.07	0
−10	584	10.16	+ 6	548	11.06	+16
− 9	681	10.11	+14	621	10.69	0
− 8	760	10.10	+ 4	708	10.87	− 2
− 6	936	10.08	+ 2	888	10.94	0
− 5	8035	10.18	+11	964	10.85	−13
− 4	113	9.95	0	8071	11.10	+ 5
− 3	—	—	—	160	10.96	+ 5
− 2	287	10.24	− 4	247:	10.40	+ 3
− 1	379	10.12	− 1	330	11.06	− 3
0	470	10.10	+ 1	420	10.97	− 2
+ 1	—	—	—	510	10.86	− 2
+ 2	660:	10.33	+13	—	—	—
+ 3	745:	10.15	+ 9	685	10.70	− 5
+ 4	820:	10.02	− 5	778	11.11	− 1
+ 5	915:	10.05	0	870:	11.14	+ 2
+ 6	9009	10.08	+ 5	963	11.05	+ 6
+ 7	—	—	—	9050	11.08	+ 4
+ 8	169	10.15	−13	—	—	—
+ 9	269	10.00	− 2	220	11.11	− 4
+10	357	10.15	− 3	317	10.97	+ 3
+11	444:	10.16	− 5	401	10.83	− 2
+12	—	—	—	490:	10.95	− 2

Durch strenge Ausgleichung der vorstehenden Phasenepochen erhält man die Elemente:

$$\text{Max.} = \text{J. D. } 242\,8469 + 89^d.1 \cdot E; \quad M - m = 46^d.5.$$

Grenzen des beobachteten visuellen Lichtwechsels: $9^m.9$—$11^m.1$; mittlere visuelle Amplitude: $0^m.8$; Spektrum: K 5; galaktische Breite: +8°.

Da eine Darstellung der älteren ENEBOschen Beobachtungen mit der neuen Periode ebensowenig möglich ist, wie eine Verbindung der neuen Phasenepochen mit Hilfe des früher bestimmten Periodenwerts, muß eine geringe Veränderlichkeit der Periodenlänge angenommen werden.

AG Aurigae

Über den im Jahre 1927 von A. Bemporad entdeckten Veränderlichen liegt bereits ein sehr umfangreiches Beobachtungsmaterial von G. B. Lacchini, L. Jacchia, M. Merola und der AAVSO vor. Aus der Gesamtheit aller veröffentlichten Werte leitete R. Prager in G. u. L. II, 1. 117 die folgenden instantanen Elemente ab:

I. Ep. 0—11: Max. = J. D.242 4918 + $95^d_.0 \cdot E$; $M - m = 45^d$
II. „ 11—19: Max. = 5963 + $97.4 \cdot E$; $M - m = 42$

In der Zeit von 1930 Sept. 26 bis 1939 Sept. 12 wurden hier 344 Beobachtungen erhalten, aus denen 20 Maxima und 24 Minima bestimmt werden konnten. Nach der in G. u. L. II gegebenen Epochenzählung beginnen die hier erhaltenen Hauptphasen mit der Epoche +22. Sie schließen somit an die obigen Ergebnisse an.

J.D.242...	Gr.	J.D.242...	Gr.	J.D.242...	Gr.	J.D.242...	Gr.	J.D.242...	Gr.	J.D.242...	Gr.
	m		m		m		m		m		m
6246.442	9.33	7185.501	11.26	7567.405	10.10	8036.464	9.68	8493.368	9.38	9045.435	9.68
263.383	9.33	187.426	11.28	572.415	10.32	044.474	9.83	505.335	9.63	155.387	9.63
264.322	9.26	189.508	11.46	575.423	10.33	047.478	9.90	506.299	9.60	157.426	9.61
281.428	10.11	190.380	11.48	582.424	10.25	053.530	9.95	512.339	9.68	160.487	9.63
584.443	9.56	195.380	11.51	588.432	10.35	055.487	10.00	518.279	9.84	166.453	9.68
609.380	10.04	204.422	11.34	658.522	10.20	060.412	10.01	521.383	9.96	169.433	9.68
947.546	10.20	214.428	10.76	664.480	10.20	066.447	10.08	522.351	9.97	174.362	9.78
979.514	9.93	273.512	9.96	669.492	10.23	069.498	10.03	524.267	10.04	186.389	9.97
984.469	10.04	277.490	10.07	677.486	10.19	072.404	10.01	526.227	10.15	191.400	9.99
986.617	10.02	279.533	10.08	684.422	10.05	075.393	10.04	528.257	10.0:	192.425	10.00
7026.349	9.58	281.529	10.21	685.458	10.12	077.428	10.08	534.219	10.27	195.384	10.01
030.378	9.65	282.482	10.29	688.561	9.93	081.479	10.05	539.293	10.27	205.353	10.08
040.290	9.30	297.494	10.60	689.507	9.95	086.402	10.12	545.543	10.40	222.391	9.92
041.265	9.38	298.474	10.60	692.452	9.83	094.449	10.06	551.266	10.33	234.431	9.63
042.256	9.41	305.531	10.27	693.439	9.86	095.400	10.04	557.239	10.12	235.354	9.60
043.248	9.57	307.513	10.27	694.428	9.78	108.328	10.09	571.253	9.58	243.257	9.73
049.330	9.60	309.399	10.05	696.485	9.61	111.469	9.93	578.346	9.53	249.462	9.73
052.398	9.54	320.376	9.88	706.357	9.58	121.356	9.63	590.393	9.48	251.381	9.73
055.450	9.61	321.408	9.85	709.457	9.51	122.465	9.68	601.356	9.53	261.331	9.73
059.271	9.64	324.390	9.73	710.440	9.53	140.367	9.86	603.369	9.60	274.219	9.77
060.410	9.89	325.476	9.63	715.374	9.58	171.262	10.45	615.342	9.86	279.253	9.78
061.269	9.96	326.408	9.63	716.435	9.55	180.265	10.50	622.510	10.26	289.470	10.09
062.233	9.95	327.448	9.63	717.510	9.55	182.265	10.38	626.402	10.54	293.424	10.18
063.256	9.95	332.548	9.58	724.353	9.58	183.512	10.59	637.417	10.64	301.304	10.33
065.287	10.12	336.392	9.58	728.501	9.51	187.329	10.25	654.367	10.45	308.486	10.25
068.383	10.01	342.470	9.68	739.243	9.86	203.468	9.62	656.358	10.04	311.360	10.30
070.492	10.14	343.432	9.83	743.358	9.95	204.450	9.62	679.406	9.44	315.412	10.11
072.294	10.15	344.506	9.81	755.366	10.23	205.520	9.59	750.483	9.68	317.375	10.17
073.221	10.10	348.522	9.85	765.333	10.22	209.379	9.57	751.562	9.63	321.372	9.84
075.326	10.13	352.434	9.95	781.271	10.19	228.394	9.85	756.551	9.73	322.424	9.71
078.279	10.12	358.349	10.21	832.397	10.01	246.468	10.69	764.453	9.85	325.354	9.61
080.219	10.08	359.475	10.20	840.546	9.88	247.369	10.74	770.460	9.95	326.337	9.60
082.456	10.16	368.460	10.40	841.415	9.86	254.338	10.71	777.522	9.90	327.350	9.57
083.251	10.08	372.435	10.37	843.392	9.78	267.385	10.67	784.557	9.73	328.315	9.53
087.375	10.25	384.415	10.50	858.354	9.98	271.326	10.55	798.406	9.88	330.359	9.55
093.265	10.22	460.256	10.52	865.354	10.12	272.362	10.53	807.451	10.20	332.326	9.48
095.292	10.27	470.233	10.61	866.419	10.06	278.293	10.06	817.494	10.54	338.385	9.48
097.436	10.20	479.271	10.69	867.417	10.05	290.365	9.58	822.449	10.78	340.356	9.44
118.444	9.54	482.367	10.54	870.406	10.08	306.413	9.62	830.457	10.50	344.374	9.43
123.451	9.59	483.423	10.66	872.471	10.08	321.438	9.61	840.495	9.99	354.373	9.59
124.431	9.59	505.301	9.95	875.428	10.03	391.533	9.48	854.520	9.48	355.317	9.63
131.386	9.48	506.321	9.83	876.374	10.00	403.517	9.56	859.337	9.53	361.319	9.85
132.427	9.45	512.365	9.59	889.428	9.64	407.565	9.63	876.277	9.35	363.326	9.88
133.438	9.45	513.426	9.64	899.357	9.53	408.541	9.59	890.260	9.40	366.381	9.94
137.339	9.45	529.316	9.38	906.376	9.58	409.460	9.59	905.319	9.81	372.350	10.01
144.381	9.50	530.392	9.34	916.365	9.53	415.397	9.68	923.427	9.95	379.424	10.34
145.338	9.52	533.381	9.39	919.408	9.51	422.488	9.68	935.269	9.89	381.419	10.27
153.372	9.65	534.334	9.48	924.374	9.51	423.443	9.73	946.449	9.63	386.412	10.50
154.376	9.64	535.370	9.54	926.356	9.53	424.431	9.78	965.347	9.53	388.397	10.68
155.435	9.64	536.407	9.54	928.372	9.53	426.450	9.78	978.417	9.60	397.420	10.57
157.459	9.60	543.356	9.54	931.399	9.63	427.440	9.83	990.465	9.83	403.429	10.54
159.399	9.65	546.356	9.56	945.415	10.01	429.424	9.83	993.454	9.86	410.426	10.19
171.406	10.54	549.376	9.58	948.420	10.08	435.427	10.04	998.352	10.08	412.403	10.17
175.444	10.71	553.482	9.85	953.406	10.39	440.456	10.45	9008.391	10.33	519.463	9.61
176.392	10.78	554.342	9.69	8020.558	9.78	452.556	10.35	013.375	10.50		
177.376	10.73	555.357	9.78	023.559	9.78	471.356	9.93	018.362	10.47		
180.375	11.08	559.392	9.90	025.515	9.78	479.412	9.58	020.371	10.46		
181.369	11.10	562.374	9.95	032.501	9.73	489.402	9.48	026.410	10.36		

Vergleichsterne

Bez.	BD-Nr. bzw. Ort 1855.0	Gr.phm.
AG Aur	$6^{h}\ 16^{m}\ 42^{s}$ $+47°\ 6'.6$	var.
a	$+47°$ 1296	$9^{m}15$
g	+46 1148	9.35
b	+47 1302	9.48
c	+47 1297	9.73
f	+47 1294	10.12
e	$6^{h}\ 17^{m}\ 22^{s}$ $+47°\ 12'$	10.45
d	6 17 5 +47 5	10.54
w	6 15 47 +47 3.2	11.06

Die Lichtkurve verläuft in ziemlich glatten Wellen von stark wechselnder Amplitude zwischen den Grenzen $9^{m}3$ und $11^{m}6$. Sie trägt in einigen Abschnitten RV Tauri-Charakter, wobei aber der typische, regelmäßige Wechsel von flachen und tiefen Minima nur selten über 2 bis 3 Doppel-Perioden erhalten bleibt. Die Zwischenzeiten der Hauptphasen schwanken von 84^{d} bis zu 115^{d} und betragen im Mittel 96^{d}.

E	Maxima J. D. 242...	Gr.	B—R	Minima J. D. 242...	Gr.	B—R
		m			m	
0	7041	9.42	-10^{d}	7003:	10.5:	-2^{d}
1	137	9.44	−10	090	10.26	−11
2	—	—	—	196	11.55	− 1
3	334	9.58	− 5	295	10.64	+ 2
4	—	—	—	384	10.50	− 5
5	531	9.39	0	476	10.66	− 9
6	—	—	—	585	10.37	+ 4
7	714	9.51	− 9	669	10.23	− 8
8	—	—	—	770	10.25	− 3
9	917	9.49	+ 2	869	10.10	0
10	8032	9.70	+21	—	—	—
11	128	9.60	+21	8082	10.08	+21
12	213	9.54	+10	170	10.66	+13
13	304	9.52	+ 5	259	10.85	+ 6
14	393	9.47	− 2	—	—	—
15	492	9.40	+ 1	459	10.51	+14
16	589	9.46	+ 2	546	10.40	+ 5
17	686	9.38	+ 3	634	10.68	− 3
18	Doppel- 749 Max. 790	$(9^{m}64)$ $(9^{m}71)$		—	—	—
19	875	9.33	0	824	10.78	− 5
20	962	9.48	− 9	925	9.97	0
21	—	—	—	9019	10.48	− 2
22	9158	9.61	− 5	—	—	—
23	251	9.61	− 8	206	10.07	− 7
24	341	9.44	−14	306	10.32	− 3
25	—	—	—	396	10.61	− 9

Aus den vorstehenden Epochen der Hauptphasen ergeben sich die folgenden Elemente des Lichtwechsels:

(1930 Sept. bis 1939 Sept.): Max. = J. D. 242 7051 $+96^{d}0 \cdot E$; $M - m = 46^{d}$;
beobachtete Grenzen des visuellen Lichtwechsels: $9^{m}3$—$10^{m}9$; mittlere visuelle Amplitude: $0^{m}95$; Spektrum: veränderlich G—M (nach JOY[1]) cG5e); galaktische Breite: $+16°$.

Die Verteilung der Vorzeichen in der Zusammenstellung der Abweichungen zwischen Beobachtung und Rechnung (B—R) läßt im Verein mit den eingangs gegebenen PRAGERschen Elementen auf eine Veränderlichkeit der Periode schließen.

WY Andromedae

Der im Jahre 1921 von M. D. APPLEGATE auf Harvard-Platten entdeckte Veränderliche ist nach G. u. L. II, 1. 16 nur selten beobachtet worden. Aus 5 Maxima zwischen 1927 und 1929 erhielt A. D. DUBIAGO[2]) die Elemente: Max = J. D. 242 5205 + $109^{d}3 \cdot E$; $M - m = 47^{d}$ (vis. Ampl. $8^{m}4$—$9^{m}7$). Neuerdings hat P. AHNERT[3]) aus Schätzungen auf Babelsberger und Sonneberger Überwachungsplatten 9 Maxima und 6 Minima abgeleitet und die Elemente: Max = J. D. 242 8408.9 + $108^{d}8 \cdot E$; $M - m = 50^{d}$ (photogr. Ampl. $9^{m}5$—$10^{m}6$) veröffentlicht.

1) AN 239.16 (1930). 2) AN 272.285 (1942). 3) Publ. Astr. Soc. Pac. 46.51.

Vergleichsterne

Bez.	BD-Nr.	Gr.phm.
WY And	+46° 4128	var.
e	+46 4139	$8^{\mathrm{m}}55$
a	+46 4118	9.07
b	+46 4119	9.29
c	+47 4237	9.66
d	+46 4133	9.81

Beobachtungen

J.D.242...	Gr.	J.D.242...	Gr.	J.D.242...	Gr.	J.D.242...	Gr.	J.D.242...	Gr.	J.D.242...	Gr.
	m		m		m		m		m		m
7055.266	9.07	7372.406	8.85	7832.349	9.38	8244.315	9.39	8718.501	9.44	9232.226	9.62
060.425	9.23	384.304	8.97	841.308	9.61	248.304	9.46	751.559	8.87	244.206	9.43
061.281	9.32	506.380	9.44	843.264	9.68	268.516	9.62	758.522	8.89	249.374	9.35
063.265	9.30	530.333	9.07	855.269	9.43	272.595	9.61	765.496	9.07	250.344	9.07
068.271	9.28	531.311	8.92	858.253	9.08	303.558	8.83	770.458	9.21	251.364	9.12
072.292	9.40	532.537	9.07	866.399	8.79	321.527	8.97	777.504	9.37	261.328	9.09
075.310	9.39	546.507	8.83	870.302	8.87	328.483	8.91	784.576	9.39	274.214	8.87
082.403	9.45	553.535	8.83	876.317	8.86	353.472	9.45	801.326	9.55	279.235	8.81
087.315	9.50	567.551	9.02	899.574	8.90	362.460	9.51	817.513	9.30	302.294	9.02
094.269	9.43	575.490	9.13	926.544	9.41	389.492	9.33	830.487	9.02	312.270	9.32
120.297	8.92	588.513	9.09	948.514	9.72	395.512	9.17	840.522	8.89	315.337	9.42
124.262	8.84	599.467	9.19	950.511	9.67	403.477	8.86	854.530	8.86	321.269	9.53
131.289	8.75	603.517	9.41	952.487	9.50	409.477	8.79	859.286	8.76	325.269	9.56
133.281	8.81	618.477	9.51	960.498	9.02	420.451	8.83	876.349	8.95	327.294	9.55
153.301	8.94	625.524	9.49	975.486	8.85	423.418	8.85	890.270	9.61	340.375	9.61
157.304	9.07	628.493	9.57	985.486	8.90	425.333	8.83	923.343	9.53	341.304	9.55
180.549	9.29	657.542	8.87	8020.525	9.05	435.411	8.88	935.278	9.19	364.561	9.41
189.553	9.47	658.418	8.92	025.481	9.19	440.453	8.95	949.411	8.88	372.589	9.20
213.513	8.92	669.499	8.89	036.398	9.49	449.433	9.27	980.308	8.97	374.515	8.97
260.482	8.93	677.392	9.07	046.373	9.67	474.450	9.34	9015.590	9.52	391.466	8.85
262.507	9.01	684.389	9.20	055.395	9.64	484.387	9.32	020.484	9.51	397.478	8.76
273.467	9.16	692.414	9.07	072.304	9.44	493.393	9.26	038.503	9.46	403.442	8.94
279.467	9.21	694.296	9.07	083.347	8.92	505.383	9.17	045.503	9.07	412.535	9.18
281.549	9.22	699.327	9.09	086.349	8.84	512.322	8.87	054.487	8.86	413.450	9.20
298.433	9.27	709.342	8.95	094.420	8.79	517.455	8.86	062.468	8.75	420.501	9.41
307.460	9.17	715.392	9.12	111.492	8.89	522.379	8.86	087.512	9.43	430.503	9.45
320.384	9.18	717.318	9.16	121.442	8.94	542.308	8.95	157.307	9.08	436.507	9.55
326.351	8.97	728.321	9.50	140.300	9.44	571.428	9.34	160.403	8.95	491.417	8.86
333.368	8.92	736.233	9.61	164.220	9.44	601.335	9.46	166.488	8.81	519.435	8.92
336.411	8.86	740.261	9.55	180.256	8.88	623.578	8.88	170.333	8.73		
342.315	8.89	755.401	9.44	187.342	8.75	655.558	9.18	186.320	8.92		
345.319	8.87	765.383	8.95	204.403	8.79	676.491	9.41	191.358	9.16		
359.339	8.76	781.371	8.89	228.312	9.16	695.485	9.50	195.391	9.12		

Die graphische Darstellung der vorstehenden 194 Beobachtungen aus der Zeit 1932 Dez. 13 bis 1939 Sept. 12 ergibt periodisch verlaufende Wellen von ziemlich gleicher Höhe, die in Abständen von etwa 107 Tagen und mit einer mittleren Amplitude von $0^{\mathrm{m}}8$ aufeinander folgen. Die Gestalt der einzelnen Wellen wechselt langsam zwischen einer fast symmetrischen ζ Geminorum-Schwankung und einer RV Tauri-ähnlichen Kurve. Im ersten Abschnitt der Lichtkurve J. D. 242 7050 bis 7400 (1932 Dez. bis 1933 Nov.) sind ziemlich glatt geformte Sinus-Wellen vorhanden. Vereinzelt sind in der Gegend der Maxima sehr kleine Einbuchtungen angedeutet. Es folgt dann ein längerer Abschnitt von J. D. 242 7400 bis 8200 (1933 Nov. bis 1936 Jan.) mit einem RV Tauri-ähnlichen Lichtwechsel. Von J. D. 242 8200 ab rücken die beiden Maxima der Doppelwellen näher zusammen, wobei das stets schwächer entwickelte 2. Maximum bald nur noch als Buckel oder Stufe im Lichtabstieg erkennbar bleibt, um schließlich von J. D. 242 8600 (1937 März) ab ganz zu verschwinden. Im letzten Abschnitt der Lichtkurve, der den Zeitraum J. D. 242 8600—9520 (1937 März bis 1939 Sept.) umfaßt, sind wieder glatte Wellen von ζ Geminorum-artigem Verlauf vorhanden. Die Neigung zur Bildung von aufgespaltenen Maxima bleibt aber bestehen und tritt am Schluß der Beobachtung (von J. D. 242 9150 ab) wieder deutlich hervor.

In der folgenden Zusammenstellung der Phasenepochen sind die sekundären Phasen nur dann aufgeführt, wenn sie besonders stark ausgeprägt sind. Sofern nur kleine Einbuchtungen oder geringe Störungen der Maxima vorliegen, wurden die Kurven glatt hindurchgelegt und damit mittlere Epochen bestimmt.

E	Maxima J. D. 242...	Gr.	B—R	Minima J. D. 242...	Gr.	B—R
		m			m	
—11	7137	8.72	+ 5ᵈ	7087	9.47	— 1ᵈ
—10	236	8.70	— 3	189	9.39	— 6
— 9	357	8.78	+11	296	9.28	— 6
— 7	547	8.80	—14	—	—	—
— 6	664	8.82	— 4	620	9.57	— 4
Neben-Max.	706	8.91		Neben-Min. 688	9.21	
— 5	774	8.74	— 1	741	9.61	+10
— 4	867	8.80	—15	848	9.71	+10
Neben-Max.	902	8.90		Neben-Min. 887	8.95	—
— 3	972	8.84	—17	944	9.78	— 1
— 2	8092	8.78	— 5	8055	9.74	+ 2
— 1	194	8.71	—10	152	9.70	— 8
0	304	8.82	— 7	268	9.62	+ 1
Neben-Max.	331	8.90		Neben-Min. 321	8.97	
+ 1	412	8.78	— 6	371	9.56	— 3
+ 2	522	8.82	— 3	476	9.37	— 5
+ 3	632	8.82	— 1	593	9.51	+ 4
+ 4	751	8.84	+11	703	9.53	+ 7
+ 5	859	8.79	+12	799	9.55	— 4
+ 6	961	8.78	+ 7	904	9.87	— 6
+ 7	9064	8.75	+ 3	9027	9.57	+10
+ 8	174	8.71	+ 5	—	—	—
+ 9	282	8.80	+ 6	224	9.70	— 8
+10	391	8.75	+ 8	340	9.61	+ 1
+11	504	8.70	+14	448	9.59	+ 2

Die vorstehenden Phasenepochen liefern unter Berücksichtigung der aus 5 Maxima bestimmten Ausgangsepoche von DUBIAGO die neuen Elemente:

$$\text{Max.} = \text{J. D. } 242\ 8311 + 107^{\text{d}}.2 \cdot E; \quad M - m = 44^{\text{d}}.$$

Grenzen des beobachteten visuellen Lichtwechsels: $8^{\text{m}}.7$—$9^{\text{m}}.9$; mittlere visuelle Amplitude: $0^{\text{m}}.8$; Spektrum: cG6e; galaktische Breite: —14°; ungewöhnlich hohe Radialgeschwindigkeit: —181 km/sec.

B 1. periodisch; halbregelmäßige Lichtkurven; normale RV Tauri-Sterne; Amplituden der Schwankung der mittleren Helligkeit < $0^{\text{m}}.5$ (R Sagittae-Art)

AD Aquilae

Über den im Jahre 1924 von A. J. CANNON auf Harvard-Platten entdeckten Veränderlichen ist bisher wenig bekannt geworden. Nach G. u. L. II, 1.53 stellte W. ZESSEWITSCH in den Jahren 1926—27 einen RV Tauri-Lichtwechsel mit einer Periode von etwa 64 Tagen fest. Die Beobachtung des lichtschwachen Sterns mit dem 142 mm-Refraktor war wegen der engen Nachbarschaft von mehreren wesentlich helleren Sternen ziemlich schwierig. In der Zeit von 1934 Juli 6 bis 1939 Sept. 12 wurden die folgenden 81 Beobachtungen erhalten.

Vergleichsterne

Bez.	Ort 1855.0		Gr.phm.
AD Aql	18ʰ 51ᵐ 15ˢ	—8°21'.8	var.
a	18 51.0	—8 25	11ᵐ08
b	18 51.6	—8 24	11.64
d	18 51.2	—8 23	12.02

Beobachtungen

J.D.242...	Gr.	J.D.242...	Gr.	J.D.242...	Gr.	J.D.242...	Gr.	J.D.242...	Gr.	J.D.242...	Gr.
	m		m		m		m		m		m
7625.50	11.49	7724.28	11.28	8094.28	11.26	8655.57	11.18	9041.53	11.22	9407.53	11.20
627.51	11.64	739.28	11.21	095.25	11.18	691.52	11.53	045.52	11.33	412.52	11.29
628.47	11.69	755.23	11.33	111.23	11.3:	694.51	11.47	054.51	11.27	414.49	11.19
658.40	11.44	926.52	11.52	121.22	11.50:	751.51	11.15	087.53	11.21	417.46	11.25
664.45	11.13	932.55	11.30	272.57	11.39	770.38	11.27	160.34	11.42	420.50	11.36
669.44	10.98	948.49	11.39	303.55	11.27	778.32	11.22	167.32	11.28	422.50	11.39
684.45	11.28	954.46	11.39	336.45	11.22	783.38	11.29	170.30	11.20	423.48	11.46
689.42	11.33	985.53	11.34	389.45	11.14	798.37	11.84	175.30	11.20:	425.50	11.50
694.34	11.64	8017.44	11.52	403.45	11.47	801.33	11.89	186.26	11.29	428.52	11.45
706.35	11.03	025.46	11.36	408.38	11.49	807.35	11.18	192.26	11.56	436.50	11.23
708.31	11.02	037.39	11.28	420.39	11.33	817.30	11.21	193.25	11.64	519.40	11.42
710.33	11.08	069.31	11.25	421.34	11.28	853.22	11.18	223.21	11.32		
715.30	11.19	072.35	11.22	427.38	11.22	998.58	12.09	230.21	11.26:		
717.32	11.23	084.26	11.30:	453.28	11.20	9021.57	11.12	372.57	11.34		

Infolge seiner südlichen Lage konnte der Stern nur in den Monaten April bis November beobachtet werden. Innerhalb der einzelnen Abschnitte reicht die Zahl der Beobachtungen nicht immer aus, um eine sichere Darstellung der Lichtkurve geben zu können. Die von ZESSEWITSCH gefundene RV Tauri-Eigenschaft der Helligkeitsänderungen ist jedoch deutlich zu erkennen. Aus der Lichtkurve wurden die folgenden, z. T. etwas unsicheren Phasenepochen abgelesen.

E	Haupt-Min. m_1			1. Max. M_1			Neben-Min. m_2			2. Max. M_2		
	J. D. 242..	Gr.	B—R	J. D. 242..	Gr.	B—R	J. D. 242..	Gr.	B—R	J. D. 242..	Gr.	B—R
		m						m			m	
0	7630	11.74	+2d	—	—	—	7658	11.45	−2d	7673	10.95	−1d
1	696	11.65	+3	7708	11.02	−2d	729	11.30	+4	747	11.15	+7
2	761	11.65	+2	—	—	—	—	—	—	—	—	—
						Vertauschung der Minima						
4½	921:	11.7:	0:	939	11.24	+3	952	11.42	−3	973	11.15	+1
5½	—	—	—	—	—	—	8019	11.53	−1	8033	11.23	−4
6½	8054:	—	+2:	8074	11.21	+7	086	11.30	0	102	11.16	0
7½	122	11.50	+5	—	—	—	—	—	—	—	—	—
						Vertauschung der Minima						
11	—	—	—	—	—	—	—	—	—	8387	11.12	−7
12	409	11.52	−4	430	11.21	+1	444	—	0	—	—	—
17	—	—	—	755	11.14	−1	768	11.28	−3	779	11.22	−7
18	801	11.95	−4	812	11.05	−10	830:	11.4:	−7:	848:	11.1:	−4:
21	999	12.10	−2	9020	11.12	+2	9035	11.30	+2	9049	11.22	+1
22	9068:	—	+1:	089	11.20	+6	—	—	—	—	—	—
23	—	—	—	—	—	—	162.5	11.46	−1	178	11.15	−1
24	201	12.11	+3	222	11.26	+8	—	—	—	—	—	—
26	—	—	—	—	—	—	—	—	—	374	11.35	−1
27	395:	—	+1:	410	11.19	0	426	11.50	+1	443	11.15	+3
29	525:	—	0:	—	—	—	—	—	—	—	—	—

Elemente: Haupt-Min. = J. D. 242 7628 $+65^{d}.4 \cdot E$; $M_1 - m_1 = 16^{d}.6$; $m_2 - m_1 = 31^{d}.6$; $M_2 - m_1 = 46^{d}.5$. Grenzen des beobachteten visuellen Lichtwechsels: $10^{m}.9$—$12^{m}.1$; mittlere visuelle Amplitude: $0^{m}.7$; RV Tauri-Art; galaktische Breite: —5°; Spektrum unbekannt; Farbenindex im Maximum der Helligkeit: $+1^{m}.0$.

RX Capricorni

Der RV Tauri-Lichtwechsel dieses Sterns wurde zuerst von P. PARENAGO erkannt, der aus 86 Beobachtungen aus den Jahren 1910—30 die Elemente: Min. = J. D. 242 0741.4 $+ 67^{d}.95 \cdot E$, $m_1 - m_2 = 32^{d}$ ableitete und eine photographische Amplitude von $2^{m}.1$ mit den Grenzen $11^{m}.63$—$13^{m}.71$ fand (NNVS 33—34). Da die Beobachtungen von L. JACCHIA eine Periode von $P = 67^{d}.2$ ergaben und in Kat. u. Eph. für 1941 als neue Elemente: Min. = J. D. 242 6618 $+ 67^{d}.7 \cdot E$ gegeben sind, dürfte der Periodenwert in geringem Umfange veränderlich sein. RX Cap konnte hier wegen seiner ungünstigen Lage am Südhimmel nur in den Monaten Mai bis November beobachtet werden. Im 142 mm-Refraktor war die Helligkeitsschätzung des zumeist tiefstehenden, lichtschwachen Sterns, besonders bei mondhellem oder dunstigem Himmel schwierig und unsicher. In der Zeit 1934 Juli 4 bis 1939 Sept. 12 wurden die folgenden 150 Beobachtungen erhalten.

Vergleichsterne

Bez.	Ort 1855.0		Gr.phm.
RX Cap	20h 6m 51s	−13°22′.8	var.
r	20 6.6	−13 13	$10^{m}.76$
s	20 6.7	−13 28	10.92
t	20 7.1	−13 25	11.42
n	20 6.9	−13 17	11.87
o	20 7.1	−13 17	12.29

Der Lichtwechsel verläuft in der für RV Tauri-Sterne charakteristischen Weise. Zwischen J. D. 242 7750 und 7950 findet eine Vertauschung der Minima statt, indem das bisherige Neben-Minimum die Rolle des Haupt-Minimums übernimmt. Dieser Zustand bleibt dann bis zum Schluß der Beobachtungsreihe über 22 Epochen hinweg erhalten. In Übereinstimmung mit den Lichtkurven der meisten echten RV Tauri-Sterne zeigen die einzelnen Doppelwellen auch in diesem Fall mit steilem Anstieg und weniger steilem Abstieg einen unsymmetrischen Aufbau. Die Neben-Minima liegen etwas vor der Mitte zwischen den aufeinander folgenden Haupt-Minima. Die Höhe des 2. Maximums bleibt

Beobachtungen

J.D.242...	Gr.	J.D.242...	Gr.	J.D.242...	Gr.	J.D.242...	Gr.	J.D.242...	Gr.	J.D.242...	Gr.
	m		m		m		m		m		m
7623.53	10.94	7736.26	12.02:	8056.36	>11.0	8338.51	11.32	8751.51	11.67	9157.35	11.42
625.47	11.19	739.27	12.12:	060.32	11.10	348.52	11.87	755.51	11.60	166.36	11.54
627.45	11.25	740.25	12.12:	066.37	11.12	389.41	11.14	769.39	11.10	167.31	11.31
628.45	11.33	950.50	11.02	068.40	11.12	392.49	11.11	770.36	11.04	170.29	11.15
655.48	11.12	951.49	10.87	069.31	11.22	403.39	11.09	772.37	11.07	186.25	11.50
658.38	11.22	952.51	10.88	072.29	11.57	405.39	11.10	775.44	11.34	192.25	12.10
664.45	11.62	960.48	11.07	081.28	11.92	408.37	11.14	778.32	11.57	193.28	12.07
669.43	12.06	963.47	11.17	084.26	11.87	415.33	11.27	783.39	11.77	195.26	12.19
677.40	11.77:	975.47	>11.5	086.27	11.19	419.33	11.42	784.34	11.82	223.20	11.28
681.44	11.04	977.45	12.27	088.25	10.80:	420.37	11.54	786.34	12.22	230.21	11.62:
684.38	11.07	984.45	11.57	094.25	10.87	421.34	11.50	798.30	10.94	243.20	11.30:
685.34	11.08	985.46	11.47	095.34	10.84	423.36	11.29	800.35	10.97	249.19	11.24
687.45	11.07	8017.45	11.24	096.25	10.95	424.45	11.24	806.37	11.28	250.19	11.19
689.41	11.04	019.39	11.17	097.25	10.87	427.39	11.23	817.29	11.24	372.59	11.52:
691.38	11.15	020.46	11.22	099.26	10.86	429.35	11.24	827.26	11.4:	407.53	11.42
693.34	11.17	023.41	11.27	104.29	11.42	435.39	11.15	834.26	11.24	412.51	11.09
694.32	11.25	025.40	11.32	111.23	12.0:	449.27	11.87	853.20	>12.0	413.50	11.13
696.42	11.42	032.41	11.42	121.22	11.01	453.29	12.55	866.19	10.87	414.49	11.12
706.32	11.84	035.50	11.57	303.54	11.19	462.32	10.84	9022.57	11.60	422.48	11.27:
708.29	11.67	036.40	11.64	305.52	11.30	474.30	11.47:	041.52	11.02	423.47	11.24
709.33	11.77	038.38	11.94	306,53	11.52	686.52	11.52	045.51	11.21	425.50	11.31
710.34	11.64	039.46	11.72	307.54	11.62	691.51	11.30	054.50	12.4:	428.50	11.42
715.30	10.89	044.39	12.02:	321.51	11.77	702.49	11.30	057.52	>12.0	429.49	11.42
717.33	11.05	049.41	11.76	325.54	11.02:	714.47	11.97	087.49	11.35	436.48	11.42
724.27	11.08	051.35	11.33	336.49	11.13	750.51	11.84	155.38	11.30	519.39	11.14

im Mittel etwas unter derjenigen des 1. Maximums. Im übrigen zeigen aber die einzelnen Doppelwellen, besonders in der Ausbildung und Gestalt der Maxima und Neben-Minima erhebliche Unterschiede, wobei überdies ein regelmäßiger Wechsel von flachen und tieferen Neben-Minima vorzuliegen scheint. Es konnten die folgenden Phasenepochen abgelesen werden.

E	Haupt-Min. m_1			1. Max. M_1			Neben-Min. m_2			2. Max. M_2		
	J. D. 242..	Gr.	B—R	J. D. 242..	Gr.	B—R	J. D. 242..	Gr.	B—R	J. D. 242..	Gr.	B—R
		m			m			m			m	
−5½	—			—			7638	11.7	−1d	7654	11.10	+1d
−4½	7673	12.25	+1d	7685	11.04	0d	704	11.88	−2	719	10.94	−2
−3½	740	12.12	0	—	—	—	—	—	—	—	—	—
Vertauschung von Haupt- und Neben-Minimum												
− 1	—	—	—	—	—	—	—	—	—	952	10.92	−4
0	977.5	12.27	0	996:	10.9	+4:	8011:	11.4	+1:	8020	11.22	−3
+ 1	8044.5	12.02	0	8064	11.05	+4	082	11.93	+4	092	10.74	+1
+ 2	112	12.00	−1	—	—	—	—	—	—	—	—	—
+ 5	316.5	—	+1	330	10.8	0	348	11.88	+1	364:	—	+2:
+ 6	383:	—	0:	397	11.05	−1	421	11.52	+4	433	11.14	+3
+ 7	454	12.56	+3	465	10.77	−1	—	—	—	—	—	—
+10	—	—	—	—	—	—	684	11.56	−3	697	11.40	−3
+11	721:	—	−1:	—	—	—	750	11.80	−5	767	11.00	−1
+12	788	12.30	−2	800	10.95	−4	819	11.35	−4	834	11.24	−2
+13	855:	—	−2:	869:	10.85	−3:	—	—	—	—	—	—
+15	—	—	—	—	—	—	9025:	11.6	−1:	9039	11.00	0
+16	9058:	12.3	−2:	—	—	—	—	—	—	—	—	—
+17	—	—	—	—	—	—	163	11.7	+2	175	11.05	+1
+18	197	12.3	+1	—	—	—	232	11.62	+3	248	11.40	+6
+21	401:	—	+2:	9415	11.10	+1	433	11.47	+1	—	—	—

Aus den vorstehenden Epochen erhält man für den Abschnitt 1935—39 die Elemente:

Haupt-Min. $m_1 =$ J. D. 242 7977.2 $+ 67^{d}\!.7 \cdot E$; $M_1 - m_1 = 14^{d}\!.7$; $m_2 - m_1 = 33^{d}\!.2$; $M_2 - m_1 = 46^{d}\!.2$.

Grenzen des beobachteten visuellen Lichtwechsels: $10^{m}\!.8$—$12^{m}\!.6$; galaktische Breite: $-24°$; Periodenwert etwas veränderlich; Spektrum unbekannt.

Mittlere Lichtkurve

	Phase	Gr.
Haupt-Min. m_1 . .	$0^{d}\!.0$	$12^{m}\!.24$
1. Max. M_1	14.7	10.95
Neben-Min. m_2 . .	33.2	11.65
2. Max. M_2	46.2	11.10

V 360 *Cygni*

Für den im Jahre 1932 von S. BELJAWSKY auf Simeïser Platten entdeckten Veränderlichen bestimmte N. FLORJA auf Grund von 183 Beobachtungen zwischen 1932 Aug. 8 und 1933 Sept. 19 einen δ Cephei-Lichtwechsel mit den Elementen: Max. = J. D. 242 6949.2 + $32^d.03 \cdot E$ (NNVS 4.288). Aus der Tatsache, daß spätere Beobachtungen das Vorhandensein von RV Tauri-Schwankungen mit einer Doppelperiode von $P = 64^d.00$ anzeigen (Elemente von P. PARENAGO in NNVS 4.358: Haupt-Min. m_1 = J. D. 242 6967 + $64^d.00 \cdot E$) darf man wohl schließen, daß die Unterschiede in der Tiefe der aufeinanderfolgenden Minima in der Zeit zwischen 1932 Aug. und 1933 Sept. sehr klein gewesen sind. In der Zeit von 1938 Sept. 25 bis 1939 Sept. 12 wurden hier die folgenden 51 Beobachtungen gewonnen.

Vergleichsterne

Bez.	BD-Nr. bzw. Ort 1855.0		angen. Gr.*)
V360 Cyg	$21^h\ 4^m\ 28^s$	+30°5'.0	var.
a	21 4.4	+30 2	10^m20
b	+30°4344		10.75
c	21 4.7	+30 2	11.13
m	21 4.3	+30 10	11.71
p	21 4.7	+30 6	12.49

*) durch Schätzung an HA 70 angeschlossen.

Beobachtungen

J.D.242...	Gr.	J.D.242...	Gr.	J.D.242...	Gr.	J.D.242...	Gr.	J.D.242...	Gr.	J.D.242...	Gr.
	m		m		m		m		m		m
9167.41	10.64	9232.21	10.90	9262.20	11.91	9374.51	10.93	9413.47	10.69	9425.50	11.18
169.37	10.63	243.24	10.92	274.20	10.51	379.50	10.75	414.47	10.68	428.49	11.35
175.37	10.91	244.20	11.25	279.23	10.65	391.44	11.47	416.46	10.66	429.49	11.34
186.31	12.01	245.20	11.25	280.29	10.79	397.46	12.03	417.46	10.63	430.51	11.40
191.36	11.53	249.25	11.39	334.60	11.34	400.44	12.01	420.47	10.69	436.46	11.11
192.44	11.56	250.28	11.52	342.60	10.75	403.47	11.81	421.49	10.75	519.38	10.65
195.27	11.03	251.39	11.58	363.54	11.37	407.52	10.69	422.47	10.85		
205.36	10.62	258.23	12.05	364.54	11.34	410.44	10.61	423.49	10.94		
222.39	11.66	261.25	11.86	372.56	10.98	412.50	10.81	424.51	11.00		

Die Beobachtungen ergeben eine typische RV Tauri-Lichtkurve mit einer stark wechselnden Tiefe der aufeinanderfolgenden Minima. Aus der Kurve konnten die folgenden Phasenepochen abgelesen werden.

E	Haupt-Min. m_1			1. Max. M_1			Neben-Min. m_2			2. Max. M_2		
	J. D. 242..	Gr.	B—R	J. D. 242..	Gr.	B—R	J. D. 242..	Gr.	B—R	J. D. 242..	Gr.	B—R
−1	—	—	—	—	—	—	—	—	—	9168	$10^m.62$	$+0^d8$
0	9186.3	12.01	$-1^d.1$	9204.6	10.62	$+0^d.5$	9221.5	11.67	$0^d.0$	235.7	10.87	−1.9
+1	258.8	12.05	+0.9	275.3	10.50	+0.7	—	—	—	—	—	—
+2	—	—	—	344.6	10.74	−0.4	364.0	11.36	+1.6	379.7	10.75	+1.2
+3	399.0	12.04	+0.2	414.6	10.60	−0.8	431.3	11.40	−1.5	—	—	—

Die strenge Ausgleichung der vorstehenden Epochen liefert die mittlere Periodenlänge $P = 70^d.45$. Dieser Wert weicht sowohl gegen die von FLORJA in NNVS 4.288 gegebene Periode ($\frac{1}{2} P = 32^d.03$) als auch von dem von PARENAGO gefundenen Wert $P = 64^d.00$ sehr erheblich ab. Versucht man mit Hilfe der neuen Elemente die in NNVS 4.358 mitgeteilte Ausgangsepoche Haupt-Min. m_1 = J. D. 242 6967 darzustellen, so erhält man unter der Voraussetzung, daß die Haupt- und Neben-Minima inzwischen ihre Rolle getauscht haben, eine Abweichung von B—R = $-0^d.1$ ($E = 33\frac{1}{2}$). Das von FLORJA in NNVS 4.288 veröffentlichte Ausgangs-Maximum J. D. 242 6949.2 wird dann ebenfalls mit B—R = $-0^d.7$ sehr gut dargestellt. Da die älteren Original-Beobachtungen nicht veröffentlicht sind, läßt sich die Unstimmigkeit in den Periodenwerten zur Zeit nicht aufklären. Eine derartig erhebliche Änderung der Periodenlänge dürfte jedoch in Anbetracht des sonst sehr regelmäßig verlaufenden RV Tauri-Lichtwechsels wenig wahrscheinlich sein. Die neuen Elemente lauten:

Haupt-Min. m_1 = J. D. 242 9187.4 + $70^d.45 \cdot E$; $M_1 - m_1 = 16^d.7$; $m_2 - m_1 = 31^d.1$; $M_2 - m_1 = 50^d.2$. Grenzen des beobachteten visuellen Lichtwechsels: $10^m.5$—$12^m.1$; mittlere visuelle Amplitude der Haupt-Schwankungen: $1^m.4$; galaktische Breite: −13°; Spektrum unbekannt.

GK Cygni

Die Veränderlichkeit des Sterns und seine Zugehörigkeit zur RV Tauri-Gruppe wurde im Jahre 1928 von W. BAADE auf Bergedorfer Platten erkannt und in AN **232**.68 (1928) angezeigt. Außer einer Bestätigung des Lichtwechsels von C. HOFFMEISTER in AN **236**.233 (1929) sind neuerdings von H. VAN SCHEWICK auf Grund von 4 Haupt- und 2 Neben-Minima aus Sonneberger Aufnahmen die Elemente: Min. = J. D. 242 5420 + $80^d \cdot E$ bestimmt und in Kl. Veröff. d. Univ.-Sternw. Berlin-Babelsberg Nr. 24 (1941) mitgeteilt worden. Die Grenzen des photogr. Lichtwechsels liegen zwischen $13^m_.4$ und $15^m_.0$. Infolge der Lichtschwäche des Sterns (visuell: $12^m_.0$—$13^m_.7$) war die Helligkeitsschätzung im 142 mm-Refraktor bei mondhellem oder dunstigem Himmel oft schwierig und zuweilen ganz unmöglich. In der Zeit von 1934 Juni 16 bis 1939 Juni 21 wurden die folgenden 169 Beobachtungen erhalten.

Vergleichsterne

Bez.	Ort 1855.0		Gr.phm.
GK Cyg	$19^h\ 55^m\ 28^s$	$+39°12'.8$	var.
s	19 55.6	+39 13	$11^m_.80$
t	19 55.4	+39 13	12.41
u	19 55.6	+39 14	12.72

Beobachtungen

J.D.242...	Gr.	J.D.242...	Gr.	J.D.242...	Gr.	J.D.242...	Gr.	J.D.242...	Gr.	J.D.242...	Gr.
	m		m		m		m		m		m
										9363.49	12.75
7605.49	12.10	8182.27	12.41	8524.23	12.46	8798.33	12.41	9167.41	13.62:	364.50	12.7?
627.46	12.30	187.28	12.31	526.27	12.51:	803.49	12.67	169.29	13.37	371.44	12.31
691.42	12.00	247.61	12.36	534.21	12.91:	804.44	12.78	170.35	~13.4	372.55	12.38
693.48	>12.5	268.47	12.29	542.27	12.28	806.56	12.87	174.31	13.07	374.51	12.4:
709.42	12.05	271.49	12.29	545.22	12.21	817.37	12.52	175.39	12.97	379.48	12.43
717.38	12.15	304.50	13.06	622.55	12.61:	829.29	12.26	178.42	12.7:	386.42	12.51
740.41	>12.4	305.50	13.06	654.47	12.41	840.44	12.70	186.26	12.28	388.42	12.61
841.26	>12.0	333.49	12.46	657.46	12.36	853.25	13.27	191.34	12.31	389.42	12.56
919.49	12.0	389.50	12.41	676.46	12.51	866.26	12.51	192.30	12.36	390.41	12.71
926.49	12.25	391.52	12.29	691.51	13.41:	876.29	12.33	195.27	12.46	391.43	12.72
949.45	12.29	395.47	12.23	694.51	13.21:	955.58	12.56	222.37	12.41	396.42	12.97
963.46	12.41	403.44	12.24	702.49	12.53	998.47	13.17	223.25	12.47	397.46	13.02
986.45	12.61	408.43	12.53	712.50	12.27:	9008.47	13.62	230.24	12.58	400.43	13.17
8020.41	12.23	410.36	12.49	718.50	12.29	010.50	13.52	232.20	12.68	403.46	13.32
026.39	12.19	415.39	12.56:	750.50	12.46	015.59	13.42	243.23	13.14	407.43	13.44
053.58	13.61	420.40	12.41	752.48	12.62	020.43	12.97	249.25	13.42	410.49	13.17
069.44	12.53	423.41	12.41	755.52	12.80	021.57	12.85	250.23	13.47	412.43	13.12
072.41	12.24	427.43	12.41	758.50	13.09	022.56	12.60	251.26	13.42	413.46	12.92
077.45	12.18	435.39	12.31	764.44	13.22:	038.46	12.39	258.21	12.75	414.44	12.77
083.32	12.22	450.41	12.91	768.42	13.07:	041.43	12.49	261.21	12.53	416.45	12.63
094.38	12.19	462.33	12.86	770.37	13.22	045.46	12.51	274.21	12.37	420.44	12.41
097.48	12.29	471.35	12.19	772.37	13.22	053.46	12.54:	279.23	12.58	421.49	12.36
099.31	12.35	474.36	11.97	775.45	13.17	054.48	12.48	322.56	>12.6	422.46	12.41
111.39	12.41	484.36	12.41	777.48	13.12	155.35	12.85	333.55	12.66	423.49	12.36
121.36	12.27	489.42	12.41:	782.42	12.51	157.32	13.00	334.58	12.61	425.50	12.39
140.31	>12.7	505.27	12.25	783.39	12.41	160.43	13.22	340.56	12.43	429.44	12.39
164.29	12.28	522.26	12.56	784.58	12.24	162.30	13.17	342.54	12.29	430.45	12.39
180.24	12.56	523.22	12.56	787.37	12.09	166.38	13.52:	354.47	12.51	436.46	12.47

Die Lichtkurve zeigt die charakteristischen Schwankungen des normalen RV Tauri-Typus mit einem stark ausgeprägten Unterschied zwischen den Haupt- und Neben-Minima. Eine Vertauschung der Minima konnte innerhalb der Jahre 1925—39 (50 Epochen) nicht festgestellt werden, so daß dieser Stern wie EP Lyrae als ein besonders regelmäßiger Vertreter dieser Klasse zu betrachten ist. Auch im Aufbau der Kurve, besonders in der fast gleichartigen Gestalt der aufeinanderfolgenden Doppelwellen, tritt eine bemerkenswerte Regelmäßigkeit hervor. In Übereinstimmung mit den meisten echten RV Tauri-Sternen verläuft der Lichtanstieg steiler als der Abstieg, die Neben-Minima liegen etwas vor der Mitte des Abstandes der Haupt-Minima, und die 2. Maxima (M_2) erreichen nicht ganz die Höhe der ersten (M_1).

Vereinigt man die nachstehenden Epochen aus den Jahren 1935—39 mit den von H. VAN SCHEWICK mitgeteilten 4 Haupt- und 2 Neben-Minima aus den Jahren 1928—29, so erhält man durch strenge Ausgleichung den Periodenwert $P = 79^d_.75$. Innerhalb des vorliegenden Abschnitts für 1935—39 zeigen die mit diesem Wert gerechneten Epochen einen systematischen Gang der Abweichungen gegen

E	Haupt-Min. m_1			1. Max. M_1			Neben-Min. m_2			2. Max. M_2		
	J. D. 242..	Gr.	B—R	J. D. 242..	Gr.	B—R	J. D. 242..	Gr.	B—R	J. D. 242..	Gr.	B—R
					m	d			d		m	d
0	—	—	—	7919	12.00	−1	7939:	—	0:	7956	12.14	+2
1	7978:	—	-1^{d}:	—	—	—	—	—	—	8024	12.17	−9
2	8056	$13^{\mathrm{m}}70$	−3	8083	12.13	+4	8106	$12^{\mathrm{m}}48$	+9	120	12.27	+8
3	141:	—	+3:	161:	12.25	+3:	177	12.69	0	190	12.30	−1
4	—	—	—	—	—	—	257:	—	+1:	273:	12.27	+2:
5	298:	—	+1:	320:	—	+3:	—	—	—	—	—	—
6	—	—	—	398	12.19	+2	415	12.56	0	433	12.30	+4
7	460	13.60	+5	476	11.94	0	493	12.50	−1	511	12.20	+2
8	534.5	13.1	0	551	12.14	−4	—	—	—	—	—	—
9	—	—	—	633:	—	−1:	651:	12.44	−1:	665	12.30	−2
10	690.5	13.45	−3	714	12.26	+1	729:	—	−3:	744	—	−2
11	770	13.23	−2	789	12.06	−4	809	12.90	−2	827	12.24	+1
12	852	13.30	0	874	12.32	+2	—	—	—	—	—	—
14	9009.5	13.61	−1	9031	12.27	0	9049	12.56	0	—	—	—
16	167.5	13.57	−1	188	12.25	−1	207	12.76	0	9222	12.43	0
17	250.5	13.46	+2	269	12.26	0	—	—	—	—	—	—
18	—	—	—	345	12.30	−3	362	12.76	−4	376	12.35	−5
19	407	13.45	0	425	12.36	−2	—	—	—	—	—	—

die Beobachtungen. Aus diesem Grunde wurden die in der obigen Tabelle zusammengestellten Haupt-Minima für sich ausgeglichen. Sie ergeben den etwas kleineren Periodenwert $P = 79^{\mathrm{d}}.3$, der eine befriedigende Darstellung aller Epochen des Abschnitts 1935—39 gewährt (Spalten B–R). Da die weiter zurückliegenden Epochen von H. van Schewick ($E = -25$ bis -31) mit dieser Periode nicht mehr darzustellen sind, muß eine geringe Veränderlichkeit der Periodenlänge angenommen werden.

Für den Abschnitt 1935—39 erhält man die folgenden Elemente des Lichtwechsels:

Haupt-Min. $m_1 =$ J. D. 242 7900.1 $+79^{\mathrm{d}}.3 \cdot E$; $M_1 - m_1 = 20^{\mathrm{d}}.3$; $m_2 - m_1 = 38^{\mathrm{d}}.6$; $M_2 - m_1 = 53^{\mathrm{d}}.4$.

Grenzen der beobachteten visuellen Helligkeitsänderungen: $11^{\mathrm{m}}.9$—$13^{\mathrm{m}}.7$; Spektrum unbekannt; Farbenindex: $+1^{\mathrm{m}}.4$; galaktische Breite: $+5°$.

Mittlere Lichtkurve

	Phase	Gr.
	d	m
Haupt-Min. m_1 . .	0.0	13.45
1. Max. M_1	+20.3	12.20
Neben-Min. m_2 . .	+38.6	12.63
2. Max. M_2	+53.4	12.27

EP Lyrae

Die Veränderlichkeit des Sterns wurde im Jahre 1931 von H. Schneller auf Babelsberger Platten entdeckt und in AN **243**.99 (1931) angezeigt. 49 Helligkeitsschätzungen, die vom Entdecker auf Platten aus den Jahren 1928—31 angestellt wurden, deuteten zunächst kurzperiodische Lichtänderungen an (AN **243**.337, 1931). Aus einer Reihe von 161 Beobachtungen erkannte später M. Zverev (NNVS **5**. 110) das Vorhandensein eines RV Tauri-Lichtwechsels mit den Elementen: Haupt-Min. $m_1 =$ J.D. 242 7841.6 $+ 83^{\mathrm{d}}.429 \cdot E$; $M_1 - m_1 = 11^{\mathrm{d}}.7$; $m_2 - m_1 = 45^{\mathrm{d}}.0$; $M_2 - m_1 = 63^{\mathrm{d}}.4$. In der Zeit 1932 Aug. 31 bis 1939 Sept. 12 wurden hier die folgenden 306 Beobachtungen erhalten.

Vergleichsterne

Bez.	BD-Nr. bzw. Ort 1855.0	Gr.phm.
EP Lyr	+27° 3334	var.
m	+27 3332	$9^{\mathrm{m}}.70$
n	+27 3341	10.21
w	$19^{\mathrm{h}}\ 12^{\mathrm{m}}\ 29^{\mathrm{s}}$ +27° 31'.7	10.64

Die aus den Beobachtungen gezeichnete Lichtkurve kann als ein klassisches Beispiel für den RV Tauri-Lichtwechsel betrachtet werden. In ihrem ganzen Verlauf, der einen Zeitraum von mehr als 7 Jahren umfaßt, ist der regelmäßige Wechsel von Haupt- und Nebenphasen erhalten geblieben. Da die von H. Schneller auf Babelsberger Platten erhaltenen Beobachtungen aus den Jahren 1928—31 (AN **243**.337, 1931) sich zwanglos an die neue Beobachtungsreihe anschließen lassen, sind die sonst häufig vorkommenden Vertauschungen der Minima und die damit verbundenen Unregelmäßigkeiten

Beobachtungen

J.D.242...	Gr.	J.D.242...	Gr.	J.D.242...	Gr.	J.D.242..	Gr.	J.D.242...	Gr.	J.D.24...	Gr.
	m		m		m		m		m		m
6951.43	10.36	7259.44	10.41	7567.49	9.95	7907.48	10.12	8407.36	10.01	28866.27	10.00
960.42	10.36	261.53	10.43	569.46	10.00	919.48	10.31	410.35	10.00	905.22	10.09
967.44	10.08	262.44	10.36	572.42	9.99	926.47	10.44	415.37	10.09	998.49	10.08
972.42	10.06	263.47	10.33	574.41	10.05	927.42	10.47	420.43	10.36	29008.46	10.36
976.44	9.89	273.53	9.55	576.44	10.09	929.41	10.53	422.46	10.32	016.55	10.37
979.40	9.73	274.44	9.58	577.48	10.09	934.42	10.12	423.39	10.34	020.45	10.14
980.38	9.95	277.45	9.72	578.49	10.08	945.46	9.91	424.52	10.34	038.44	10.02
984.40	9.98	279.51	9.82	588.45	10.11	949.46	9.95	427.42	10.33	041.43	10.00
986.48	9.85	281.54	9.83	599.49	10.11	951.50	9.91	429.38	10.31	054.45	10.11
988.32	10.10	282.42	9.89	601.46	10.03	954.42	9.98	435.47	10.04	062.43	9.99
991.37	10.04	295.41	10.04	604.43	10.01	962.43	10.01	440.47	9.98	087.47	10.44
998.29	10.12	298.49	10.21	605.46	10.00	970.48	10.06	450.40	10.06	157.38	10.01
7005.34	10.44	305.43	10.09	611.45	9.94	975.46	10.06	462.35	10.11	166.39	10.09
007.26	10.36	307.48	10.09	612.42	9.97	986.44	10.12	471.35	10.08	169.45	10.16
008.25	10.34	309.37	10.05	617.45	10.00	8020.37	10.04	484.37	10.01	174.32	10.26
026.25	10.04	319.37	10.05	623.46	10.09	025.40	10.00	505.26	10.31	186.30	10.09
030.23	10.02	321.34	10.04	625.42	10.09	032.48	9.83	506.29	10.29	192.37	10.00
034.24	10.06	324.34	10.10	627.44	10.13	036.39	9.95	512.31	10.21	193.42	9.97
037.23	10.08	325.35	10.08	657.50	10.10	044.49	10.00	522.25	10.03	205.35	9.99
039.23	10.16	326.31	10.16	658.54	10.12	047.46	10.01	524.26	10.00	222.36	10.16
040.26	10.09	327.43	10.10	664.46	10.21	055.44	10.01	526.25	9.95	223.30	10.16
041.24	10.09	332.50	10.21	669.45	10.33	066.43	10.12	542.26	10.02	230.26	9.95
042.24	10.15	333.42	10.42	676.36	10.36	069.37	10.10	545.21	10.16	243.24	10.08
043.23	10.12	335.33	10.51	677.41	10.41	077.31	10.14	622.53	10.06	249.27	10.12
052.26	10.06	336.38	10.55	681.45	10.39	081.43	10.21	637.54	10.07	250.27	10.12
054.23	10.06	339.46	10.64	684.37	10.09	083.34	10.14	653.52	9.97	258.22	10.39
055.23	10.01	342.33	10.69	685.44	10.04	086.29	10.26	657.45	10.00	261.23	10.48
060.24	10.01	343.33	10.64	689.40	10.02	094.43	10.64	676.45	10.33	274.22	9.83
061.20	10.06	344.34	10.69	691.43	10.01	111.29	10.01	678.42	10.21	279.24	9.85
063.22	10.04	345.40	10.64	692.38	10.00	121.38	10.05	680.45	10.16	333.57	10.17
065.27	10.04	348.52	10.52	693.35	10.04	138.27	10.06	686.53	10.07	342.57	10.47
072.23	10.05	352.38	10.04	694.41	10.04	145.26	9.97	691.53	9.97	354.49	10.01
073.24	10.09	355.29	9.95	695.35	10.03	164.21	10.11	695.44	9.96	363.52	9.97
078.26	10.11	356.26	9.92	696.37	10.08	179.21	10.47	703.51	10.04	371.46	10.03
087.23	10.37	358.32	9.98	698.36	10.03	180.23	10.54	712.50	10.09	379.50	10.17
094.23	10.10	359.32	9.85	706.31	10.12	182.24	10.51	718.51	10.16	386.44	10.11
097.22	10.07	363.40	9.93	708.36	10.14	247.62	10.09	750.53	10.16	388.43	10.15
155.53	10.05	365.28	9.95	709.33	10.12	263.60	10.50	753.51	10.39	391.45	10.09
156.55	10.08	368.45	9.94	710.40	10.11	268.49	10.07	764.42	10.38	397.45	10.05
158.52	10.09	372.28	9.95	714.30	10.09	273.52	9.98	769.38	10.21	403.46	10.04
161.55	10.07	384.27	10.01	715.39	10.12	280.54	10.04	770.45	10.12	407.42	10.01
180.51	10.29	399.24	10.21	717.43	10.11	291.43	10.02	772.42	10.01	412.44	10.08
185.58	10.09	531.48	10.05	724.36	10.03	303.50	10.26	777.51	9.87	414.45	10.06
187.47	10.02	532.50	10.02	728.40	10.01	305.50	10.16	782.44	9.84	417.43	10.06
188.51	9.98	535.54	10.07	736.24	10.01	306.52	10.16	785.42	9.87	420.45	10.11
189.55	9.89	536.48	10.04	740.36	10.03	325.50	10.15	798.42	10.07	424.51	10.21
190.47	9.98	543.49	10.13	755.25	10.41	333.48	10.12	816.48	10.03	429.45	10.29
195.46	9.89	546.47	10.21	765.31	10.21	353.48	9.95	817.46	9.98	436.52	10.04
204.44	9.90	553.52	10.16	781.25	10.00	389.51	10.16	840.42	10.31	492.41	10.03
213.46	10.09	559.43	10.01	891.58	10.08	395.49	9.98	854.24	10.04	519.36	10.02
214.44	10.06	564.48	10.00	906.49	10.09	403.48	10.06	859.26	10.00	30314.33	9.92

bei diesem Stern über 11 Jahre hindurch nicht aufgetreten und bisher überhaupt noch nicht beobachtet worden. Die Amplitude (Haupt-Min. — 1. Max.) schwankt von $0^m_.3$ bis $0^m_.8$ und beträgt im Mittel $0^m_.53$. In den Doppelwellen der Lichtkurve stehen wieder spitz geformte Haupt-Minima runden bis flachen Maxima und Neben-Minima gegenüber. Von den beiden Maxima zeigt das dem Haupt-Minimum folgende in der Regel eine etwas größere Helligkeit. Das Neben-Minimum liegt durchweg etwas vor der Mitte zwischen zwei aufeinanderfolgenden Haupt-Minima. In der folgenden Zusammenstellung der Phasenepochen sind die gut bestimmbaren Zeiten auf Zehnteltage, die übrigen auf volle Tage abgerundet gegeben.

E	Haupt-Min. m_1			1. Max. M_1			Neben-Min. m_2			2. Max. M_2		
	J.D. 242..	Gr.	B—R	J.D. 242..	Gr.	B—R	J.D. 242..	Gr.	B—R	J.D. 242..	Gr.	B—R
−11	—	—	—	—	—	—	—	—	—	6980	9^m88	-4^d
−10	7005.1	$10^m_.45$	$-3^d_.4$	7028	10^m03	$+1^d$	7044.8	$10^m_.15$	$-2^d_.4$	7059	10.03	−8
− 9	087.0	10.38	−4.9	—	—	—	—	—	—	—	—	—
− 8	174.9	10.45	−0.5	198	9.88	+4	—	—	—	—	—	—

E	Haupt-Min. m_1			1. Max. M_1			Neben-Min. m_2			2. Max. M_2		
	J.D. 242 ..	Gr.	B—R	J.D. 242 ..	Gr.	B—R	J.D. 242 ..	Gr.	B—R	J.D. 242 ..	Gr.	B—R
− 7	7260.7	10.45	+1.9	7272	9.55	−6	7297.7	10.18	+0.2	7316	10.00	−2
− 6	342.5	10.70	+0.3	360	9.90	−1	—	—	—	—	—	—
− 4	—	—	—	—	—	—	549.6	10.26	+1.8	567	9.96	−1
− 3	594.5	10.24	+2.0	612	9.95	+1	631.7	10.15	+0.5	648	10.06	−3
− 2	677.1	10.40	+1.2	691	10.00	−4	710.2	10.11	−4.4	734	10.00	−1
− 1	759.4	10.52	0.0	781:	10.00	+3:	—	—	—	—	—	—
0	—	—	—	—	—	—	—	—	—	898	10.05	−4
+ 1	928.8	10.51	+2.6	946	9.90	+1	—	—	—	—	—	—
+ 2	—	—	—	8033	9.89	+4	—	—	—	—	—	—
+ 3	8097.0	10.70	+3.9	115	9.99	+3	8129	10.10	−3	8152	9.94	0
+ 4	181.5	10.52	+5.0	—	—	—	—	—	—	—	—	—
+ 5	261.6	10.54	+1.7	277	9.96	−2	301	10.30	+2	325	10.08	+6
+ 6	345.0	10.50	+1.6	359	9.84	−3	384	10.20	+2	405	9.96	+3
+ 7	424.8	10.36	−2.0	441	9.96	−5	462.5	10.10	−3.0	488	9.99	+2
+ 8	506.8	10.31	−3.4	533	9.93	+4	—	—	—	—	—	—
+ 9	—	—	—	—	—	—	630	10.09	−2	656	9.98	+3
+10	673.4	10.40	−3.7	695	9.98	−1	717	10.15	+1	741	9.93	+5
+11	759.0	10.51	−1.5	782	9.84	+3	803	10.09	+4	820	9.98	0
+12	842.7	10.32	−1.2	862	9.98	−1	—	—	—	—	—	—
+14	9012.5	10.47	+1.7	9032	9.95	+2	9052	10.10	+2	9071	9.93	+1
+15	091	10.52	−3	—	—	—	—	—	—	158:	10.00	+5:
+16	177.5	10.30	−0.2	199	9.95	+2	219	10.20	+3	234	9.97	−3
+17	261.8	10.48	+0.7	277	9.80	−3	—	—	—	319	9.98	−1
+18	344.0	10.49	−0.5	361	9.95	−2	382	10.18	−1	406	10.03	+2
+19	428.8	10.30	+0.8	—	—	—	—	—	—	—	—	—

Die vorstehenden Epochen ergeben die folgenden Elemente des Lichtwechsels:

Haupt-Min. $m_1 =$ J. D. 242 7842.8 $+83^d.429 \cdot E$.

Grenzen des beobachteten visuellen Lichtwechsels: $9^m.8$—$10^m.7$; Spektrum unbekannt; galaktische Breite: +8°.

Mittlere Lichtkurve

	Phase	Gr.
	d	m
Haupt-Min. m_1 . .	0.0	10.45
1. Maximum M_1 . .	18.9	9.92
Neben-Min. m_2 . .	38.7	10.16
2. Maximum M_2 . .	59.0	9.99

Die mit diesen Elementen gerechneten Epochen weichen mit den in den Spalten B—R aufgeführten Resten von den beobachteten Werten ab. Während der Periodenwert $P = 83^d.429$ genau mit dem von M. Zverev in NNVS 5.110 veröffentlichten Ergebnis übereinstimmt, erfordert die dortige Ausgangsepoche für das Haupt-Minimum ($E = 0$) eine Korrektion von $+1^d.2$.

TW Camelopardalis

Nach einer Bemerkung in der Benennungsliste Nr. 35 (AN **263**.293, 1937) hat H. Gitz bei dem von ihr auf Moskauer Platten entdeckten Veränderlichen das Vorhandensein eines RV Tauri-Lichtwechsels mit den Elementen: Haupt-Min. = J. D. 242 8408 $+ 86^d.2 \cdot E$ nachgewiesen. In Kat. u. Eph. für 1943 sind die verbesserten Elemente: Haupt-Min. = J. D. 242 8405 $+ 85^d.3 \cdot E$ aufgeführt. In der Zeit von 1938 Sept. 24 bis 1939 Sept. 12 wurden hier die folgenden 62 Helligkeitsschätzungen erhalten.

Vergleichsterne

Bez.	BD-Nr. bzw. Ort 1855.0	angen. Gr.*)
TW Cam	+57° 790	var.
m	+57 795	$8^m.95$
d	+56 901	9.40
a	+56 903	10.04
e	+56 906	10.10
b	4^h $11^m.8$ +56° 56′	10.30
c	4 11.6 +56 51	10.40

*) geschätzt.

Beobachtungen

J.D.242...	Gr.	J.D.242...	Gr.	J.D.242...	Gr.	J.D.242...	Gr.	J.D.242...	Gr.	J.D.242...	Gr.
	m		m		m		m		m		m
9166.46	10.18	9249.42	10.19	9301.39	9.56	9329.30	9.99	9361.32	9.67	9400.41	9.67
169.44	10.20	250.34	10.22	308.49	9.77	330.31	10.09	363.34	9.64	403.43	9.79
175.41	9.77	251.28	10.25	311.29	9.60	332.32	10.20	364.41	9.63	412.41	9.94
186.39	9.19	261.22	9.77	315.39	9.67	333.43	10.18	366.37	9.65	414.51	9.90
191.43	9.49	262.23	9.67	317.38	9.64	338.38	10.17	371.35	9.66	420.51	9.95
193.39	9.66	274.24	9.65	321.34	9.68	340.37	10.17	374.45	9.78	429.52	9.89
232.25	9.58	277.35	9.79	322.54	9.77	341.35	10.13	379.42	9.79	519.48	9.61
235.35	9.72	279.22	9.77	325.33	9.93	344.38	9.84	381.40	9.84		
243.27	9.94	280.42	9.74	326.31	10.02	346.44	9.73	386.41	9.77		
244.21	10.14	289.47	9.77	327.35	10.03	354.37	9.55	392.40	9.61		
245.21	10.01	293.43	9.72	328.32	10.00	355.31	9.55	397.43	9.61		

Die Lichtkurve verläuft in der für die RV Tauri-Veränderlichen charakteristischen Weise und liefert die folgenden Phasenepochen:

E	Haupt-Min. m_1			1. Max. M_1			Neben-Min. m_2			2. Max. M_2		
	J. D. 242..	Gr.	B—R	J. D. 242..	Gr.	B—R	J. D. 242..	Gr.	B—R	J. D. 242..	Gr.	B—R
		m	d		m	d		m	d		m	d
9	9168.5	10.22	+1	9185	9.19	0	9207:	10.0:	0:	9227.5	9.52	0
10	252	10.25	0	268.5	9.57	−1	287	9.81	−5	313	9.60	+1
11	336.3	10.26	0	355.5	9.55	+1	381	9.82	+5	395	9.60	−1
12	420:	9.96	−1	—	—	—	—	—	—	—	—	—

Die rechnerische Darstellung der vorstehenden Epochen erfordert eine weitere Verkürzung der Periodenlänge auf $P = 84^d.4$. Nach den bisher veröffentlichten Ergebnissen ist es wahrscheinlich, daß die Periodenlänge etwas veränderlich ist und im Laufe der letzten Jahre abgenommen hat. Eine Entscheidung dieser Frage ist noch nicht möglich, da die älteren Originalbeobachtungen gegenwärtig nicht erreichbar sind. Durch Verbindung mit der von H. Gitz gegebenen Ausgangsepoche: Haupt-Min. = J. D. 242 8408 erhält man die folgenden verbesserten Elemente:

Haupt-Min. $m_1 =$ J. D. 242 8408 $+84^d.4 \cdot E$; $M_1 - m_1 = 17^d.7$; $m_2 - m_1 = 39^d.7$; $M_2 - m_1 = 59^d.9$. Grenzen des beobachteten visuellen Lichtwechsels: $9^m.2$—$10^m.3$; mittlere visuelle Amplitude der Hauptschwankung: $0^m.7$; Spektrum: unbekannt; galaktische Breite: $+4°$.

UZ Ophiuchi

Für den im Jahre 1918 von M. Wolf entdeckten Veränderlichen bestimmte M. Esch[1]) aus 17 Beobachtungen 1919 Mai bis Nov. die vorläufigen Elemente: Min. = J. D. 242 2181.2 + $86^d.8 \cdot E$. In der folgenden Zeit wurde der Stern in den Jahren 1920—27 von E. Leiner (AN **216**.295, 1922 und **233**.75, 1928) und 1929—32 von F. Lause (AN **242**.59, 1931, **244**.79, 1931 und **248**.414, 1933) überwacht. E. Leiner stellte zuerst den RV Tauri-Charakter des Lichtwechsels fest und leitete aus 16 Minima des Zeitabschnitts 1919—27 die Elemente: Min. = J. D. 242 2531.84 + $87^d.39 \cdot E$ ab, die eine sehr gute Darstellung der Beobachtungen ergaben. Im übrigen weist das Bild der von Leiner erhaltenen Lichtkurve einige Unregelmäßigkeiten auf. Neben den üblichen Vertauschungen der Haupt- und Neben-Minima zeigen die aufeinanderfolgenden Doppelwellen erhebliche Unterschiede in ihrer Gestalt und Höhe. Die im folgenden mitgeteilten 271 Beobachtungen erstrecken sich über den Zeitraum 1933 März 29 bis 1939 Sept. 12 und schließen somit an die von F. Lause erhaltenen Beobachtungen an.

Vergleichsterne

Bez.	BD-Nr. bzw. Ort 1855.0	Gr.phm.
UZ Oph	+7° 3348	var.
a	+6 3403	$9^m.63$
b	+7 3354	9.67
c	+6 3402	9.90
d	+6 3395	10.21
e	$17^h\ 15^m\ 10^s$ +7° 2'.2	10.70
f	17 15 33 +7 8.7	10.73
g	17 14 4 +7 4.6	11.16
h	17 14 31 +7 9.5	11.38
i	17 14 40 +7 8.3	11.80
k	17 14 45 +7 7.1	12.10
l	17 14 58 +7 4.4	12.48

[1]) G. u. L. I, 3.92.

Beobachtungen

J.D.242...	Gr.	J.D.242...	Gr.	J.D.242...	Gr.	J.D.242...	Gr.	J.D.242...	Gr.	J.D.242...	Gr.
	m		m		m		m		m		m
										9157.32	10.06
7161.57	11.32	7569.44	11.88	7717.28	10.03	8083.27	10.93	8633.61	10.09	160.35	10.06
180.48	10.02	572.44	11.78	724.25	10.36	084.26	10.98	635.56	10.09	162.32	10.11
187.50	9.68	574.44	11.20	725.25	10.42	085.21	10.95	653.49	11.01	167.28	10.30
188.49	9.75	575.45	10.89	736.23	11.19	086.25	10.98	654.48	11.31	169.30	10.55
195.45	9.81	576.43	10.55	739.30	11.52	088.26	11.01	655.54	11.58	170.29	10.55
204.49	10.05	577.47	10.55	740.23	11.52:	094.25	10.88	666.53	11.29	174.30	11.05
213.53	11.13	578.47	10.49	750.23	11.00	097.24	10.82	676.49	10.39	175.29	11.04
260.45	10.13	582.44	10.06	755.21	10.06	099.24	10.43	680.46	10.16	186.26	11.42
262.50	10.09	588.46	9.98	872.65	11.07	111.22	10.06	686.53	10.06	192.24	10.21
273.43	10.08	589.45	10.04	891.59	9.96	114.22	10.11	691.43	10.11	193.25	10.11
274.43	10.09	592.45	9.96	899.54	10.42	121.22	10.03	694.44	10.11	195.25	9.99
277.42	10.00	595.43	9.96	906.49	10.94	229.70	10.75	703.51	10.55	223.20	11.59
279.43	10.01	599.52	10.06	907.50	11.10	247.63	10.09	712.52	10.82	333.57	10.01
281.43	10.03	600.47	10.11	916.46	11.05	263.59	11.08	718.50	10.31	340.57	10.34
282.46	10.68	604.44	10.39	918.47	11.01	268.50	11.29	730.51	10.01	342.58	10.40
295.39	11.02	606.43	10.48	926.45	9.99	271.51	11.25	751.48	10.80	354.48	11.13
297.45	11.90	611.44	10.80:	927.46	10.01	280.53	10.54	768.41	9.86	363.50	10.36
305.47	10.96	612.44	10.58	928.42	10.01	291.43	10.13	770.38	10.01	364.53	10.26
307.36	10.90	617.44	10.48	935.48	10.01	303.49	11.03	778.33	10.33	365.50	10.26
319.33	9.86	618.44	10.45	945.50	10.29	304.52	11.03	783.35	10.96	371.45	10.09
320.35	9.83	623.42	10.33	948.53	10.55	306.47	11.06	790.33	11.82	374.48	10.09
321.32	9.81	625.43	10.41	951.43	10.80	316.48	10.55	798.31	10.75	379.49	10.33
324.33	9.80	628.42	10.36	952.52	10.89	321.45	10.09	800.36	10.41	386.44	11.12
326.33	9.82	655.43	12.37	954.44	11.06	326.45	9.96	807.31	9.93	390.41	11.16
333.32	10.09	658.41	12.34	960.45	11.29	333.46	10.01	812.31	9.91	391.48	11.25
335.31	10.39	661.42	11.12	962.44	11.31	336.52	10.21	819.30	10.06	397.44	11.28
336.30	10.36	664.36	10.82	970.50	10.11	338.50	10.54	853.21	9.96	400.44	11.04
343.32	10.99	669.36	9.96	975.45	9.99	355.45	>10.7	955.60	10.97	403.47	10.57
345.30	11.38	676.35	9.90	984.47	9.96	364.46	10.59	998.51	10.33	404.47	10.41
352.32	10.41	677.34	9.91	8017.42	9.99	389.40	10.50	9008.45	11.02	407.40	10.13
355.27	10.06	684.40	9.99	023.40	10.06	397.39	11.05	010.51	10.98	410.49	9.96
356.28	10.02	685.33	10.01	032.40	10.41	403.45	11.08	016.53	10.48	412.42	10.03
359.28	10.02	687.43	10.01	034.36	10.46	405.39	10.99	020.49	10.21	413.54	10.06
372.26	10.05	689.43	10.06	036.36	10.78	407.34	10.92	022.57	10.09	414.49	10.03
384.23	11.53	691.31	10.41	037.36	10.99	408.34	10.75	026.44	10.06	417.45	10.09
531.49	10.41	692.37	10.34	044.33	11.90	410.36	10.82	030.42	10.09	420.46	10.06
532.53	10.37	693.33	10.39	048.39	11.98	415.34	10.36	038.44	10.80	422.50	10.21
535.53	10.36	695.32	10.54	051.35	11.70	419.34	10.06	041.44	11.11	423.47	10.33
543.47	10.10	699.31	10.49	055.32	10.44	421.34	10.01	045.44	11.66	425.43	10.50
546.46	10.15	706.29	10.41	056.35	10.34	423.30	10.06	053.48	11.52:	428.45	10.57
553.50	10.33	708.28	10.37	060.32	10.09	427.35	10.06	054.43	11.38	429.43	10.70
559.42	10.93	709.31	10.13	069.29	10.01	440.27	11.03	057.50	10.92	430.46	10.70
562.44	11.05	710.32	9.96	072.28	10.01	453.26	10.03	062.44	10.11	436.47	11.49
564.51	11.38	714.29	9.96	081.29	11.00	622.51	10.85	087.42	10.85	493.41	10.11
567.47	11.78	715.28	9.96	082.30	10.88	623.54	10.70	155.35	10.06	519.33	10.96

Die Beobachtungen geben eine RV Tauri-Kurve, deren Doppelwellen etwas ungleichartig geformt sind. Neben sehr erheblichen Schwankungen der Helligkeitsamplitude zwischen $1^{m}.1$ und $2^{m}.5$ läßt auch die ungewöhnliche Häufung der Vertauschungen von Haupt- und Neben-Minima das weniger regelmäßige Verhalten dieses echten RV Tauri-Sterns hervortreten. Aus der Lichtkurve konnten die folgenden Phasenepochen abgelesen werden.

E	Haupt-Min. m_1			1. Max. M_1			Neben-Min. m_2			2. Max. M_2		
	J. D. 242..	Gr.	B—R	J. D. 242..	Gr.	B—R	J. D. 242..	Gr.	B—R	J. D. 242..	Gr.	B—R
Elemente: Haupt-Min. m_1 = J. D. 2426117.3 + $87^{d}.72 \cdot E$; $M_1 - m_1 = 20^{d}.7$; $m_2 - m_1 = 43^{d}.5$; $M_2 - m_1 = 64^{d}.5$												
+12	7163.5	$11^{m}.5$	-6^{d}	27189	$9^{m}.69$	-1^{d}	—	—	—	—	—	—
Vertauschung der Minima												
+12½	214	11.13	0	—	—	—	7255	$10^{m}.2$	-3^{d}	7275	$9^{m}.98$	-3^{d}
+13½	301	11.5	0	7323.5	9.80	+1	346.5	11.38	+1	364.5	9.9	−1
+14½	387:	11.7:	−2:	—	—	—	—	—	—	—	—	—
+15½	—	—	—	—	—	—	—	—	—	543.5	10.09	+2
+16½	570	11.89	+5	590	9.95	+5	611	10.72	+2	624.5	10.35	−5
+17½	657	12.44	+5	675.5	9.89	+2	699.5	10,52	+3	713.5	9.95	−3
+18½	745	11.8	+5	—	—	—	—	—	—	—	—	—
+19½	—	—	—	—	—	—	872.5	11.07	+1	890	9.93	−2
+20½	912.5	11.3	−3	932.5	9.92	−4	—	—	—	—	—	—

E	Haupt-Min. m_1 J.D. 242 . . .	Gr.	B—R	1. Max. M_1 J.D. 242 . . .	Gr.	B—R	Neben-Min. m_2 J.D. 242 . . .	Gr.	B—R	2. Max. M_2 J.D. 242 . . .	Gr.	B—R
	Vertauschung der Minima											
+21	7959.5	$11^{m}41$	0^{d}	7979	$9^{m}90$	-1^{d}	8000.5:	—	$-3:^{d}$	8019	$9^{m}98$	-5^{d}
+22	8047.5	12.00	0	8067	9.94	−1	088.5	$11^{m}00$	−2	116	10.02	+4
	Vertauschung der Minima											
+23½	—	—	—	—	—	—	—	—	—	245.5	10.07	+2
+24½	269	11.30	+3	289.5	10.11	+2	306.5	11.06	−4	328	9.92	−3
+25½	352:	—	−2:	378	—	+3	—	—	—	—	—	—
	Vertauschung der Minima											
+26	401	11.10	+3	424	10.00	+5	440.5	11.03	−1	—	—	—
+28	—	—	—	—	—	—	—	—	—	635	10.08	−3
+29	659	12.6:	−2	687	10.04	+5	709.5	10.94	+4	727.5	9.97	+2
+30	747	11.0:	−2	768.5	9.90	−1	—	—	—	—	—	—
	Vertauschung der Minima											
+30½	790.5	11.82	−2	810.5	9.89	−3	—	—	—	856	9.94	−1
	Elemente: Haupt-Min. m_1 = J. D. 2428923.8 + $85^{d}.8 \cdot E$; $M_1-m_1 = 18^{d}.5$; $m_2-m_1 = 43^{d}.5$; $M_2-m_1 = 62^{d}.0$											
+½	8962.5	—	−4	8988	—	+3	9008	11.03	−2	9026.5	10.03	−2
+1½	9059	11.9	+6	9069	9.9:	−2	—	—	—	—	—	—
+2½	—	—	—	157.5	10.03	+1	—	—	—	—	—	—
	Vertauschung der Minima											
+3	183	11.8	+2	200	9.91	0	223.5	11.59	−1	—	—	—
+5	350.5	11.4:	−2	372	10.07	+1	395	11.29	−1	412.5	9.98	−2
+6	438.5:	11.6:	0:	—	—	—	—	—	—	501.5:	9.9	+1:
+7	526:	—	+2:	—	—	—	—	—	—	—	—	—

Die von E. Leiner in AN **233**.75 (1928) veröffentlichten Elemente: Min. = J. D. 242 2531.84 + $87^{d}.39 \cdot E$ stellen die Beobachtungen aus dem 8jährigen Abschnitt 1919—27 sehr gut dar, ergeben aber für die später erhaltenen Werte systematische Abweichungen. So zeigen die in den Jahren 1929—37 beobachteten Phasenepochen eine langsam zunehmende Verspätung, die Anfang 1938 ziemlich plötzlich und schnell abzunehmen beginnt. Ein Auftreten von Epochensprüngen ist bei diesen und früheren plötzlichen Periodenänderungen nicht beobachtet worden. Die bisher erhaltenen Beobachtungsreihen lassen sich in 3 Abschnitte gliedern, für die folgende Elementensysteme gültig sind:

Abschnitt I (1919—27) Min. = J. D. 242 2531.84 + $87^{d}.39 \cdot E$;
II (1929—37) Min. = 6117.3 + $87.72 \cdot E$; $M - m = 20^{d}.7$;
III (1938—39) Min. = 8923.8 + $85.8 \cdot E$; $M - m = 18.5$.

Grenzen des beobachteten visuellen Lichtwechsels: $9^{m}.7$—$12^{m}.4$; visuelle Amplitude der Hauptschwankung: $1^{m}.1$ bis $2^{m}.5$; Spektrum: F8—K5; galaktische Breite: +24°.

U Monocerotis

Dieser seit mehr als 70 Jahren bekannte Veränderliche konnte hier infolge seiner südlichen Lage nur in den Wintermonaten beobachtet werden. Da die Beobachtungsbedingungen in dieser Jahreszeit besonders ungünstig sind, wurden nur lückenhafte Reihen erhalten, die aber doch ein klares Bild des Lichtwechsels und somit einen Beitrag zu seiner weiteren Untersuchung liefern. U Monocerotis gehört nach H. Ludendorff [1]) zu den RV Tauri-Veränderlichen. Die Vertauschungen von Haupt- und Neben-Minimum sollen ungewöhnlich häufig vorkommen. Nach G. u. L. II, **2**.251 stellen die von G. Müller [2]) abgeleiteten mittleren Elemente: Max. = J. D. 240 8872.0 + $92^{d}.26 \cdot E$ alle Beobachtungen zwischen 1873 und 1935 befriedigend dar. In der Zeit von 1932 Nov. 29 bis 1939 Mai 3 wurden hier die folgenden 145 Beobachtungen erhalten.

Vergleichsterne

Bez.	BD-Nr.	angen. Gr.
U Mon	− 9° 2085	var.
a	−10 2067	$5^{m}97$
b	− 8 1964	6.08
c	− 9 2069	6.55
d	− 9 2086	6.93
e	− 9 2096	7.53

[1]) AN **214**.217 (1921). — [2]) G. u. L. I, **1**.227.

Beobachtungen

J.D.242...	Gr.	J.D.242...	Gr.	J.D.242...	Gr.	J.D.242...	Gr.	J.D.242...	Gr.	J.D.242...	Gr.
											m
	m		m		m		m		m	9321.33	6.64
7041.44	6.02	7132.41	6.02	7535.35	6.88	8204.48	6.01	8601.34	6.15	322.29	6.73
042.43	5.97	137.30	5.93	539.32	6.72	205.53	5.95	626.38	6.22	325.33	6.78
055.45	5.87	144.36	5.81	543.33	6.21	209.37	6.00	840.54	6.53	326.32	6.82
058.41	5.87	145.33	5.81	554.33	5.87	228.41	7.28	853.56	6.78	327.34	6.82
059.49	5.88	152.44	5.98	745.56	6.01	237.31	6.39	865.49	7.01	328.33	6.84
060.39	5.90	153.36	6.03	781.45	5.78	244.42	5.95	923.50	6.78	329.37	6.80
061.43	5.90	154.36	6.03	832.46	6.05	247.35	5.88	935.36	6.30	330.36	6.80
062.50	5.98	155.40	6.04	840.51	6.05	254.35	5.90	938.46	6.05	332.31	6.73
068.38	6.27	157.39	6.12	841.40	6.00	267.36	6.34	947.41	6.12	334.35	6.66
070.47	6.36	158.37	6.10	843.29	6.01	268.35	6.45	979.31	6.16	338.29	6.16
075.33	6.37	159.43	6.15	858.41	6.22	271.34	6.60	9234.46	7.43	340.29	5.87
082.38	6.12	163.37	6.26	865.41	6.27	278.33	6.17	249.43	6.01	341.33	5.90
087.36	5.76	176.37	6.07	868.35	6.28	280.36	6.06	250.53	6.01	344.31	5.87
093.56	5.80	181.33	5.88	870.34	6.27	481.54	6.05	251.41	5.98	354.33	5.85
094.39	5.80	189.34	5.93	875.40	6.13	517.44	6.03	261.40	5.87	361.33	6.16
095.36	5.80	481.41	6.08	876.39	6.10	518.49	6.02	274.43	6.32	363.32	6.26
097.42	5.93	483.27	6.22	906.34	7.23	522.40	6.00	280.35	6.34	364.33	6.36
098.43	5.90	484.46	6.43	913.34	7.28	524.43	6.08	289.47	6.14	365.33	6.36
117.28	7.20	506.41	5.78	916.35	6.68	528.46	6.05	293.47	5.97	366.38	6.36:
118.45	7.14	512.35	5.79	8180.46	6.25	545.53	6.61	301.38	5.96	371.34	6.76
121.47	7.02	529.36	6.77	183.45	6.20	551.34	6.69	308.48	6.30	372.34	6.79
123.45	6.39	530.38	6.76	187.29	6.22	571.43	6.25	311.34	6.29	375.35	6.89
124.31	6.38	531.34	6.82	190.36	6.20	578.34	6.23	315.38	6.55	386.35	5.87
131.36	6.06	533.33	6.83	203.46	5.97	590.35	6.74	317.38	6.54	387.35	5.87

Aus der Lichtkurve, die typische RV Tauri-Schwankungen aufweist, konnten die folgenden Phasenepochen abgelesen werden.

E	Haupt-Min. m_1			1. Max. M_1			Neben-Min. m_2			2. Max. M_2		
	J.D. 242..	Gr.	B—R	J.D. 242..	Gr.	B—R	J.D. 242..	Gr.	B—R	J.D. 242..	Gr.	B—R
					m			m			m	
0	—	—	—	7052	5.81	$+5^{d}$	7073	6.41	-1^{d}	7091	5.74	-3^{d}
1	7118	$7^{m}20$	0^{d}	145	5.81	+6	166	6.28	0	185	5.83	−1
5	491:	—	+4:	509	5.73	+1	535	6.86	0	557:	5.86	+1:
Vertauschung der Minima												
8½	813:	—	+1:	839	6.01	+7	867	6.29	+11	882	6.04	+5
9½	911	7.38	+7	—	—	—	—	—	—	—	—	—
Vertauschung der Minima												
12	—	—	—	—	—	—	8185	6.24	+4	8207	5.96	+6
13	8228	7.30	+3	8250	5.85	+4	272	7.10	−1	—	—	—
16	502:	—	0:	521	6.02	−2	555	6.70	+5	575	6.18	+5
17	593	6.78	−1	613:	—	−2:	—	—	—	—	—	—
20	870:	7.06	−1:	—	—	—	922:	6.78	+3:	942	5.94	+3
21	965:	—	+2:	—	—	—	—	—	—	—	—	—
24	9239	7.44	−1	9256	5.75	−5	9279	6.36	−9	9297	5.89	−11
25	328	6.82	−4	348	5.76	−5	376	6.90	−4	—	—	—

Die vorstehenden Phasenepochen liefern unter Zugrundelegung der Periode $P = 92^{d}.26$ für den Abschnitt 1932 Nov. bis 1939 Mai die Elemente:

Haupt-Min. $m_1 =$ J. D. 242 7026 $+92^{d}.26 \cdot E$; $M_1 - m_1 = 21^{d}$; $m_2 - m_1 = 48^{d}$; $M_2 - m_1 = 68^{d}$, die mit den von G. Müller bestimmten Elementen genau übereinstimmen.

Grenzen des beobachteten visuellen Lichtwechsels: $5^{m}.7$—$7^{m}.4$; mittlere visuelle Amplitude der Hauptschwankungen: $1^{m}.4$; Spektrum: F8—G7; galaktische Breite: $+3^{\circ}$.

Mittlere Lichtkurve

	Phase	Gr.
	d	m
Haupt-Min. m_1 . .	0	7.14
1. Max. M_1 . . .	+21	5.84
Neben-Min. m_2 . .	+48	6.59
2. Max M_2	+68	5.93

B 2. periodisch; halbregelmäßige Lichtkurven; normale RV Tauri-Sterne; Amplituden der Schwankung der mittleren Helligkeit > $0^m.5$ (DF Cygni-Art)

DF Cygni

Der im Jahre 1927 von Miss M. HARWOOD auf Nantucket-Platten aufgefundene Veränderliche ist von der Entdeckerin sehr sorgfältig photographisch überwacht worden (Harv. Bull. 847.868 und VJS 70.312). Eine weitere visuelle Beobachtungsreihe ist von A. BRUN in BAF 1.126 veröffentlicht. Die Bearbeitung dieses Materials durch HARWOOD und GERASIMOVIČ (Harv. Bull. 849) sowie durch BRUN (BAF 1. 126) ergaben das Vorhandensein eines RV Tauri-Lichtwechsels mit einer Periode von $P = 49^d.8$. Neben diesen raschen Helligkeitsänderungen mit Amplituden von $0^m.6$ bis $1^m.9$ zeigt der Stern sehr erhebliche Schwankungen seiner mittleren Helligkeit, die ziemlich regelmäßig mit einer Periode von 770—800^d und einer Amplitude von etwa 3 Größenklassen verlaufen. In der Zeit 1935 Mai 4 bis 1939 Sept. 12 wurden die folgenden 289 Beobachtungen erhalten.

Vergleichsterne

Bez.	BD-Nr. bzw. Ort 1855.0	Gr.phm.
DF Cyg	$19^h\ 44^m\ 10^s$ $+42°\ 40'.5$	var.
a	19 44 3 +42 41.9	$9^m.99$
g	+42° 3478	10.66
h	$19^h\ 44^m\ 36^s$ $+42°\ 46'.8$	10.94
f	19 43 36 +42 35.7	11.05
b	19 44 6 +42 43.6	11.08
m	19 43 42 +42 41.2	11.48
t	19 43 29 +42 42.7	11.80
n	19 44 39 +42 40.3	11.85
r	19 44 0 +42 44.4	12.21
s	19 44 27 +42 42.3	12.36
o	19 43 52 +42 39.5	12.51
p	19 44 13 +42 38.9	12.80
u	19 44 16 +42 39.6	13.40

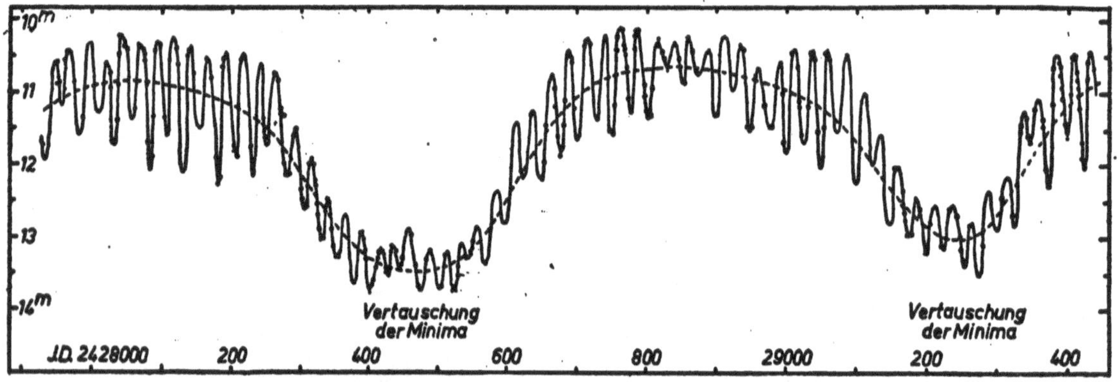

Abb. 2. DF Cygni: Lichtkurve für den Zeitabschnitt 1935 April bis 1939 Juni.

In der aus den Beobachtungen gezeichneten und in Abb. 2 wiedergegebenen Lichtkurve sind die als Abszissen aufgeführten Beobachtungszeiten aus Gründen der Raumersparnis stark zusammengedrängt dargestellt. Der Kurvenverlauf entspricht in jeder Hinsicht den von Miss M. HARWOOD und B. P. GERASIMOVIČ in Harv. Bull. 849 gegebenen Beschreibungen. In besonders krasser Form tritt bei diesem Stern die langsame periodische Schwankung der mittleren Helligkeit hervor, die fast 3 Größenklassen umfaßt. Daneben ist deutlich eine Abhängigkeit der Amplitude der kurzen RV Tauri-Schwankungen von der mittleren Helligkeit des Sterns zu erkennen. Während die Amplituden dieser kurzperiodischen Schwankungen im Maximum der mittleren Helligkeit etwa $1^m.4$ bis $1^m.8$ betragen, schrumpfen sie im Minimum auf die Hälfte zusammen. Ganz ähnliche Verhältnisse wurden auch bei anderen RV Tauri-Veränderlichen wie z. B. RV Tauri selber vorgefunden, dessen mittlere Helligkeit nach früheren Beobachtungen des Verfassers (Erg.-Heft z. d. AN 8. C 20) mit einer Periode von 1360^d zwischen $9^m.8$ und $11^m.4$ pendelt, wobei die Amplitude des kurzperiodischen Lichtwechsels mit abnehmender Helligkeit erheblich kleiner wird. Da diese Erscheinung bei fast allen echten RV Tauri-Sternen mit veränderlicher mittlerer Helligkeit auftritt, dürfte sie bei einer Deutung der physikalischen Ursachen des Lichtwechsels besondere Beachtung verdienen.

Beobachtungen

J.D.242...	Gr.	J.D.242...	Gr.	J.D.242...	Gr.	J.D.242...	Gr.	J.D.242...	Gr.	J.D.24...	Gr.
	m		m		m		m		m	9232.21	m 12.60:
7927.43	11.69	8145.25	10.76	8341.51	12.47	8557.23	>13.1	8821.31	10.44	243.24	12.70
929.39	11.73	164.28	10.55	345.51	12.90	571.24	>13.1	827.25	11.05	249.30	13.0:
949.45	10.89	171.26	10.81	348.51	13.15	622.49	12.10	829.29	11.20	250.24	13.17
950.47	10.58	180.27	11.93	353.44	>13.0	623.56	12.15	840.41	10.33	251.25	13.29
951.49	10.81	182.24	12.26	355.42	>12.8	635.52	11.29	847.28	11.05	261.21	12.8:
952.47	10.85	183.22	12.21	356.43	>13.2	652.47	12.20	853.25	11.37	262.19	12.80
957.45	11.17	187.28	10.66	389.41	12.95	654.45	11.98	859.26	10.24	274.22	>13.3
960.41	10.96	188.26	10.56	390.39	12.95	656.53	11.48	865.38	10.46	279.24	13.10
962.46	10.56	204.24	11.78	391.49	13.05	668.40	11.20:	872.23	11.23	280.29	12.90
966.43	10.44	205.24	11.83	393.50	13.05	670.46	10.96	876.28	11.48	308.57	12.45
970.47	10.46	206.25	11.90	395.48	13.30	676.45	11.63	890.25	10.42	322.54	12.70
975.50	10.86	209.25	11.18	396.56	13.25	678.41	11.73	905.25	10.51	333.55	11.44
985.50	11.36	213.25	10.56	397.39	13.20	679.45	11.90	935.23	10.36	334.57	11.53
8020.42	10.61	229.62	11.76	403.43	13.80	681.44	11.48	937.25	10.40	340.56	11.36
025.38	10.76	247.50	11.37	405.42	13.67	682.49	11.13	947.54	11.48	342.58	11.60
026.39	10.95	248.49	11.56	408.43	13.60	690.51	10.51	949.58	11.48	346.48	11.68:
032.39	11.68	249.61	11.63	410.36	>13.2	691.50	10.61	955.57	10.77	354.45	11.23
035.49	11.40	263.58	10.76	415.33	13.30:	694.48	10.51	969.50	11.17	363.49	11.38
037.41	10.93	268.41	10.86	419.33	13.20	698.44	11.23	978.46	11.48	364.50	11.46
039.56	10.48	271.49	11.24	420.37	13.17	702.48	11.66	990.46	10.61	371.41	12.05
040.54	10.23	272.52	11.31	422.53	13.22	711.52	10.36	993.44	10.76	374.47	12.31
044.40	10.27	273.53	11.32	423.39	13.23	712.50	10.31	998.42	11.68	379.50	11.16
047.46	10.38	278.41	12.00	424.46	13.25	718.50	10.33	9008.41	10.47	381.41	10.65
048.38	10.32	280.52	12.16	427.42	13.47	730.52	11.35	015.40	10.66:	386.43	10.61
051.41	10.42	282.41	12.17	428.40	13.50	750.49	11.48	018.43	11.13	388.42	10.66
053.54	10.81	290.40	11.60	429.37	13.55	752.47	11.56	020.43	11.19	389.42	10.76
060.32	11.24	291.42	11.55	435.38	13.21	755.53	11.18	022.56	11.58	390.41	10.92
066.42	10.36	300.37	12.36:	436.44	13.16	757.53	10.42	030.40	11.19	391.44	11.08
069.54	10.38	303.47	12.51	440.47	13.21	758.51	10.24	038.43	10.54	397.46	11.43
072.30	10.40	304.49	12.59	449.42	13.40	764.42	10.16	041.41	10.89	400.43	11.63
074.40	10.46	305.49	12.60	450.43	13.30	768.42	10.38	045.45	11.60	403.45	11.02
075.38	10.55	306.53	12.60	462.32	12.97	769.37	10.39	053.44	11.48	407.40	10.50
077.46	10.88	307.55	12.58	471.35	>12.8	770.45	10.46	057.52	10.47	410.41	10.51
081.44	11.71	309.46	12.31	474.36	13.70:	772.36	10.66	062.44	10.56	412.43	10.74
083.33	12.07	311.43	12.00	484.36	13.33	775.44	11.08	087.46	10.49	413.48	10.80
084.28	11.89	314.42	11.95	489.41	13.20	777.48	11.24	157.45	12.03	414.45	10.92
086.26	11.34	316.47	12.00	506.21	13.7:	783.39	10.41	160.36	12.04	416.44	11.02
088.49	10.44	320.54	12.22	512.31	13.25:	784.58	10.19	166.50	12.37	417.42	11.21
094.38	10.40	321.49	12.28	517.38	>12.8	785.41	10.16	169.30	12.67	420.44	11.68
096.49	10.37	325.46	12.54	518.29	>13.0	787.39	10.16	170.35	12.75	422.46	11.91
104.30	11.35	326.45	12.69	522.26	13.78	797.31	10.91	174.32	12.95	424.50	12.02
107.32	11.58	328.48	12.90	523.22	13.77	798.41	11.05	175.34	12.95	428.45	10.79
111.39	10.54	332.47	13.05	524.23	13.70	800.32	11.25	186.31	12.45	429.49	10.54
121.34	10.40	333.45	13.05	526.24	>13.3	803.49	11.36	191.29	12.67	430.51	10.46
122.33	10.61	336.46	12.64	528.25	>13.1	804.43	11.37	192.45	12.63	436.46	10.66
136.38	10.51	337.50	12.60	542.26	13.28	806.56	10.95	195.26	12.80	493.40	10.96:
138.26	10.46	338.46	12.51	545.22	13.26	816.48	10.37	205.34	12.80	519.33	11.30
140.31	10.40	339.52	12.52	551.26	>12.8	817.47	10.27	222.38	>12.8	30314.35	10.66

Im Gegensatz zu früheren Beobachtungen wurden innerhalb der Jahre 1935—39 zweimal die bei den RV Tauri-Sternen von Zeit zu Zeit auftretenden Vertauschungen von Haupt- und Neben-Minimum festgestellt. Die in die Minima der mittleren Helligkeit fallenden Zeitpunkte dieser Vertauschungen sind in der Darstellung der Lichtkurve (Abb. 2) besonders vermerkt. Mit einiger Sicherheit konnten die folgenden Phasenepochen abgelesen werden.

E	Haupt-Min. m_1			1. Max. M_1			Neben-Min. m_2			2. Max. M_2		
	J.D. 242..	Gr.	B—R	J.D. 242..	Gr.	B—R	J.D. 242..	Gr.	B—R	J.D. 242..	Gr.	B—R
								m	d		m	d
0	—	—	—	—	—	—	7957.8	11.17	+1.4	7966.7	10.40	—0.8
1	7983.2:	11ᵐ61	+0ᵈ.7:	—	—	—	—	—	—	8021:	10.60	+3.8:
2	8033.4	11.75	+1.2	8043.2	10ᵐ20	+0ᵈ.7	8058.5	11.4	+2.7	069.5	10.34	+2.6
3	083.4	12.07	+1.5	092.7	10.30	+0.5	106.8	11.60	+1.3	117.0	10.2	+0.4
4	131.5:	—	—0.1:	139.6	10.40	—2.3	154.5:	—	—0.7:	165.5	10.54	—0.8
5	182.7	12.30	+1.4	191.3	10.45	—0.3	205.8	11.90	+0.8	212.7	10.46	—3.3

E	Haupt-Min. m_1			1. Max. M_1			Neben-Min. m_2			2. Max. M_2		
	J.D. 242...	Gr.	B—R	J.D. 242...	Gr.	B—R	J.D. 242...	Gr.	B—R	J.D. 242...	Gr.	B—R
			d					m	d		m	d
6	8232.4:	—	+1.3:	—	—	—	8252.5	11.8	—2.2	8265.0	10.75	—0.8
7	281.8	$12^m.18$	+1.0	8291.3	$11^m.57$	$+0^d.2$	306.2	12.61	+1.8	313.6	11.94	—1.9
8	332.6	13.06	+2.1	340.0	12.49	—0.8	354.5:	13.3	+0.4:	—	—	—
9	—	—	—	389.4	12.95	—1.1	404.2	13.75	+0.4	420.5	13.19	+5.6
10	429.9	13.55	0.0	438.0	13.14	—2.2	447.5	13.45	—6.0	458.3	12.87	—6.3
11	476.2	13.72	—3.4	490.0	13.20	+0.1	504.5:	13.76	+1.3:	513.9	13.20	—0.4
12	524.7	13.78	—4.6	—	—	—	545:	13.28	—7.9:	—	—	—
Vertauschung der Minima												
13½	—	—	—	—	—	—	625.0	12.18	—3.7	637.7	11.26	—1.3
14½	652.5	12.20	+0.2	663.4	10.77	0.0	679.5	11.85	+1.1	688.8	10.43	+0.1
15½	702.7	11.66	+0.6	715.5	10.23	+2.3	729.3:	11.39	+1.1:	—	—	—
16½	752.5	11.56	+0.7	761.7	10.10	—1.2	778.3	11.26	+0.4	786.4	10.13	—1.7
17½	802.9	11.40	+1.4	814.5	10.30	+1.9	829.0	10.67	+1.4	840.0	10.34	+2.1
18½	852.8	10.88	+1.6	860.3	10.23	—2.0	878.1	11.01	+0.8	889.6	10.42	+2.0
19½	899.8:	—	—1.1:	—	—	—	—	—	—	935.2	10.36	—2.1
20½	948.6	11.54	—2.0	959.7	10.65	—2.0	977	11.52	+0.3	989.8	10.60	+2.8
21½	9000	11.8	—0.3	9010.7	10.41	—0.7	9025.5	11.71	—0.9	9036.7	10.48	0.0
22½	049.5	—	—0.5	059.6	10.39	—1.5	—	—	—	087:	10.50	+0.6:
24½	—	—	—	158.7	12.02	—1.8	175.5	12.95	0.0	187	12.45	+1.2
25½	200.6	—	+1.4	211.3:	—	+1.0:	224:	—	—1.2:	236:	12.55	+0.5:
26½	252.8	13.5	+3.9	262.5	12.78	+2.5	—	—	—	—	—	—
Vertauschung der Minima												
27	274.5:	—	—0.5:	—	—	—	—	—	—	314.7:	—	+5.0:
28	325	12.9	+0.3	337.7	11.25	+2.7	346.5	11.68	—1.8	358.0	11.10	—1.4
29	374.4	12.31	0.0	384.0	10.48	—0.7	400	11.59	+2.0	408.8	10.47	—0.3
30	424.2	12.03	+0.1	431.8	10.43	—2.6	—	—	—	—	—	—

Die Ausgleichung der vorstehenden Epochen liefert die folgenden Elemente des Lichtwechsels: (1935—39) Haupt-Min. $m_1 =$ J. D. 242 7932.8 $+49^d.71 \cdot E$; $M_1 - m_1 = 10^d.3$; $m_2 - m_1 = 23^d.6$; $M_2 - m_1 = 34^d.7$. Die Periode ist in sehr geringem Umfange veränderlich. Nach G. u. L. II, 2.44 beträgt der Mittelwert aus den Jahren 1899—1933 $P = 49^d.808$.

Für die langperiodischen Schwankungen der mittleren Helligkeit wurden die folgenden Hauptphasen bestimmt:

Maxima	Gr.	Minima	Gr.
	m		m
J.D. 242 8055	10.85	J.D. 242 8467	13.50
8839	10.65	9245	13.03

Verbindet man die Minimumepochen mit dem in G. u. L. II, 2.44 gegebenen Min. = J. D. 2426100:, so erhält man als Periode $P = 787^d$ und damit die Elemente:

$$\text{Max.} = \text{J. D. } 242\ 8054 + 787^d \cdot E;\quad M - m = 379^d.$$

Grenzen des beobachteten visuellen Lichtwechsels: $10^m.1$—$13^m.8$; Spektrum: cG7—cK2; galaktische Breite: +9°.

SU Geminorum

Der Lichtwechsel des im Jahre 1909 von Frau L. Ceraski auf Moskauer Platten entdeckten Veränderlichen wurde zuerst von M. E. Nabokov (AN 230.233, 1927) näher untersucht. 7 Maximumepochen aus den Jahren 1926—1927 ergaben das Vorhandensein einer periodischen Helligkeitsänderung mit den Elementen: Max. J.D. 2424561.5 + $24^d.81 \cdot E$. Neben diesen kurzperiodischen Schwankungen wurden langsame, sehr erhebliche Änderungen der mittleren Helligkeit mit einer Periode von 500 bis 600 Tagen festgestellt. Spätere Beobachtungen von L. Jacchia (BZ 13.30, 1931 u. 13.57, 1931) aus den Jahren 1930 bis 1931 bestätigten die Nabokovschen Ergebnisse und deuteten die Zugehörigkeit zum AI Scorpii-Typus an. Nach den neuesten Angaben in Kat. u. Eph. für 1943 sollen die Perioden $P = 50^d.12$ und $689^d.6$ einander überlagern. In der Zeit von 1938 Okt. 23 bis 1939 Mai 8 wurden hier die folgenden 40 Beobachtungen erhalten.

Vergleichsterne

Bez.	BD-Nr. bzw. Ort 1855.0	angen. Gr.*)
SU Gem	6h 4m 53s +27° 44'.2	var.
f	+27° 1018	$9^{m}.98$
d	+27 1026	10.31
c	+27 1021	10.49
a	+27 1025	10.79
b	6h 4m 29s +27° 45'.8	11.15
e	6 5 7 +27 43.4	11.75

*) durch Schätzung an HA 54 und HA 70 angeschlossen.

Beobachtungen

J.D.242...	Gr.	J.D.242...	Gr.	J.D.242...	Gr.	J.D.242...	Gr.	J.D.242...	Gr.	J.D.242...	Gr.
	m		m		m		m		m		m
9195.48	11.10	9280.37	11.02	9317.39	10.26	9329.30	10.49	9344.30	10.31	9371.34	10.13
235.36	10.56	289.49	10.39	321.35	10.17	330.34	10.61	346.44	10.32	372.33	10.21
249.41	10.97	293.45	10.55	322.27	10.18	332.30	10.92	354.34	11.07	386.36	10.08
250.35	10.96	301.30	11.45	325.34	10.22	333.43	10.67	355.43	11.15	388.40	10.08
261.38	10.25	302.38	11.50	326.30	10.29	338.39	10.59	361.31	10.26	392.37	10.12
274.46	10.94	311.28	10.68	327.29	10.36	340.35	10.34	364.33	10.17		
279.25	11.00	315.37	10.16	328.30	10.35	341.33	10.32	366.37	10.09		

Die aus den Beobachtungen gezeichnete Lichtkurve zeigt eine Folge von Wellen, die alle Eigentümlichkeiten des echten RV Tauri-Lichtwechsels aufweisen. Diese Merkmale dürften auch früher hervorgetreten sein und schließlich den Anlaß zur oben erwähnten Verdopplung des Periodenwerts gegeben haben. Nach L. JACCHIA (BZ **13**.30 u. **13**.57) soll die Helligkeitsamplitude der kurzperiodischen Schwankungen stark veränderlich sein. In Übereinstimmung mit DF Cygni ist auch bei diesem Stern die Amplitude dieses Lichtwechsels mit den Schwankungen der mittleren Helligkeit verknüpft, indem das Minimum der Amplitude der RV Tauri-Wellen mit dem Minimum der mittleren Helligkeit zusammenfällt. Im vorliegenden, nur 200 Tage umfassenden Beobachtungsabschnitt stieg die mittlere Helligkeit von $11^{m}.0$ auf $10^{m}.5$ an und erreichte damit ihr Maximum. Dementsprechend war die Amplitude des RV Tauri-Lichtwechsels groß und betrug gegen Schluß der Beobachtungen etwa $1^{m}.4$. Aus der Lichtkurve wurden die folgenden Phasenepochen bestimmt:

E	Haupt-Min. m_1			1. Max. M_1			Neben-Min. m_2			2. Max. M_2		
	J.D. 242..	Gr.	B—R	J.D. 242..	Gr.	B—R	J.D. 242..	Gr.	B—R	J.D. 242..	Gr.	B—R
			d								m	d
0	9201:	—	−3:	—	—	—	—	—	—	9240	10.45	0
1	253	$11^{m}.25$	−1	9264	$10^{m}.20$	$-.^{d}$	9278	$11^{m}.10$	-2^{d}	289	10.40	−1
2	305	11.55	+1	321	10.15	+3	334	10.83	+4	344	10.29	+4
3	355	11.15	+1	368	10.09	0	379:	—	−1:	389	10.06	−1

Unter Benutzung der in Kat. u. Eph. für 1943 gegebenen Periode $P = 50^{d}.12$ erhält man die Elemente: Haupt-Min. $m_1 =$ J. D. 242 9204 + $50^{d}.12 \cdot E$; $M_1 - m_1 = 14^{d}$; $m_2 - m_1 = 26^{d}$; $M_2 - m_1 = 36^{d}$. Grenzen des visuellen Lichtwechsels: $10^{m}.0$—$12^{m}.2$; Spektrum: K0—M3; galaktische Breite: +5°.

B 4. periodisch; wenig regelmäßige Lichtkurven; Übergang RV Tauri-μ Cephei. (RU Cephei-Art)

RU Cephei

Über den Lichtwechsel dieses Sterns liegen bereits zwei ausführliche Arbeiten von W. HASSENSTEIN[1]) vor, in denen sämtliche Beobachtungen von BRIGHAM, S. BLAŽKO, C. HOFFMEISTER und W. HASSENSTEIN aus den Jahren 1914—31 verwendet und diskutiert worden sind. W. HASSENSTEIN kommt in Übereinstimmung mit E. JOST[2]) und A. BRUN[3]) zu dem Ergebnis, daß RU Cephei zu den RV Tauri-Veränderlichen zu zählen ist. Die für den Abschnitt 1914—31 gezeichnete Lichtkurve scheint nahezu periodisch zu verlaufen, weist im übrigen aber große Unregelmäßigkeiten in der Amplitude und in der Gestalt der einzelnen Wellen auf. Eine befriedigende Darstellung aller Beobachtungen ist nur unter der Annahme von Epochensprüngen und damit verknüpften geringen Änderungen der Periodenlänge zu erzielen. W. HASSENSTEIN gliedert deshalb die 18 Jahre umfassenden Beobachtungsreihen in 6 Abschnitte, für

[1]) Potsd. Publ. 83 u. 87 (1926 u. 32). — [2]) AN **223**.265 (1925), **240**.97 (1930), BZ **5**.14 (1923).
[3]) Lyon Bull. **6**.216.

die instantane Elemente abgeleitet werden. Die hier erhaltenen 266 Beobachtungen schließen an die in Potsdam Publ. 83 und 87 veröffentlichten Reihen an und erstrecken sich über den Zeitraum 1932 Dez. 7 bis 1939 Sept. 12.

Vergleichsterne

Bez.	BD-Nr.	Gr.phm.
RU Cep	+84° 19	var.
a	+84 23	8ᵐ79
b	+84 18	9.02
d	+83 25	9.47

Beobachtungen

J.D.242...	Gr.	J.D.242...	Gr.	J.D.242...	Gr.	J.D.242...	Gr.	J.D.242...	Gr.	J.D.242...	Gr.
									m		m
	m		m		m		m	8450.45	9.24	8938.32	8.92
7049.35	8.91	7282.49	9.27	7692.40	9.38	8055.47	9.02	474.45	8.90	947.45	8.94
052.42	8.87	295.47	9.23	695.37	9.34	060.38	9.14	484.40	9.09	969.49	9.12
054.26	8.90	307.47	9.16	698.37	9.30	066.49	9.20	489.42	9.02	979.40	9.02
055.46	8.89	319.37	9.18	706.35	9.13	072.38	9.29	505.35	8.87	990.48	8.87
059.26	8.87	324.37	9.28	709.36	9.06	077.31	9.33	506.33	8.92	998.36	8.90
060.35	8.90	325.46	9.24	715.37	9.08	081.55	9.30	512.35	9.04	9008.40	9.12
061.25	8.90	333.45	9.17	717.33	9.11	088.49	9.32	517.47	9.12	015.42	9.12
062.38	9.00	336.45	9.32	724.32	9.27	095.40	9.11	522.37	9.14	018.39	9.13
063.27	8.92	342.32	9.38	728.44	9.28	096.47	9.14	526.22	9.18	038.48	9.11
065.30	8.97	343.39	9.38	736.43	9.24	121.41	9.07	545.54	9.37	054.43	9.02
068.31	8.94	352.43	9.21	739.45	9.32	140.35	9.02	551.28	9.38	087.41	9.17
070.46	8.87	359.34	9.09	755.30	9.27	163.48	8.92	571.41	9.09	157.41	9.08
073.21	8.85	372.40	9.09	765.34	9.17	180.36	9.19	574.42	9.02	166.46	9.02
075.34	8.92	384.43	9.13	781.24	9.22	183.44	9.16	578.39	8.97	169.48	9.02
078.29	8.94	484.41	8.91	832.40	8.89	187.56	9.16	590.34	8.92	191.33	9.12
082.42	9.02	488.27	8.91	840.57	8.93	205.30	9.12	601.35	9.07	195.39	9.11
087.41	9.17	506.43	9.11	841.43	9.02	206.29	9.13	615.35	9.02	232.25	9.12
093.60	9.20	512.33	8.94	843.27	8.97	228.41	9.17	622.56	9.02	243.26	9.13
095.27	9.32	529.39	8.89	858.42	9.11	237.33	9.16	636.51	9.22	249.44	9.13
097.43	9.36	530.40	8.91	865.36	9.10	247.39	9.09	653.48	9.41	251.35	9.14
110.25	9.27	532.48	8.88	867.40	9.12	254.37	8.97	676.48	9.27	261.34	9.12
118.47	9.12	533.41	8.85	870.42	9.20	267.40	9.07	679.41	9.24	274.48	9.10
124.30	8.85	535.41	8.85	872.47	9.28	272.37	9.09	691.43	9.12	280.40	9.19
131.40	8.87	543.46	8.91	875.42	9.27	278.44	9.17	702.50	9.18	293.47	9.30
132.44	8.89	546.38	8.94	899.51	9.35	282.36	9.19	711.53	9.22	301.38	9.28
133.32	8.95	553.50	9.14	906.41	9.17	290.41	9.27	718.52	9.24	312.27	9.27
137.34	8.94	555.36	9.14	916.45	9.17	304.53	9.35	728.38	9.24	321.34	9.29
144.40	9.14	562.40	9.22	919.43	9.07	306.50	9.31	751.56	9.42	325.32	9.24
145.38	9.16	567.44	9.27	926.44	9.18	325.48	9.09	758.51	9.34	327.31	9.23
153.39	9.20	569.45	9.38	928.42	9.27	333.47	9.16	764.43	9.37	329.39	9.24
154.39	9.20	574.39	9.33	931.42	8.99	338.49	9.25	769.38	9.42	332.33	9.24
159.43	9.16	588.51	9.20	945.43	9.20	353.45	9.16	777.51	9.41	340.40	9.18
177.44	9.20	599.53	9.04	949.42	9.11	362.41	9.07	783.40	9.41	346.46	9.16
180.41	9.07	602.43	8.96	952.43	9.19	389.54	9.11	797.33	9.37	354.39	9.17
181.40	9.04	612.46	9.07	962.42	9.16	393.50	9.16	807.46	9.08	364.42	9.16
187.44	9.02	617.49	9.15	971.43	9.13	396.53	9.07	816.55	9.10	366.40	9.11
189.50	9.10	623.50	9.21	975.48	9.18	403.50	9.09	822.45	9.02	374.50	9.17
195.40	9.14	627.44	9.30	984.46	9.16	407.36	9.21	840.56	8.97	381.40	9.14
204.49	9.38	657.54	9.12	8020.52	9.31	409.47	9.21	854.22	8.94	388.41	9.20
214.47	9.47	661.46	9.18	025.52	9.20	415.36	9.22	859.36	8.92	403.43	9.28
260.50	9.21	669.46	9.30	032.42	9.24	422.52	9.30	876.34	9.11	413.43	9.32
262.48	9.27	676.37	9.33	036.43	9.18	425.33	9.30	890.26	9.13	417.41	9.28
273.47	9.31	684.46	9.52	044.43	9.02	427.44	9.33	905.36	9.13	424.50	9.24
277.50	9.29	689.49	9.40	047.55	9.07	435.40	9.35	923.41	9.02	519.47	8.92

Die Beobachtungen bestätigen im wesentlichen die Ergebnisse von W. HASSENSTEIN. Die Lichtkurve verläuft in flachen und ziemlich unregelmäßig aufgebauten Wellen, die in ihrer Grundform einen RV Tauri-ähnlichen Charakter aufweisen. So ist im Abschnitt J.D. 242 7049 bis 7900 über 7 Doppelwellen hinweg ein regelmäßiger Wechsel von Haupt- und Neben-Minima vorhanden. Die bereits von W. HASSENSTEIN bemerkte Schrumpfung der Helligkeitsamplitude von 0ᵐ6 auf 0ᵐ3 blieb in den Jahren 1932—39 erhalten. Der Umfang des Lichtwechsels schwankte zwischen 0ᵐ1 und 0ᵐ5 und betrug im Mittel 0ᵐ3. Im letzten Abschnitt wurde die Amplitude noch kleiner und betrug zwischen J.D. 242 9280 und 9424 nur noch 0ᵐ15. Die Epochen der Hauptphasen sind für diese Zeit nur unsicher zu bestimmen und die Nebenphasen kaum noch angedeutet.

Die Beobachtungen aus den Jahren 1932—39 gliedern sich in 3 Abschnitte. Im ersten Abschnitt J.D. 242 7049—7850 vollzieht sich der Lichtwechsel mit einer Periode von $P = 117^{d}_{.}0$. Kurz nach J.D. 242 7850 setzt mit einem Epochensprung von $+30^{d}$ eine etwas längere Periode von $P = 118^{d}_{.}4$ ein, die über 11 Epochen hinweg bis J.D. 242 9190 bestehen bleibt. Mit J.D. 242 9200 scheint abermals ein Epochensprung mit nachfolgender Periodenänderung aufzutreten. Eine Vertauschung von Haupt- und Nebenminima, wie sie bei den echten RV Tauri-Sternen meistens von Zeit zu Zeit auftritt, ist während der ganzen Beobachtungszeit nicht nachzuweisen. Hinsichtlich der sonstigen Eigentümlichkeiten des Lichtwechsels sei auf die ausführlichen Darlegungen von W. HASSENSTEIN in Potsdam. Publ. 83 und 87 verwiesen.

In der folgenden Tabelle sind die aus der Lichtkurve abgelesenen Hauptphasen des Lichtwechsels zusammengestellt.

	E	Haupt-Min. m_1			1. Max. M_1			Neben-Min. m_2			2. Max. M_2		
		J.D. 242..	Gr.	B—R	J.D. 242..	Gr.	B—R	J.D. 242..	Gr.	B—R	J.D. 242..	Gr.	B—R
I	0	—	—	—	—	—	—	—	—	—	7064	8.88 m	−6d
	1	7102	9m37	−1d	7130	8m88	−2d	7159	9m21	+1d	186	9.04	−1
	2	216:	9.47	−4:	—	—	—	272:	9.31	−3:	312	9.15	+8
	3	342	9.38	+5	371	9.04	+5	—	—	—	—	—	—
	4	—	—	—	—	—	—	511	9.04	+2	537	8.85	−1
	5	573	9.35	+2	605	8.87	+5	632	9.34	+6	655	9.11	0
	6	684	9.49	−4	712	9.06	−5	738	9.31	−5	771	9.16	−1
	7	—	—	—	833	8.90	−1	—	—	—	—	—	—
II	0	—	—	—	—	—	—	7888	9.46	−5	7922	9.09	+ 5
	1	7949:	9.17	−4:	—	—	—	8010:	9.32	−1:	8051	9.00	+16
	2	8080	9.33	+8	8110	8.99	−2	129:	9.13	−1:	156	8.89	+ 2
	3	188:	9.18	−2:	—	—	—	—	—	—	259	8.94	−13
	4	301	9.36	−8	(326 364)	(9.09 9.07)	−4	(345 379)	(9.28 9.22)	−5	398	9.09	+ 7
	5	436	9.36	+9	471	8.90	+4	487	9.06	+2	502	8.89	− 7
	6	548	9.38	+3	586	8.90	+1	604	9.08	+1	619	9.00	− 8
	7	657	9.42	−7	695	9.12	−9	—	—	—	—	—	—
	8	780	9.42	−2	826	8.98	+4	—	—	—	856	8.93	− 8
	9	894	9.16	−7	942	8.92	+1	969	9.13	+10	993	8.86	+10
	10	9027	9.19	+8	9065:	8.94	+6	—	—	—	—	—	—
	11	—	—	—	173	9.03	−4	—	—	—	—	—	—
III	0	9213:	9.18	—	9269	9.06	—	—	—	—	—	—	—
	1	305	9.28	—	370	9.14	—	—	—	—	—	—	—
	2	414	9.31	—	—	—	—	—	—	—	—	—	—

Für die einzelnen Abschnitte wurden die folgenden Elemente des Lichtwechsels abgeleitet:

I. 1932 Dez. bis 1935 Febr.: Haupt-Min. $m_1 = \text{J. D. } 242\,6986 + 117^{d}_{.}0 \cdot E$;

$$M_1 - m_1 = 29^{d};\; m_2 - m_1 = 55^{d};\; M_2 - m_1 = 84^{d}.$$

II. 1935 Febr. bis 1938 Okt.: Haupt-Min. $m_1 = \text{J. D. } 242\,7835 + 118^{d}_{.}4 \cdot E$;

$$M_1 - m_1 = 40^{d};\; m_2 - m_1 = 58^{d};\; M_2 - m_1 = 82^{d}.$$

Grenzen des beobachteten visuellen Lichtwechsels: $8^{m}_{.}8$—$9^{m}_{.}5$; mittlere visuelle Amplitude: $0^{m}_{.}2$—$0^{m}_{.}6$; Spektrum: K8; galaktische Breite: +22°.

C1. periodisch; halbregelmäßige Lichtkurven; Mira-Sterne mit Amplituden $>3^{m}_{.}0$. (X Camelopardalis-Art)

V 369 Cygni

Der Veränderliche wurde im Jahre 1934 von O. MORGENROTH auf Sonneberger Platten entdeckt und als Mira-Stern mit den Elementen Max. = J.D. 242 7555 + $104^{d} \cdot E$ erkannt. Die folgenden 44 Beobachtungen wurden zwischen 1938 Sept. 25 und 1939 Sept. 12 erhalten.

Vergleichsterne

Bez.	BD-Nr. bzw. Ort 1855.0	Gr.phm.
V369 Cyg	19h 38m 34s +54° 20′.1	var.
f	+54° 2211	10m05
e	+54 2204	10.15
c	19h 39m.2 +54° 19′	10.74
a	+54° 2208	10.93
b	19h 40m.2 +54° 8′	11.16
d	19 38.7 +54 19	11.31
m	19 39.5 +54 16	11.88
w	19 39.3 +54 26	12.53
p	19 38.8 +54 22	12.78
r	19 38.5 +54 19	13.10

Beobachtungen

J.D.242...	Gr.	J.D.242...	Gr.	J.D.242...	Gr.	J.D.242...	Gr.	J.D.242...	Gr.	J.D.242...	Gr.
									m		m
	m		m		m		m	9397.46	12.13	9417.42	11.36
9191.41	11.40	9249.30	12.93	9340.56	11.24	9371.44	13.8:	400.42	12.13	420.44	11.31
192.45	11.67	250.28	13.02	342.58	11.72	374.51	13.9:	403.45	11.67	422.46	11.20
195.27	11.22	262.22	>13.1	346.49	12.15	379.50	14.1:	407.40	11.54	425.50	11.12
205.36	11.07	308.57	10.26	354.46	13.00	386.44	>13.4	410.41	11.57	428.50	11.13
222.38	10.47	322.52	9.90	355.44	12.93	388.43	>13.5	412.43	11.50	430.51	11.12
232.21	10.95	333.41	10.78	363.49	13.49	391.44	12.82	414.45	11.46	436.45	11.22
243.25	12.08	334.59	10.83	364.49	13.64	396.43	12.28	416.46	11.43	519.34	10.26

Mira-Kurve vom Typus β_1—γ_1 der LUDENDORFFschen Klassifikation.

E	Maxima			Minima		
	J.D. 242..	Gr.	B—R	J.D. 242..	Gr.	B—R
		m	d			
+16	9220	10.45	+1	—	—	—
+17	319	9.85	−4	9270:	—	−4ᵈ:
+18	429	11.10	+2	380	14ᵐ10	+2
+19	529::	10.0::	−2::	—	—	—

Die oben gegebenen Elemente von O. MORGENROTH stellen die neuen Beobachtungen der Epochen +16 bis +19 noch gut dar.

Elemente: Max. = J. D. 242 7555 + 104ᵈ0 · *E*; *M*−*m* = 49ᵈ.

Grenzen des beobachteten visuellen Lichtwechsels: 9ᵐ8—14ᵐ1; Spektrum: unbekannt; galaktische Breite: +16°.

RW Aquarii

In der Zeit von 1932 Nov. 28 bis 1939 Sept. 12 wurden die folgenden 133 Beobachtungen erhalten.

Vergleichsterne

Bez.	BD-Nr. bzw. Ort 1855.0		Gr.pbm.
RW Aqr	+0° 4716		var.
c	+0 4719		9ᵐ39
m	+0 4718		9.98
n	+0 4717		10.40
a	21ʰ 16ᵐ2	+0° 17′	11.34
q	21 16.1	+0 22	11.42
g	21 15.9	+0 16	11.50
f	21 15.6	+0 14	11.95
o	21 15.5	+0 11	12.10

Beobachtungen

J.D.242...	Gr.	J.D.242...	Gr.	J.D.242...	Gr.	J.D.242...	Gr.	J.D.242...	Gr.	J.D.242...	Gr.
											m
	m		m		m		m		m	9087.50	11.80
7040.25	10.09	7326.36	9.69	7710.34	11.00	8081.42	12.25	8450.42	10.14	157.36	9.95
041.23	10.19	332.51	9.83	715.27	10.80	094.34	>12.5	453.30	10.12	160.41	10.08
042.24	10.22	333.40	9.78	717.37	10.50	097.26	>12.8	462.31	10.35	166.41	10.50
043.23	10.16	335.46	10.16	724.28	10.23	122.21	11.70	474.37	11.01	167.36	10.55
052.24	10.26	336.37	10.14	736.26	10.08	138.23	10.25	484.38	11.44	169.41	10.62
060.22	10.31	342.35	10.48	739.32	10.30	145.25	9.76	505.24	>12.0	186.27	11.80
061.22	10.40	343.46	10.62	740.29	10.26	180.22	10.48	506.30	>12.0	191.36	12.20
063.21	10.40	344.32	10.65	755.24	10.26	306.54	10.17	523.25	11.2:	192.35	12.27
068.23	10.60	352.40	11.6:	962.51	12.10:	321.52	10.36	524.22	>12.0	223.22	12.84
072.23	10.95	355.42	11.9:	984.49	11.25	328.51	10.75	545.20	11.17	230.25	12.35:
087.23	>11.0	359.26	12.4:	8020.48	10.14	336.50	11.19	750.52	10.80	244.20	11.50:
261.46	>11.0	602.47	11.97	023.43	10.24	389.52	>12.0	752.55	11.0:	245.21	11.25:
274.52	>11.8	604.48	11.91	025.47	10.26	391.46	>12.0	755.51	11.14	249.23	11.04
277.46	~13ᵐ	612.47	11.81	032.45	10.52	405.41	11.47	772.39	12.25	250.20	11.08
281.49	~12.5	623.49	11.03	036.47	10.50	407.55	11.30	775.45	12.45	251.23	10.96
295.45	11.15	655.48	12.25	038.46	10.58	409.53	11.09	785.36	>12.0	413.53	10.08
298.41	10.85	657.49	12.20	039.47	10.62	420.38	11.15	804.37	>12.5	420.49	10.12
305.49	10.50	684.33	~13.0	044.40	10.85	421.36	11.11	817.34	~13.2	423.49	10.10
307.43	10.29	687.48	>12.5	046.38	10.90	423.40	11.10	834.30	11.16	428.51	10.12
321.37	9.78	694.40	12.7:	053.48	11.10	427.43	10.95	847.28	10.28	436.48	10.21
324.37	9.75	708.38	>11.0	069.37	11.75	429.39	11.01	854.22	9.83	491.42	>11.4
325.32	9.73	709.31	11.02	072.34	11.85	435.46	10.55	859.27	9.93	519.37	11.19

Die Beobachtungen ergeben symmetrisch aufgebaute Mira-Lichtkurven vom Typus β_2—β_3 der LUDENDORFFschen Klassifikation mit ziemlich spitzen Maxima und Minima. Die Kurven der Epochen +4 und +10 sind abweichend geformt und entsprechen mit ihren Stufen im Lichtanstieg dem Typus γ_1. Die Helligkeiten der Maxima schwanken sehr erheblich zwischen den Grenzen $9^m\!.6$ und $11^m\!.0$.

E	Maxima			Minima		
	J.D. 242 ..	Gr.	B—R	J.D. 242 ..	Gr.	B—R
		m				
0	7042	10.14	— 1d	—	—	—
2	326	9.72	+ 3	—	—	—
4	624::	11.02	+22::	—	—	—
5	736	10.09	— 6	7684:	13m	+4d:
7	8018	10.12	— 4	—	—	—
8	155	9.6	— 6	8102	13	+3
9	311:	10.11	+10:	—	—	—
10	450	10.10	+ 9	381:	12.7	+2:
11	—	—	—	515	12.32	—4
13	857	9.83	— 3	806	13.6:	+8
15	9139:	9.6:	— 1:	—	—	—
16	—	—	—	9213	13.25	—5
17	419	10.09	— 1	—	—	—
18	—	—	—	488:	—	—9:

Zur Ableitung der Elemente des Lichtwechsels wurden außer den vorstehenden Epochen auch die von M. ESCH in AN **245**.145 (1932) veröffentlichten 9 Maxima herangezogen. Dagegen wurde das schlecht entwickelte und stark herausfallende Maximum der Epoche 4 (J.D. 242 7624) ausgeschlossen. Die damit zur Verfügung stehenden 19 Maxima aus der Zeit 1923—39 ergaben die folgenden verbesserten Elemente:

$$\text{Max.} = \text{J. D. } 242\,7039 + 140^d\!.2 \cdot E; \quad M\text{-}m = 62^d.$$

Grenzen des beobachteten visuellen Lichtwechsels: $9^m\!.6$—$13^m\!.6$; mittlere visuelle Amplitude: $3^m\!.2$; Spektrum: M2e; galaktische Breite: —33°.

MU Aquilae

Fortsetzung von AN **259**.102 (1936); Vergleichsterne s. daselbst.

Beobachtungen

J.D.242...	Gr.	J.D.242...	Gr.	J.D.242...	Gr.	J.D.242...	Gr.	J.D.242...	Gr.	J.D.242...	Gr.
	m		m		m		m		m		m
8249.60	11.05	8415.33	11.28	8751.52	> 12.5	8905.20	> 13.0	9167.40	> 13.5	9397.47	10.46
268.53	11.06	419.32	11.71	770.43	> 12.5	998.53	12.03	192.28	> 13.3	403.47	10.76
272.54	11.63	421.34	11.70	787.40	~13.0	9009.52	> 12.0	223.28	> 12.0	407.54	10.86
280.55	12.16	422.45	11.96	798.40	12.5	020.50	> 13.0	243.22	11.93	412.47	11.04
303.52	~13.2	423.37	11.93	807.34	11.88	022.53	> 13.5	249.22	11.68	414.48	11.31
389.47	12.10	427.39	12.16	817.36	11.14	045.49	> 13.0	258.21	11.14	420.48	11.83
393.49	11.80	450.39	> 13.0	819.33	10.93	057.49	> 13.0	342.59	> 13.5	428.50	12.28
403.46	11.00	462.33	> 13.0	834.25	10.97	087.45	~13.0	365.52	12.03	519.43	11.93
408.41	11.02	678.45	10.71	853.24	12.03	155.36	> 12.0	372.57	11.73		
409.34	11.07	694.49	11.00	859.24	12.23	160.37	> 12.5	391.50	10.16		

E	Maxima			
	J.D. 242 ..	Gr.	B—R	
		m	d	
0	8259:	10.6	+2:	*)
1	405	11.0	+5	spitz
3	684:	10.6	0:	+)
4	826	10.5	—1	spitz
8	9390	10.1	—6	,,

*) nur 1 Beob. im Lichtanstieg.
+) sehr unsicher; aus 2 Beob. bestimmt.

Unter Berücksichtigung der in AN **259**.102 (1936) veröffentlichten 3 Maxima sowie der von D. HOFFLEIT in Harv. Bull. 887 (1932) mitgeteilten Maximumepoche erhält man durch strenge Ausgleichung die folgenden neuen Elemente:

$$\text{Max.} = \text{J. D. } 242\,9254 + 142^d\!.4 \cdot E;$$

normale Mira-Lichtkurve β_1; Spektrum: unbekannt; galaktische Breite: −3°.

C 2. periodisch; halbregelmäßige Lichtkurven; Mira-ähnlich (NO Aquilae-Art)

NO Aquilae

Die Veränderlichkeit des Sterns wurde im Jahre 1931 von L. PLAUT auf Babelsberger Platten entdeckt und in AN **242**.180 (1931) angezeigt. Aus den seinerzeit zur Verfügung stehenden 26 Platten, die zeitlich weit auseinander liegen, konnten zunächst keine Schlüsse auf die Art des Lichtwechsels gezogen werden. Spätere visuelle Beobachtungen von W. DOMBROVSKY, L. JACCHIA, S. KANDA und A. SOLOVIEV führten zu völlig verschiedenen Ergebnissen. Während W. DOMBROVSKY[1]) den Stern für einen RR Lyrae-Veränderlichen mit einer Periode von $P = 0^{d}.5033$ hält, findet L. JACCHIA[2]) Helligkeitsänderungen von $1^{m}.3$ mit einer mittleren Periode von $P = 41^{d}$.. Nach der Gestalt der Lichtkurve glaubt JACCHIA auf einen RV Tauri-Lichtwechsel schließen zu können. Auch A. SOLOVIEV[3]) hält den Stern anfangs für einen RV Tauri-Veränderlichen (Tadjik Circ. 23; 1936), zählt ihn aber später zur AF Cygni-Klasse (Tadjik Circ. 34; 1938). Schließlich gibt S. KANDA[4]) die Elemente: Max. = J.D. 242 7400 + $70^{d} \cdot E$; $M - m = 19^{d}$. Die im folgenden mitgeteilten 250 Beobachtungen überdecken einen Teil des von A. SOLOVIEV erfaßten Abschnitts und erstrecken sich von 1932 Dez. 12 bis 1939 Sept. 12.

Vergleichsterne

Bez.	BD-Nr. bzw. Ort 1855.0	Gr.phm.
NO Aql	+4° 4212	var.
p	19h 37m 38s +4° 33'.7	$9^{m}77$
o	19 38 18 +4 42.6	10.56
w	19 38 26 +4 40.1	10.70
z	19 37 58 +4 30.5	11.27

Beobachtungen

J.D.242...	Gr.	J.D.242...	Gr.	J.D.242...	Gr.	J.D.242...	Gr.	J.D.242...	Gr.	J.D.242...	Gr.
	m		m		m		m		m		m
7054.21	10.64	7387.22	10.19	7714.29	10.95	8081.28	10.51	8462.34	11.16	9045.50	10.82
060.21	10.70	399.23	9.62	715.31	10.90	084.27	10.64	471.30	11.27	054.49	11.17
061.21	11.02	535.58	9.92	724.31	11.09	086.28	10.78	505.23	10.40	062.48	11.42
063.20	11.11	553.52	10.37	736.22	11.27	088.26	10.90	506.27	10.25	087.46	10.32
068.20	11.08	567.53	10.75	739.31	11.08	094.24	11.37	522.21	10.34	155.35	10.17
189.54	10.41	569.48	10.80	740.28	10.97	095.33	11.42	524.21	10.34	166.37	9.98
214.52	10.85	572.50	10.82	750.25	10.40	097.25	11.23	528.20	10.42	170.32	10.00
259.51	10.26	575.50	10.90	755.22	9.99	099.26	11.25	623.60	11.27	174.36	10.13
261.44	10.20	578.50	11.01	765.23	10.11	104.29	11.13	654.51	10.07	175.32	10.20
274.42	10.94	589.48	11.03	781.19	10.9:	111.24	11.05	676.47	10.63	186.28	10.38
277.44	11.10	599.51	10.30	926.53	10.62	114.22	11.05	678.46	10.65	191.35	10.70
279.50	11.04	601.44	10.11	932.53	11.02	122.31	10.55	682.51	11.02	192.31	10.65
281.47	11.27	602.50	9.87	945.49	11.49	138.23	9.62	686.53	11.27	195.37	10.75
282.46	11.29	605.44	9.65	948.48	11.49	145.25	9.92	691.52	11.18	205.33	11.00
295.40	10.70	606.44	9.62	950.47	11.42	263.59	10.86	694.49	11.27	223.27	10.95
297.47	10.58	612.45	9.79	952.47	11.37	272.55	9.89	703.51	10.89	230.21	10.44
305.42	10.05	617.44	9.92	954.43	11.23	280.56	9.72	712.51	10.31	232.20	10.33
307.35	9.98	623.43	10.10	957.46	10.98	291.49	10.09	718.51	10.03	243.20	10.21
309.35	10.09	625.46	10.09	960.47	10.60	303.51	10.82	730.53	10.33	245.19	10.19
319.32	10.23	627.53	10.45	962.47	10.44	306.55	10.92	750.52	10.44	249.20	10.11
321.35	10.08	653.41	10.93	964.40	10.27	321.53	11.55	751.53	10.47	258.20	10.12
324.38	9.95	655.44	11.20	966.43	10.23	325.54	11.37	756.53	10.94	364.55	11.15
325.36	9.91	658.49	11.14	970.47	10.12	328.51	11.14	769.40	11.15	372.58	10.39
326.33	9.90	662.38	11.13	975.44	10.08	333.50	10.63	770.38	11.14	391.49	10.53
326.41	9.88	664.44	11.07	977.47	10.04	337.50	10.23	772.38	11.19	397.47	10.10
332.50	10.15	669.42	10.60	982.47	10.11	348.52	10.13	785.37	10.42	403.48	9.82
333.34	10.11	676.35	10.09	984.43	9.99	356.41	10.11	797.34	9.77	407.54	9.92
334.30	10.30	677.37	9.67	8020.44	11.45	362.46	10.24	798.38	9.77	410.49	10.13
336.36	10.32	681.44	9.49	025.40	11.25	389.43	11.67	807.33	9.87	412.48	10.19
340.32	10.61	684.37	9.62	026.36	11.22	392.48	11.72	817.34	10.07	414.47	10.34
342.29	10.65	685.44	9.77	032.41	11.00	403.39	11.49	819.29	10.14	416.45	10.41
343.31	10.89	687.47	9.95	035.49	10.94	408.38	10.94	827.25	10.56	417.46	10.44
345.30	10.91	688.48	9.92	036.47	10.94	410.37	10.70:	834.26	11.10	420.48	10.63
352.31	11.09	689.43	10.05	039.46	10.81	415.37	10.21	853.23	11.77	423.48	11.11
355.27	11.15	691.43	10.16	044.41	10.33	420.38	10.03	859.25	11.09	425.51	11.26
358.31	11.14	693.33	10.23	048.39	10.30	421.35	10.03	866.26	10.16	429.51	11.41
359.28	11.18	694.36	10.27	055.43	10.24	422.45	10.09	872.23	9.87	436.49	11.95
363.39	11.19	696.36	10.33	060.34	10.30	427.40	10.24	998.57	10.83	491.45	11.1:
365.26	11.19	698.36	10.36	066.46	10.24	429.38	10.27	9015.59	9.89	492.40	10.90
368.32	11.11	706.32	10.70	068.43	10.21	434.42	10.42	020.50	9.87	519.36	11.22
372.27	10.89	708.31	10.80	072.33	10.16	435.46	10.34	022.52	9.79		
384.23	10.34	709.41	10.70	077.43	10.26	450.38	10.61	041.51	10.65		

1) NNVS 3.135 (1931). — 2) BZ 18.42 (1936). — 3) NNVS 5.150. — 4) AN 254.279 (1935).

Die Helligkeit des Sterns wechselt sehr lebhaft mit einer Periode von 74 Tagen zwischen den Grenzen $9^m_.5$ und $12^m_.0$. Die einzelnen Wellen sind sehr verschieden geformt, weisen aber zumeist einen wesentlich steileren Anstieg als Abfall auf. Zeitweilig besteht ein δ Cephei-ähnlicher Verlauf mit sehr steilem Lichtanstieg und spitzen Maxima und Minima. Zu anderen Zeiten ähneln die Wellen den Mira-Sternen vom Typus α_4 und γ_2. Während die Mira-Sterne mit relativ kurzen Perioden fast ausschließlich symmetrisch aufgebaute Lichtkurven mit spitzen Minima aufweisen, verlaufen die Wellen hier infolge des steileren Anstiegs ausgesprochen unsymmetrisch. Die zuweilen auftretende Aufspaltung der Kurven und die damit verbundene Entwicklung von Doppel-Maxima hat früher vermutlich zur Halbierung der Periode und später zur zeitweiligen Eingruppierung des Sterns in die RV Tauri-Gruppe geführt (vgl. L. JACCHIA, BZ 18.42). Die neuen Beobachtungen zeigen jedoch, daß NO Aql in keine der bekannten größeren Gruppen einzureihen ist. Wahrscheinlich ist der Stern als ein Zwischenglied zwischen den δ Cephei- und Mira-Veränderlichen anzusehen. Da die Minima im allgemeinen gleichmäßiger ausgebildet sind als die Maxima, sind ihre Epochen zuverlässiger festzulegen. In der folgenden Zusammenstellung der Phasenepochen sind die sicher bestimmbaren Werte auf Zehnteltage gegeben. Für die durch Aufspaltung der Kurven entstandenen Doppel-Maxima sind die Epochen der Teilphasen einzeln aufgeführt. Diese durch Klammern zusammengefaßten und mit einem D als Doppel-Maxima gekennzeichneten Werte wurden bei der Ableitung der Elemente des Lichtwechsels nicht berücksichtigt.

E	Maxima			Minima		
	J.D. 242 ..	Gr.	B—R	J.D. 242 ..	Gr.	B—R
−3	—	m	—	7065.5	m 11.17	0^d
0	D (7307.2 327.0	10.00) 9.89)	—	294.2	11.73	+7
1	402:	9.6	d + 9:	363.5	11.20	+2
3	532:	9.9	− 8:	—	—	—
4	607.0	9.63	− 7	586.0	11.14	+3
5	681.5	9.50	− 7	660.2	11.15	+3
6	758.6	9.92	− 4	732.8	11.40	+1
9	981	10.04	− 3	946.7	11.50	−7
10	D (8052.5 072.4	10.21) 10.16)	—	8020.5	11.45	−7
11	136.2	9.60	+ 4	095.5	11.41	−6
13	279.2	9.72	− 1	—	—	—
14	351.0	10.08	− 3	320.0	11.58	−3
15	420.0	10.03	− 8	395.0	11.75	−2
16	515	10.27	+12	468.3	11.31	−3
18	652	10.05	+ 1	—	—	—
19	D (721 746	10.0) 10.3)	—	691	11.30	−2
20	799.0	9.77	0	765.2	11.31	−2
21	875:	9.85	+ 2:	848:	11.95	+7:
23	9019.7	9.81	− 1	—	—	—
24	095:	10.1:	0:	9066	11.45	+3
25	171:	10.1:	+ 2:	—	—	—
26	254	10.08	+12	216	11.15	+5
28	D (377 403.8	10.25) 9.82)	—	—	—	—
29	—	—	—	436.1	11.96	+3

Die strenge Ausgleichung der vorstehenden Epochen liefert die Elemente:

$$\text{Min.} = \text{J. D. } 242\,7287.4 + 74^d_.0 \cdot E; \quad M{-}m = 31^d.$$

Grenzen des beobachteten visuellen Lichtwechsels: $9^m_.5$—$12^m_.0$; mittlere visuelle Amplitude: $1^m_.5$; galaktische Breite: −9°. Spektrum: unbekannt.

Diese Elemente stellen die vorliegenden Beobachtungen aus den Jahren 1932—39 einigermaßen befriedigend dar (vgl. Spalten B—R). Eine Verbindung der neueren Werte mit den photographischen Beobachtungen aus den Jahren 1928—30 von L. PLAUT (AN 244.292, 1931) ist nur möglich, wenn man annimmt, daß zwischen J.D. 242 6350 und 7050 eine Epochen-Verschiebung von -11^d stattgefunden hat. Unter dieser Voraussetzung weichen die aus 26 Beobachtungen bestimmten, sehr unsicheren Minima J.D. 242 5519, 6187, 6263 und 6338 nur noch um B—R $= -3^d$, -1^d, $+1^d$ und $+2^d$ von den gerechneten Epochen ab.

KK Aquilae

Der Lichtwechsel des Sterns wurde 1930 von C. HOFFMEISTER auf Sonneberger Platten entdeckt und in AN 240.195 (1930) angezeigt. Innerhalb des Zeitraums 1932 Dez. 10 bis 1939 Sept. 12 wurden die folgenden 291 Beobachtungen gewonnen.

Vergleichsterne

Bez.	BD-Nr. bzw. Ort 1855.0	Gr.phm.
KK Aql	+14° 4043	var.
g	+14 4037	$9\overset{\text{m}}{.}62$
a	+14 4042	9.96
b	+14 4047	10.00
c	$19^{\text{h}}\ 42^{\text{m}}\ 1^{\text{s}}$ +14° 18'.4	10.43
e	19 40 12 +14 13.7	10.49
d	19 40 34 +14 11.4	10.97
f	19 41 3 +14 10.0	11.61

Beobachtungen

J.D.242...	Gr.	J.D.242...	Gr.	J.D.242...	Gr.	J.D.242...	Gr.	J.D.242...	Gr.	J.D.242...	Gr.
	m		m		m		m		m		m
7052.21	9.86	7384.24	10.20	7709.37	10.22	8138.25	10.06	8523.24	11.02	9062.46	10.79
054.21	9.81	387.23	9.86	714.29	10.63	247.65	10.11	524.21	11.05	087.44	10.06
055.21	9.84	399.22	9.88	715.31	10.45	249.60	10.06	526.20	11.02	166.37	11.41
060.21	9.84	535.57	10.33	717.36	10.83	263.60	10.95	545.20	10.46	167.39	11.12
061.20	9.90	546.52	10.53	724.26	11.22	268.53	10.87	622.60	11.11	168.45	11.19
062.21	9.81	553.51	10.46	725.25	11.27	271.54	10.92:	635.55	10.74	174.32	11.09
063.20	9.84	564.50	10.31	736.22	11.07	272.53	10.87	654.52	9.81	175.36	10.97
068.21	9.81	567.52	10.18	739.31	10.66	280.56	10.90	676.48	9.86	186.28	9.81
072.22	10.08	569.47	10.28	750.25	9.71	291.49	10.26	678.46	9.81	191.35	9.74
080.21	10.18	572.50	10.24	755.21	9.78	303.51	9.71	686.53	9.86	192.28	9.74
083.20	10.11:	574.45	10.14	765.24	9.56	305.52	9.76	690.51	10.11	195.37	9.68
187.52	9.96	575.50	10.06	784.20	9.71	316.48	9.76	694.51	10.20	205.34	9.74
188.54	10.11	577.49	10.11	891.61	10.38	321.54	9.74	712.51	10.78	223.27	10.22
189.55	10.14	578.50	9.96	899.56	10.55	325.54	9.76	718.53	10.59	230.22	10.58
195.50	9.91	588.48	9.76	907.53	10.86	328.51	9.96	730.51	10.39	232.20	10.70
213.54	9.81	590.48	9.64	919.51	10.73	333.50	9.96	750.51	9.71	235.24	10.70
260.45	10.16	591.46	9.71	926.52	10.25	336.50	10.04	751.52	9.71	243.21	10.86
262.50	10.18	592.49	9.68	927.48	10.19	337.51	10.11	756.52	9.68	245.19	10.87
273.46	9.98	595.43	9.68	928.46	10.12	348.51	10.77	764.43	9.78	249.21	10.89
274.42	9.99	599.50	9.63	932.53	9.84	361.44	11.07	768.44	9.81	251.22	10.82
277.52	10.06	600.47	9.73	945.50	9.74	389.43	9.66	770.39	9.86	258.20	10.67
279.51	10.08	602.45	9.77	948.46	9.81	393.49	9.66	772.38	10,01	261.20	10.36
281.47	10.14	604.46	9.79	951.47	9.91	403.46	9.71	777.49	10.14	262.20	10.29
295.40	9.88	606.45	9.83	960.51	9.96	405.38	9.74	782.43	10.36	342.59	10.49
297.47	9.86	611.45	9.86	962.52	9.91	408.40	9.71	785.39	10.32	363.54	9.84
305.42	9.86	612.45	9.96	963.45	9.86	409.52	9.68	797.32	10.39	364.56	9.84
320.35	9.76	617.44	10.11	970.48	10.11	415.33	9.76	798.39	10.49	372.57	9.76
321.44	9.76	623.44	10.25	975.44	10.28	419.33	9.78	801.38	10.54	391.50	10.14
324.33	9.84	625.45	10.34	984.44	10.63	420.45	9.78	807.34	10.20	397.47	10.29
325.37	9.76	627.51	10.38	986.48	10.68	422.45	9.84	817.30	10.04	403.47	10.54
326.38	9.78	653.41	10.01	8020.42	10.17	423.37	9.96	819.29	10.06	407.54	10.64
333.34	9.94	655.46	10.04	023.54	10.01	424.44	9.96	827.26	9.84	410.46	10.67
335.32	9.96	658.45	10.06	025.45	9.96	427.40	10.07	834.25	9.81	412.45	10.66
336.30	9.96	664.44	9.78	032.45	9.81	428.40	10.08	853.25	9.86	414.48	10.72
340.32	10.11	669.42	9.71	035.49	9.74	429.45	10.08	859.24	9.81	416.45	10.75
342.28	10.18	676.35	9.64	037.39	9.76	435.43	10.23	866.20	10.28	417.46	10.72
343.29	10.22	677.38	9.74	044.35	9.81	440.45	10.27	872.23	10.38	420.47	10.75
344.31	10.21	681.46	9.76	051.36	9.86	443.41	10.63	905.21	10.11	422.51	10.73
345.30	10.21	684.46	9.77	055.46	9.91	450.39	10.76	998.54	10.04	425.50	10.71
348.50	10.16	685.38	9.77	060.39	9.91	462.33	10.81	9010.51	9.86	428.50	10.75
352.31	10.31	687.48	9.74	066.42	10.11	471.30	9.96	015.59	9.81	430.52	10.49
355.26	10.36	688.48	9.77	068.32	10.22	474.36	9.84	020.50	9.91	436.48	10.38
356.28	10.41	689.44	9.76	072.35	10.19	488.28	9.71	022.54	9.96	437.49	10.34
358.30	10.61	691.43	9.77	081.40	10.42	493.35	9.81	038.48	10.18	491.43	10.61:
359.25	10.61	693.33	9.81	086.31	10.41	505.25	10.31	041.53	10.26	493.40	10.49:
363.39	10.75	694.36	9.79	094.34	10.34	506.26	10.37	045.47	10.33	519.35	10.06
365.26	10.63:	695.42	9.79	107.31	9.81	512.23	10.85	053.48	10.63		
368.32	10.65	706.33	10.11	111.27	9.81	518.26	10.81	054.46	10.65		
372.24	10.57	708.32	10.18	122.31	9.81	522.22	11.05	057.48	10.81		

Die Lichtkurve verläuft unter sehr lebhaften periodischen Schwankungen zwischen den Grenzen $9\overset{\text{m}}{.}6$ und $11\overset{\text{m}}{.}4$. Dabei ist bemerkenswert, daß die Maximalhelligkeit ziemlich konstant um $9\overset{\text{m}}{.}7$ liegt, die Minima dagegen stark wechselnde Tiefen zwischen $10\overset{\text{m}}{.}4$ und $11\overset{\text{m}}{.}4$ aufweisen. Die Gestalt der einzelnen Wellen ist sehr verschieden. In der Mehrzahl der Fälle verläuft der Lichtanstieg erheblich steiler als der Helligkeitsabfall. Die Minima sind durchweg normal geformt und wesentlich spitzer als die wenig gleichmäßig gestalteten, runden oder flachen Maxima. An verschiedenen Stellen sind deutlich kleine und rasch verlaufende sekundäre Wellen zu erkennen, die ein flaches Maximum zuweilen etwas verunstalten können, im übrigen aber den glatten Verlauf der Kurve kaum zu stören vermögen.

E	Maxima			Minima		
	J.D. 242 . .	Gr.	B—R	J.D. 242 . .	Gr.	B—R
		m				
—3	7058:	9.81	+ 3^d	—	—	—
0	318:	9.75	— 4	—	—	—
1	—	—	—	7365.5	$10^m.70$	— 8^d
3	594.8	9.65	+ 5	549	10.50	— 3
4	674	9.70	— 5	638	10.47	— 4
5	7765	9.56	— 3	730	11.36	— 1
7	940	9.65	— 7	913	11.02	+ 4
8	8039.0	9.76	+ 3	8000	11.0	+ 2
9	115	9.75	—10	086.5	10.44	— 1
11	309.5	9.70	+ 6	273	10.97	+ 7
12	397	9.64	+ 4	361	11.08	+ 6
13	482.7	9.65	+ 1	457.9	10.96	+13
14	—	—	—	531.5	11.14	— 2
15	665	9.75	+ 5	622	11.11	— 1
16	756	9.69	+ 6	711	10.76	— 1
17	844.3	9.70	+ 5	794.5	10.52	— 7
18	—	—	—	887:	—	— 3
19	9013.2	9.84	— 4	—	—	—
20	—	—	—	9068.5	10.92	0
21	197.3	9.66	+ 2	164:	11.31	+ 6
22	—	—	—	246.7	10.90	0
23	370.5	9.78	— 3	—	—	—
24	—	—	—	419.6	10.75	— 6

Die aus den 38 Helligkeitsbeobachtungen von PLAUT bestimmten, sehr unsicheren Phasenepochen lauten:

E	Maxima		Minima	
	J.D. 242 . .	B—R	J.D. 242 . .	B—R
—20	5529	—9^d	—	—
—17	805	—1	—	—
—16	896	+1	5866	+8^d
—13	6161	—2	—	—
—12	254	+2	6223	+9

Die Gesamtheit der vorstehenden Epochen liefert die folgenden Elemente des Lichtwechsels:

$$\text{Max.} = \text{J. D. } 242\,7322.4 + 89^{d}.2 \cdot E; \quad M\text{-}m = 37^{d}.6.$$

Grenzen des beobachteten visuellen Lichtwechsels: $9^m.6$—$11^m.4$; mittlere visuelle Amplitude: $1^m.2$; galaktische Breite: -5°.

C 3. periodisch; halbregelmäßige Lichtkurven, Mira-ähnlich; eine überlagernde Welle schreitet mit anderer Periode fort. (RY Camelopardalis-Art)

BF Vulpeculae

Der Veränderliche wurde im Jahre 1933 von O. MORGENROTH auf Sonneberger Platten entdeckt und in AN 250.77 (1933) angezeigt. In der Zeit von 1934 Juni 13 bis 1939 Juni 21 wurden hier die folgenden 75 Beobachtungen erhalten.

Vergleichsterne

Bez.	Ort 1855.0					Gr.$_{phm.}$
BF Vul	20^h	37^m	44^s	+20°	18′.7	var.
b	20	38.0		+20	19	$10^m.55$
c	20	37.7		+20	10	10.85
m	20	37.9		+20	15	11.15
r	20	37.8		+20	20	11.72

Die Lichtkurve verläuft unter sehr lebhaften Schwankungen zwischen den Grenzen $10^m.3$ und $12^m.8$. Die Maxima sind zumeist ziemlich spitz oder rund geformt, zeigen aber eine wechselnde Höhe. Dabei scheinen die besser entwickelten, höheren Maxima regelmäßig in Abständen von 148.2 Tagen wiederzukehren, während die niedrigen an den verschiedensten Stellen der Lichtkurve auftreten. Eine nähere

Beobachtungen

J.D.242...	Gr.	J.D.242...	Gr.	J.D.242...	Gr.	J.D.242...	Gr.	J.D.242...	Gr.	J.D.242...	Gr.
	m		m		m		m		m		m
7602.52	12.12	8036.44	11.02	8247.64	11.62	8449.44	10.77	8769.41	11.34	9167.39	10.62
628.50	12.8	066.45	11.87	266.57	11.54	462.35	11.38	778.33	11.31	175.32	10.80
664.50	11.64	069.35	11.82	280.58	10.60	493.35	11.26	787.39	11.39	192.36	11.62
685.53	10.70	077.45	11.97	303.54	10.94	505.26	11.10	798.41	11.33	195.29	11.58
691.41	10.68	083.36	11.87	306.51	10.94	522.22	11.33	817.37	11.10	230.26	10.81
708.42	11.44	094.44	11.64	325.50	11.08	526.24	11.41	866.26	11.36	249.25	11.23
710.47	11.60	111.29	11.46	336.50	11.49	623.57	11.02	9017.55	11.10	364.55	10.84
728.41	11.00	122.32	10.65	389.52	11.46	654.51	11.31	022.55	10.97	410.46	11.72
740.39	12.17	138.26	10.43	405.39	11.42	677.46	11.41	038.51	11.11	414.47	11.64
945.47	11.72	145.25	10.74	409.42	11.48	694.44	11.05	045.53	11.18	417.46	11.67
949.49	11.53	164.21	11.43	420.41	11.42	714.48	11.58	054.47	11.03	425.52	11.67
962.50	10.92	180.22	11.37	427.41	11.22	751.54	11.05	157.40	10.85	436.53	11.48
8023.46	10.73	182.25	11.32	435.47	10.94						

Untersuchung läßt jedoch die Vermutung aufkommen, daß diese Maxima einem zweiten Lichtwechsel mit einer 95.4tägigen Periode angehören, der die 148.2tägigen Schwankungen überlagert. Infolge der Interferenz dieser beiden Wellen erleiden die Hauptphasen des schwächeren Lichtwechsels naturgemäß stärkere Verschiebungen, so daß bei den in der Spalte B—R_2 aufgeführten Abweichungen größere Beträge zu erwarten sind. Die Annahme eines überlagernden Lichtwechsels mit einer 95.4tägigen Periode würde auch das Auftreten einiger bemerkenswerter Stufen und Buckel um J.D. 242 8100, 8317 und 8399 sowie die starke Verbreiterung des Maximums J.D. 242 7991 erklären. Das ins Minimum des Haupt-Lichtwechsels fallende Maximum J.D. 242 8780 der 95.4tägigen Wellen ist nur als ein schwacher Buckel im stark gehobenen und abgeflachten Minimum zu erkennen. Ein durch eine Einzelbeobachtung wenig gesichertes Maximum um J.D. 242 8837: fällt jedoch völlig aus dem Rahmen heraus. In der folgenden Zusammenstellung der Phasenepochen sind die Maxima der verschiedenen Reihen durch eine entsprechende Ordnung der vorangestellten Epochen-Nummern E_1 bzw. E_2 gekennzeichnet. Da die einzelnen Wellen ziemlich abgeflachte Minima und steil aufgerichtete Maxima aufweisen, sind die Zeitpunkte des kleinsten Lichtes in großem Maße von der Lage der Maxima abhängig. Die Minima kommen daher für eine Untersuchung der Periodizität der Erscheinungen nicht in Betracht.

E_1	E_2	Maxima J.D. 242 ..	Gr.	B—R_1	B—R_2	Minima J.D. 242 ..	Gr.
			m				m
0	—	7689	10.65	— 5^d	—	7632	12.80
	0	727	11.00	—	— 4^d	711	11.55
2	—	991	10.37	+ 1	—	—	—
—	4	(8100:)*)	—	—	— 13:	8076	11.96
3	—	132.5	10.32	— 6	—	—	—
—	5	204	10.85	—	— 4	170	11.52
4	—	287	10.50	0	—	257	11.70
—	6	(317:)+)	—	—	+14:	—	—
—	7	399	11.43	—	0	352	11.75
5	—	445	10.70	+10	—	414	11.48
—	8	508	11.09	—	+14	476	11.7:
—	10	694	11.05	—	+: 9	672	11.45
7	—	739	10.93	+ 8	—	715	11.58
—	11	779	11.30	—	— 1	—	—
—	—	837:	11.0	—	—	787	11.40
9	—	9027	10.90	— 1	—	—	—
—	15	063	10.93	—	— 4	9045	11.17
10	16	167	10.62	— 9	+ 5	—	—
—	17	232	10.80	—	—25	197	11.61
—	18	361:	10.84	—	+ 8:	418	11.80

*) Stufe im Lichtanstieg. — +) Stufe im Lichtabstieg.

Die vorstehenden Epochen liefern die Elemente:

Haupt-Reihe: Max. = J. D. 242 7694 + $148^d.2 \cdot E_1$.
Neben-Reihe: Max. = J. D. 242 7731 + $95.4 \cdot E_2$.

Grenzen der beobachteten visuellen Helligkeitsänderungen: $10^m.3$—$12^m.8$; galaktische Breite: $-14°$; Spektrum: unbekannt.

C 4. periodisch; wenig regelmäßige Lichtkurven; normale Mirasterne mit Amplituden $1\overset{m}{.}5$—$3\overset{m}{.}0$. (S Aquilae-Art)

UZ Delphini

Der im Jahre 1930 von C. HOFFMEISTER entdeckte Veränderliche hat nach A. JENSCH[1]) einen nicht ganz regelmäßigen Lichtwechsel mit den Elementen: Max. = J.D. 242 5865 + $85^d \cdot E$. Die im folgenden mitgeteilten 10 Beobachtungen zwischen 1938 Okt. 20 und 1939 Juni 14 reichen zu einer Bestätigung der Periode nicht aus.

Vergleichsterne

Bez.	Ort 1855.0		St.-H.
UZ Del	$20^h\ 15^m\ 43^s$	+12° 47'.2	var.
p	20 15.4	+12 53	$7^{st}.7$
n	20 16.0	+12 49	3.5
o	20 15.6	+12 44	0.0

Beobachtungen

J.D.242...	St.-H.	J.D.242...	St.-H.	J.D.242...	St.-H.
9192.44	$1^{st}.6$	9251.24	$0^{st}.5$	9421.47	$-2^{st}.2$
193.31	3.2	410.51	0.5	429.51	−4.5
230.29	−2.0	412.51	−2.0		
250.25	0.7	413.50	−1.0		

Minimum: J. D. 242 9225; Spektrum: unbekannt; galaktische Breite: −13°.

AM Serpentis

Für den im Jahre 1935 von C. HOFFMEISTER[2]) auf Sonneberger Platten entdeckten Veränderlichen bestimmte A. JENSCH[3]) einen langperiodischen Lichtwechsel mit den Elementen: Max. = J.D. 2426074 + $103^d \cdot E$. Aus neueren Beobachtungen leitete L. JACCHIA[4]) das Maximum J.D. 242 8363 ($10\overset{m}{.}65$) ab. Nach Kat. u. Eph. für 1943 lauten die verbesserten Elemente: Max. = J.D. 242 6069 + $104\overset{d}{.}3 \cdot E$. Die folgenden 10 Beobachtungen erstrecken sich über den Zeitraum 1939 April 10 bis Juni 22.

Vergleichsterne

Bez.	BD-Nr. bzw. Ort 1855.0		$Gr._{phm.}$
AM Ser		+0° 3361	var.
d	$15^h\ 21\overset{m}{.}8$	+0° 5'	10.57
e		+0° 3363	11.00
c		+0 3362	11.34
a	$15^h\ 23\overset{m}{.}0$	+0° 4'	11.94
b	15 22.7	−0 1	12.31

Beobachtungen

J.D.242...	Gr.	J.D.242...	Gr.
9364.54	12.19	9404.44	10.68
374.49	11.79	412.41	10.62
390.42	10.79	420.43	10.70
391.46	10.82	430.49	11.22
397.48	10.75	437.47	11.64

Die Beobachtungen ergeben das Maximum J. D. 242 9411 ($10\overset{m}{.}5$), das durch die verbesserten Elemente mit B−R = $+4^d$ gut dargestellt wird. Glatte Lichtkurve mit steilem An- und Abstieg; breites Maximum. $P = 104\overset{d}{.}3$; Amplitude etwa 2^m; Spektrum: unbekannt; galaktische Breite: +44°.

W Leo Minoris

Für den im Jahre 1914 entdeckten Veränderlichen bestimmte S. BLAŽKO aus 21 Schätzungen auf Platten aus den Jahren 1908—13 die Elemente: Max. = J.D. 241 9881 + $87\overset{d}{.}5 \cdot E$. Nach G. u. L. I u. II ist der Stern später nicht mehr beobachtet worden. Die im folgenden mitgeteilten 198 Helligkeitsschätzungen erstrecken sich über den Zeitraum 1932 Dez. 18 bis Juni 5.

Vergleichsterne

Bez.	BD-Nr. bzw. Ort 1855.0		$Gr._{phm.}$
W LMi	$10^h\ 36^m\ 41^s$	+26° 47'.8	var.
f		+27° 1930	$10\overset{m}{.}15$
q		+26 2124	10.60
a	$10^h\ 37^m\ 37^s$	+26° 33.9	10.84
b	10 37 47	+26 37.1	11.29
g	10 36 9	+26 55.3	11.78
r	10 36.1	+26 35	11.63
p	10 36 35	+26 35.3	12.37
h	10 36.7	+27 0	12.44
n	10 36.5	+26 40	12.87
m	10 37 19	+26 47.0	13.32

---

1) Kl. Veröff. Berlin-Babelsberg Nr. 19.39 (1938).
2) AN 255.401 (1935). — 3) AN 260.393 (1936). — 4) AN 261.212 (1936).

Beobachtungen

J.D.242...	Gr.	J.D.242...	Gr.	J.D.242...	Gr.	J.D.242...	Gr.	J.D.242...	Gr.	J.D.242...	Gr.
	m		m		m		m		m		m
7060.48	> 10.5	7204.38	> 11.8	7332.43	10.67	8187.52	10.59	8623.47	11.69	9274.43	12.38
061.43	> 12	213.42	12.14	840.55	10.74	190.36	10.59	636.51	11.04	280.41	12.79
062.49	> 12	214.42	12.16	841.41	10.79	203.43	10.89	653.48	10.66	289.48	> 12.8
070.57	13.12	481.39	10.53	843.37	10.92	204.48	10.94	654.37	10.62	293.46	13.4:
087.46	> 10	482.41	10.53	855.33	11.06	213.52	11.24	676.42	11.41	301.29	> 12.4
093.61	12.13	483.40	10.47	858.36	11.11	228.40	11.88	678.40	11.39	302.37	> 13.0
095.43	12.03	484.43	10.49	860.42	11.15	237.30	12.28:	691.42	> 11.6	311.34	12.64
097.46	12.06	488.29	10.53	865.41	11.19	244.37	12.82	840.57	12.74	315.39	12.32
118.49	11.06	505.30	11.06	866.45	11.17	247.39	12.90	853.58	11.68	317.39	12.21
120.32	10.59	506.37	11.11	870.43	11.29	254.37	12.71	854.60	11.55	321.38	12.00
123.46	10.55	512.29	11.11	875.43	11.39	266.52	12.11	865.50	11.08	322.42	11.92
124.37	10.57	529.36	12.38	889.44	12.14	267.35	12.01	923.38	11.78	325.38	11.66
131.40	10.68	530.37	12.64	899.48	12.54	271.49	11.62	926.51	12.02	330.30	11.61
132.46	10.73	531.43	12.80	913.39	12.11	278.30	11.24	929.49	12.22	332.32	11.57
133.48	10.76	532.44	12.91	916.41	11.98	280.52	11.15	938.37	12.44	338.39	11.41
137.34	10.72	535.40	13.10	918.47	11.58	282.41	11.15	947.43	12.84	340.39	11.14
144.40	10.70	543.44	13.47	924.39	11.37	290.39	11.06	948.45	12.94	342.54	11.05
145.34	10.70	546.38	13.37	925.37	11.29	300.38	10.96	949.44	13.09	344.38	11.01
152.47	10.98	554.38	> 12.4	926.41	11.09	304.52	10.94	969.49	11.93	346.47	10.98
153.46	10.97	559.38	12.71	927.37	11.14	306.42	11.02	976.34	11.35	354.39	10.92
154.40	10.97	562.36	12.29	931.40	10.99	321.43	11.08	978.43	11.27	361.33	10.92
155.43	11.03	564.48	12.18	934.39	11.01	336.42	> 11.5	990.44	11.13	363.34	10.74
156.46	11.04	567.42	12.04	941.39	11.06	481.53	12.71	998.36	10.97	364.46	10.79
157.46	11.06	569.43	11.93	945.41	10.95	517.42	10.62	9005.45	10.96	366.41	10.79
159.44	11.07	572.39	11.68	948.42	10.94	518.46	10.65	015.37	10.89	371.36	10.90
161.49	11.09	575.43	11.57	951.43	10.99	522.42	10.72	018.37	10.89	374.46	10.95
175.45	11.47	578.42	11.54	954.41	10.79	523.50	10.71	020.38	11.00	379.43	11.11
177.44	11.82	582.44	11.34	960.45	11.02	528.45	10.72	026.42	11.06	386.42	11.42
180.40	12.29	588.44	11.29	8098.62	11.51	542.55	10.84	038.40	11.34	397.43	12.19
181.40	12.44	599.43	10.61	140.47	> 12.3	571.41	12.11	045.41	11.86	400.41	12.44
185.49	12.49	602.44	10.62	163.48	11.39	578.41	12.30	249.45	10.64	403.43	12.62
187.43	12.59	604.44	10.63	180.37	10.65	601.37	12.64	250.53	10.71	412.40	> 12.7
190.39	12.84	745.56	11.06	181.39	10.64	622.49	11.79	261.40	11.14	420.46	> 12.5

Die Beobachtungen ergeben symmetrische Mira-Lichtkurven mit spitzen Minima und flachen oder abgerundeten Maxima (Typus β_3 der LUDENDORFFschen Klassifikation), deren Verlauf durch unregelmäßige sekundäre Schwankungen von kurzer Dauer sowie durch Stufen oder Buckel im An- und Abstieg gestört wird.

E	Maxima J.D. 242..	Gr.	B—R	Minima J.D. 242..	Gr.	B—R
−10	7124	$10^{m}55$	-7^{d}	7075:	$13^{m}2$	-2^{d}
− 9	—	—	—	200	13.1	+6
− 7	485	10.48	+ 2	—	—	—
− 6	601	10.59	+ 1	544	13.45	−2
− 4	836:	10.62	+ 2:	—	—	—
− 3	954	10.90	+ 3	903	12.58	+6
− 1	8188	10.59	+ 2	8136:	—	+4:
0	303	10.96	0	248	12.93	−1
+ 2	519	10.64	−18	481:	12.71	−2:
+ 3	652	10.62	− 3	597	12.67	−4
+ 5	893:	10.6:	+ 4:	835:	13.1:	0:
+ 6	9012	10.89	+ 6	953	13.25	+1
+ 8	246:	10.64	+ 5:	—	—	—
+ 9	362	10.78	+ 4	9297	13.42	−7
+10	—	—	—	423:	—	+2:

Durch Ausgleichung der vorstehenden Phasenepochen erhält man für die Maxima die Periode $P = 117^{d}5$ und für die Minima $P = 117^{d}0$. Legt man den Mittelwert $P = 117^{d}2$ zugrunde, so ergeben sich die folgenden Elemente:

$$\text{Max.} = \text{J. D. } 242\,8303 + 117^{d}2 \cdot E;\quad M\text{-}m = 54^{d}.$$

Grenzen des beobachteten visuellen Lichtwechsels: $10^{m}5$—$13^{m}5$; mittlere visuelle Amplitude: $2^{m}4$; Spektrum: unbekannt; galaktische Breite: +63°; Mira-Stern mit Lichtkurve β_3.

Das von BLAŽKO bestimmte, sehr unsichere Maximum J. D. 241 9881 ($E = -72$) wird durch die neuen Elemente mit der Abweichung B-R = $+16^{d}$ innerhalb der zulässigen Grenzen dargestellt.

AB Tauri

Der im Jahre 1932 von J. C. STEENSGARD und H. N. PEDERSEN entdeckte Veränderliche ist sehr sorgfältig von Mitgliedern der nordischen Sektion der „Astronomisk Selskab" überwacht worden. Eine ausführliche Darstellung der in den Jahren 1932—38 erhaltenen Ergebnisse ist von A. V. NIELSEN in AN 264.266 (1937) gegeben worden. Danach gehört der Stern zu den Langperiodischen mit kleiner Amplitude. Die Gestalt der Lichtkurve wechselt von Epoche zu Epoche sehr stark und hat zeitweilig ein wenig regelmäßiges Aussehen. Auch die Helligkeitsamplitude zeigt sehr große und regellose Schwankungen zwischen $0^m.2$ und $2^m.0$. Daneben ist eine geringe Veränderlichkeit der Periodenlänge zwischen den Grenzen $P = 140$ bis 145^d vorhanden. Die im folgenden mitgeteilten 29 Beobachtungen erstrecken sich über den Zeitraum 1938 Sept. 25 bis 1939 April 18.

Vergleichsterne

Bez.	BD-Nr. bzw. Ort 1855.0	$Gr._{phm.}$
AB Tau	+28° 847	var.
f	+28 853	$9^m.23$
d	+28 850	9.33
a	+28 848	10.21
m	+28 843	10.22
c	+28 845	10.50
b	$5^h\ 32^m\ 22^s$ +27° 50'.6	10.80
g	5 32 31 +27 47.1	11.41

Beobachtungen

J.D.242...	Gr.	J.D.242...	Gr.	J.D.242...	Gr.	J.D.242...	Gr.	J.D.242...	Gr.	J.D.242...	Gr.
	m		m		m		m		m		m
9167.48	10.60	9250.33	9.60	9301.40	10.18	9325.34	10.57	9338.41	10.39	9361.36	10.03
169.48	10.38	262.25	9.86	302.32	10.13	327.34	10.59	340.35	10.41	363.33	9.90
193.40	10.54	274.50	9.86	312.28	10.26	328.30	10.54	341.34	10.35	365.33	9.99
195.40	10.61	280.35	9.66	315.37	10.38	329.29	10.59	344.30	10.40	372.34	9.82
249.52	9.67	293.45	10.17	321.32	10.54	332.29	10.54	354.32	10.25		

Aus den vorstehenden Beobachtungen wurden die folgenden Phasenepochen abgeleitet:

Min. = J.D. 242 9185 $10^m.62$ B–R = $+1^d$
Max. = 9251 9.64 +2
Min. = 9328 10.56 +2

Die in Kat. u. Eph. für 1943 gegebenen Elemente: Max. = J. D. 243 0529 + $142^d.2 \cdot E$; $M-m = 65^d$ stellen die Beobachtungen gut dar.

Grenzen des visuellen Lichtwechsels: $8^m.8$—$10^m.6$; mittlere visuelle Amplitude: $1^m.0$; Spektrum: unbekannt; galaktische Breite: –2°.

C 5. periodisch; wenig regelmäßige Lichtkurven; Mira-ähnlich. (Z Leonis-Art)

AU Tauri

Für den im Jahre 1930 von C. HOFFMEISTER[1]) auf Sonneberger Platten entdeckten Veränderlichen bestimmte A. JENSCH[2]) aus 11 genäherten Maximumepochen zwischen 1931 und 1935 die vorläufigen Elemente: Max. = J.D. 242 6642 + $70^d.5 \cdot E$. In der Zeit von 1938 Sept. 25 bis 1942 Jan. 14 wurden die folgenden 28 Beobachtungen erhalten.

Vergleichsterne

Bez.	Ort 1855.0	angen. Gr. *)
AU Tau	$5^h\ 34^m\ 24^s$ +28° 3'	var.
r	5 34 2 +28 2	$11^m.97$
s	5 34 10 +28 1	13.10

*) aus Schätzungen bestimmt.

[1]) AN 240.193 (1930). — [2]) Kl. Veröff. Berlin-Babelsberg Nr. 19.25 (1938).

Beobachtungen

J.D.242...	Gr.	J.D.242...	Gr.	J.D.242...	Gr.	J.D.242...	Gr.	J.D.242...	Gr.	J.D.24...	Gr.
	m		m		m		m		m		m
9167.48	>13.0	9250.33	13.28	9302.32	>14.0	9329.29	>13.3	9341.34	13.10	29372.34	13.7:
169.49	>13.0	262.25	>12.0	312.28	>13.7	330.30	13.65	344.30	13.00	30367.28	13.25
193.41	13.10	274.51	12.84	315.37	14.0:	332.29	13.35	354.32	13.20:	374.25	12.87
195.40	13.05	280.36	12.92	321.33	14.0:	338.40	13.10	363.33	13.65		
249.51	>13.0	293.45	13.55	328.30	>13.4	340.35	13.10	365.34	13.6:		

Die Helligkeit schwankt mit einer mittleren Periode von 71 Tagen und einer Amplitude von etwa 1^m4 zwischen den Grenzen 12^m8 und 14^m2. Nach der Gestalt der verschiedenartig geformten, glatten Wellen dürfte der Stern in die Gruppe der Z Leonis-Veränderlichen einzuordnen sein.

E	Maxima			Minima		
	J.D. 242..	Gr.	B—R	J.D. 242..	Gr.	B—R
+36	9195:	13^m05:	-3^d:	—	—	—
+37	271	12.83	+2	9229:	13^m9:	-4^d:
+38	346	13.00	+6	308	14.2	+4

Durch Verbindung der vorstehenden Epochen mit den 11 Maxima von A. JENSCH ergeben sich die verbesserten Elemente:

$$\text{Max.} = \text{J. D. } 242\,6642 + 71^d0 \cdot E; \quad M-m = 36^d.$$

Grenzen des beobachteten visuellen Lichtwechsels: 12^m8—14^m2; mittlere visuelle Amplitude: 1^m4; Spektrum: unbekannt; galaktische Breite: -2°.

DN Pegasi

Der Lichtwechsel des im Jahre 1928 von F. E. ROSS (AJ **38**.144) entdeckten und 1935 von C. HOFFMEISTER (AN **255**.407, 1935) neu aufgefundenen Veränderlichen ist von W. ZESSEWITSCH in NNVS **5**.21–22 bestätigt worden. Spätere Beobachtungen von G. R. MICZAIKA ergaben das Vorhandensein eines halbregelmäßigen Lichtwechsels mit den Elementen: Max. = J.D. 242 5834 + $76^d \cdot E$ (AN **258**.349, 1936). In der Zeit von 1938 Sept. 25 bis 1939 Mai 29 wurden hier die folgenden 8 Beobachtungen erhalten.

Vergleichsterne

Bez.	Ort 1855.0	angen. Gr.*)
DN Peg	$21^h\ 52^m\ 23^s$ +5° 27'.1	var.
a	21 51.8 +5 32	11^m15

*) durch Schätzung bestimmt.

Beobachtungen

J.D. 242...	Gr.	J.D. 242...	Gr.
	m		m
9167.37	11.15	9249.26	11.00
169.39	11.10	250.26	11.25
193.34	11.00	258.23	11.05
230.30	11.45	413.54	10.95

E	Maxima			Minima	
	J.D. 242..	Gr.	B—R	J.D. 242..	Gr.
+44	9182	10^m87	$+4^d$	—	—
+45	258	11.05	+4	9221	11^m52

Die vorstehenden, ziemlich unsicheren Phasenepochen werden durch die oben mitgeteilten Elemente von MICZAIKA befriedigend dargestellt. Mittlere visuelle Amplitude etwa 0^m65; Spektrum: unbekannt; galaktische Breite: -37°.

BU Pegasi

Die Veränderlichkeit des Sterns wurde im Jahre 1934 von E. M. HUGHES auf Harvard-Platten entdeckt. Aus den vorhandenen Aufnahmen wurde ein periodischer Lichtwechsel mit den Elementen Max. = J.D. 242 4767 + $78^d8 \cdot E$ bestimmt. Die folgenden 9 Beobachtungen überdecken den Zeitraum 1938 Sept. 25 bis 1939 Juni 15.

Vergleichsterne

Bez.	Ort 1855.0	angen. Gr.*)
BU Peg	$21^h\ 30^m\ 36^s$ +23° 27'.7	var.
a	21 29.9 +23 31	10^m90
b	21 30.8 +23 28	11.33

*) durch Schätzung bestimmt.

Beobachtungen

J.D. 242...	Gr.	J.D. 242...	Gr.	J.D. 242...	Gr.
	m		m		m
9167.38	11.17	9230.30	11.48	9258.24	10.90
169.39	11.17	249.26	10.88	413.53	11.22
193.34	11.08	250.27	10.95	430.51	11.22

E	Maxima J.D. 242..	Gr.	B—R	Minima J.D. 242..	Gr.
+56	9181	10^m93	$+1^d$	—	—
+57	255	10.87	−4	9222	11^m58

Die wenig sicheren Maximumepochen werden durch die oben gegebenen Elemente gut dargestellt. Spektrum: unbekannt; mittlere visuelle Amplitude etwa 0^m7; galaktische Breite: −21°.

DM Herculis

Der Lichtwechsel des von Frau L. CERASKI auf Moskauer Platten entdeckten Veränderlichen wurde von S. BLAŽKO visuell bestätigt, der periodische Helligkeitsschwankungen mit den genäherten Elementen: Max. = J.D. 242 6622 + $73^d \cdot E$ fand (NNVS 4.85, 1933). Die folgenden 19 Beobachtungen erstrecken sich über den Zeitabschnitt 1938 Sept. 27 bis 1939 Juni 15.

Vergleichsterne

Bez.	BD-Nr. bzw. Ort 1855.0	angen. Gr.*)
DM Her	$17^h\ 31^m\ 44^s$ +34° 16′	var.
m	+34° 3005	10^m16
n	$17^h\ 30^m8$ +34° 24′	10.99
o	17 32.0 +34 12	11.31
p	17 32.1 +34 16	12.26

*) durch Schätzung an HA 70 angeschlossen.

Beobachtungen

J.D. 242...	Gr.	J.D. 242...	Gr.	J.D. 242...	Gr.
	m		m		m
9169.31	10.68	9322.50	10.94	9398.41	10.99
170.31	10.82	334.59	11.08	404.45	11.08
175.29	10.88	341.52	11.17	413.42	11.31
192.32	11.11	363.51	11.43	421.51	11.45
193.28	11.08	371.42	11.41	430.45	11.76
223.24	10.71	379.47	11.09		
250.22	10.94	391.48	11.07		

Die Lichtkurve verläuft in ziemlich glatten, aber ungleich geformten Wellen mit einer mittleren Amplitude von 0^m5. Die mittlere Helligkeit scheint gleichfalls größeren Schwankungen von längerer Dauer unterworfen zu sein und sinkt im Beobachtungsabschnitt um 0^m6.

E	Maxima J.D. 242..	Gr.	B—R	Minima J.D. 242..	Gr.	B—R
		m			m	
−2	9232	10.62	-1^d	9195	11.11	-1^d
−1	317	10.90	+3	277:	11.32	0:
0	395	10.97	−1	361	11.47	+2
+1	—	—	—	441:	11.82:	0:

Die vorstehenden Phasenepochen ergeben durch Verbindung mit der von BLAŽKO veröffentlichten Ausgangsepoche Max. = J. D. 242 6622 die verbesserten Elemente:

Max. = J. D. 242 9396 + $81^d6 \cdot E$; $M\text{-}m = 37^d$.

Spektrum: unbekannt; mittlere visuelle Amplitude: 0^m5; galaktische Breite: +29°.

UZ Canis Majoris

Der im Jahre 1931 von C. HOFFMEISTER entdeckte und in AN 242.131 (1931) angezeigte Veränderliche wird von N. FLORJA (NNVS 5.106) zu den Halbregelmäßigen vom Typus RS Cancri gezählt. Nach FLORJA lauten die Elemente: Max. = J.D. 242 7058 + $82^d5 \cdot E$. Die folgenden 21 Beobachtungen erstrecken sich über den Zeitraum 1938 Dez. 18 bis 1939 März 31.

Vergleichsterne

Bez.	Ort 1855.0	angen. Gr.*)
UZ CMa	$6^h\ 12^m\ 21^s$ −16° 59′.0	var.
d	6 12 11 −16 57.5	11^m52
m	6 12 26 −16 58.9	11.80
r	6 12 20 −16 57.7	12.25

*) durch Schätzung an HA 70 angeschlossen.

Beobachtungen

J.D. 242...	Gr.	J.D. 242...	Gr.	J.D. 242...	Gr.
	m		m		m
9251.45	11.71	9302.32	11.97	9330.30	11.88
258.44	11.72	315.30	11.87	332.28	11.87
261.42	11.92	321.28	11.85	333.29	11.88
274.43	12.10	322.26	11.82:	338.30	11.94
280.35	11.94	325.30	11.92:	340.34	11.97
293.42	12.06	327.31	11.80	344.29	12.04
301.29	11.92:	328.29	11.80	354.30	11.92:

Ziemlich glatte Wellen von verschiedener Gestalt. Periode etwa 80^d.

Maximum J. D. 242 9324 11^m82

Minimum 9285 12.09

Die vorstehenden Phasenepochen lassen sich mit den oben mitgeteilten Elementen von FLORJA nicht darstellen. Für eine Verbesserung der Elemente reichen die neuen Beobachtungen nicht aus.

Spektrum: unbekannt; galaktische Breite: −15°.

UY Cassiopeiae

Die Entdeckung des Veränderlichen im Jahre 1914 und der Nachweis der Periodizität des Lichtwechsels mit den Elementen: Max. = J.D. 241 9328 + 102ᵈ5 · E sind von C. R. D'ESTERRE in AN 198.373 (1914) mitgeteilt worden. Nach G. u. L. I u. II ist der Stern später nur noch gelegentlich von C. HOFFMEISTER beobachtet worden. Die folgenden 148 Helligkeitsschätzungen erstrecken sich über den Zeitraum 1934 Juni 14 bis 1939 Sept. 12.

Vergleichsterne

Bez.	BD-Nr. bzw. Ort 1855.0	$Gr._{phm.}$
UY Cas	22ʰ 55ᵐ 54ˢ +56° 51'4	var.
c	+56° 2924	10ᵐ03
a	22ʰ 56ᵐ8 +57° 3'	10.45
b	22 54.9 +56 45	10.96
d	22 56.6 +56 50	11.60

Beobachtungen

J.D.242...	Gr.	J.D.242...	Gr.	J.D.242...	Gr.	J.D.242...	Gr.	J.D.242...	Gr.	J.D.242...	Gr.
	m		m		m		m		m		m
7603.47	10.76	7977.45	10.29	8306.44	10.60	8653.48	11.36	8948.46	11.28	9322.29	10.08
627.47	10.83	985.48	10.16	326.47	11.08	656.38	11.31	979.39	10.83	325.28	10.14
661.45	10.15	8019.41	10.90:	328.50	11.41	676.49	10.53	993.44	10.19	328.29	10.19
677.45	10.62	020.38	11.01	338.44	11.36	691.51	10.31	998.53	10.18	330.38	10.35
687.45	10.52	036.42	10.81	390.39	10.14	702.51	10.32	9008.46	10.21	332.33	10.43
691.35	10.60	047.48	10.76	398.40	10.27	712.49	10.29	015.41	10.19	338.38	10.57
709.35	10.52	056.39	11.08	405.37	10.41	751.56	11.96	020.49	10.27	341.34	10.57
717.31	10.55	072.37	10.29	409.38	10.54	756.54	11.95	038.47	10.66	354.47	10.83
740.24	10.83	077.50	10.14	419.35	10.64	764.45	11.96	053.47	11.16	355.34	10.87
755.42	10.67	083.29	10.17	423.42	10.76	769.40	11.51	062.45	11.67	364.57	11.52
781.44	10.45:	095.32	10.53	429.40	10.96	777.56	10.96	157.45	11.65	372.60	11.73
840.51	10.77	114.23	10.59	435.49	11.16	783.40	10.26	166.42	11.85	379.49	11.95
841.36	10.80	140.35	10.40	474.45	10.47	786.38	10.12	169.40	11.95	386.46	11.90
843.34	10.82	164.25	10.31	484.39	10.28	798.48	10.22	175.34	11.85	391.47	11.60
860.43	10.62	180.38	9.83	493.38	10.29	807.46	10.23	186.29	10.72	397.48	10.91
866.44	10.43	183.50	9.81	505.35	10.54	817.53	10.35	191.45	10.50	400.44	10.83
870.30	10.41	187.33	9.83	512.32	10.45	830.49	10.35	222.40	10.32	410.45	10.31
871.44	10.39	204.43	10.32	518.42	10.56	840.58	10.71	234.45	10.34	413.44	10.23
875.42	10.39	229.28	10.82	522.37	10.61	854.52	11.96::	243.25	10.55	420.50	10.11
906.39	10.62	244.33	10.60	526.27	10.72	865.45	11.46	249.49	10.60	425.51	10.13
919.42	10.65	248.34	10.38	551.25	10.87	876.35	10.64	261.24	11.22	429.52	10.11
927.40	10.74	254.33	10.53	571.43	10.57	890.27	10.30	274.47	11.70	436.50	10.39
948.43	11.16	268.34	10.64	601.35	10.36	905.36	10.19	293.44	11.82	519.35	10.15
952.45	11.11	280.59	10.16	622.55	10.83	923.37	10.22	301.31	11.45		
962.47	10.88	291.43	10.14	637.48	10.96	938.38	10.50:	321.27	9.91		

Die Helligkeitsänderungen vollziehen sich in der Zeit 1934 Juni bis 1936 April in ziemlich unregelmäßig geformten Wellen zwischen den Grenzen 9ᵐ8 bis 11ᵐ2 mit einer Periode von 103 Tagen. Sekundäre Wellen erheblichen Ausmaßes stören den glatten Verlauf der Kurven und rufen zeitweilig Aufspaltungen oder Verlagerungen der Hauptphasen hervor. Von 1936 April ab bis zum Schluß der Beobachtung 1939 Sept. zeigt die Lichtkurve Mira-ähnliche Schwankungen, wobei die Form β_3 der LUDENDORFFschen Klassifikation vorherrschend ist. In der folgenden Zusammenstellung der Maxima und Minima sind Nebenphasen durch Einklammerung gekennzeichnet.

E	Maxima			Minima		
	J.D. 242..	Gr.	B—R	J.D. 242..	Gr.	B—R
0	7657	10ᵐ10	—11ᵈ	7620	10ᵐ86	— 9ᵈ
—	(705)	10.49	—	(682)	10.61	—
1	793:	10.4	+22:	741	10.83	+ 9
2	878	10.35	+ 4	849	10.88	+14
3	987	10.15	+10	948	11.16	+10
—	(8044)	10.73	—	(8024)	10.97	—
4	080	10.12	0	059	11.12	+18
—	(137)	10.39	—	(108)	10.63	—
5	184	9.80	+ 1	153	10.45	+ 9
—	251	10.40	—	230	10.83	} 0
6	286	10.09	0	264	10.70	
7	385	10.11	— 4	343	11.37	— 7
8	488	10.25	— 4	447	11.46	— 6
9	592	10.24	— 3	545	10.92	—11
10	701	10.22	+ 3	653	11.36	— 6
11	791	10.05	—10	757	12.02	— 5
12	911	10.17	+ 7	857	12.01	— 8
13	9004	10.15	— 3	961	11.9:	— 7
14	—	—	—	9068	11.84	— 3
15	210	10.27	— 3	169	11.95	— 5
16	320	9.94	+ 4	286	11.98	+ 9
17	423	10.09	+ 4	382	11.99	+ 2
18	520:	10.15	— 2:	—	—	—

Durch strenge Ausgleichung der vorstehenden Phasenepochen unter Einschluß der um 23 Jahre zurückliegenden D'ESTERRESchen Ausgangsepoche Max. = J. D. 241 9328 erhält man die folgenden Elemente des Lichtwechsels:

$$\text{Max.} = \text{J. D. } 242\,7668 + 103^{\text{d}}.0 \cdot E;\quad M\text{–}m = 39^{\text{d}}.$$

Grenzen des beobachteten visuellen Lichtwechsels: $9^{\text{m}}.8$—$12^{\text{m}}.0$; mittlere visuelle Amplitude: $1^{\text{m}}.2$; Spektrum: unbekannt; galaktische Breite: $-3°$.

D I. periodisch; unregelmäßige Lichtkurven; Langperiodische mit kleiner Amplitude $0^{\text{m}}.3$—$1^{\text{m}}.5$. (TT Draconis-Art)

RS Camelopardalis

Eine gründliche Untersuchung des Lichtwechsels ist im Jahre 1932 von W. HASSENSTEIN auf Grund der von ihm angestellten photometrischen Messungen sowie durch Verwendung der älteren Beobachtungsreihen von MARTIN und PLUMMER, HOFFMEISTER und COLLMANN vorgenommen und in Potsd. Publ. **87**.13—20 (1932) veröffentlicht worden. Nach W. HASSENSTEIN ist RS Camelopardalis als eine Grenzform zwischen dem RV Tauri-Typus und den Mira- oder μ Cephei-Sternen zu betrachten. Die im folgenden mitgeteilten 193 Helligkeitsbeobachtungen aus der Zeit 1932 Dez. 10 bis 1939 Sept. 12 bestätigen im wesentlichen die in der genannten Potsdamer Veröffentlichung dargelegten Ergebnisse.

Vergleichsterne

Bez.	BD-Nr.	Gr.phm.
RS Cam	+79° 286	var.
b	+79 277	$8^{\text{m}}.54$
c	+79 283	9.05
d	+79 287	9.64

Beobachtungen

J.D.242...	Gr.	J.D.242...	Gr.	J.D.242...	Gr.	J.D.242...	Gr.	J.D.242...	Gr.	J.D.242...	Gr.
											m
	m		m		m		m		m	9057.51	8.72
7052.46	8.24	7506.42	8.87	7739.45	8.90	8083.31	8.94	8484.40	8.90	087.54	8.54
060.35	8.59	512.44	8.88	755.38	8.36	086.36	8.90	493.40	9.08	157.41	9.05
061.32	8.52	530.41	8.89	765.36	8.29	096.56	8.86:	505.36	9.15	160.49	9.05
068.37	8.46	533.39	9.13	781.28	8.39	097.50	8.85	512.35	9.25	166.47	8.90
082.44	8.71	535.42	9.20	832.40	8.79	111.45	8.65	517.45	9.20:	169.47	9.05
087.44	8.73	543.46	9.38	840.57	8.69	121.42	8.65	522.37	9.20:	175.33	8.91
095.28	8.88	546.39	9.40	841.42	8.69	140.41	8.74	545.54	8.87	191.43	9.05
124.46	8.68	554.38	9.48	843.37	8.64	163.49	9.05	571.42	8.95	193.42	9.05
132.45	8.71	567.49	9.30	858.36	8.59	180.40	8.87	578.40	8.99	235.34	9.10
137.35	8.72	569.45	9.25	865.43	8.54	183.50	8.73	601.42	9.15	249.47	8.99
144.41	8.75	574.40	9.00	870.41	8.44	203.46	8.71	622.57	8.74	251.39	8.92
153.39	8.89	578.47	8.90	876.35	8.42	229.31	9.15	637.43	8.62	261.35	8.81
155.43	8.89	589.43	8.78	906.41	8.68	237.33	9.28	655.37	8.74	274.49	8.71
159.46	8.91	601.48	8.69	919.40	8.54	246.49	8.93	677.45	8.95	280.40	8.75
180.40	9.05	605.48	8.74	926.44	8.54	248.34	9.14	691.43	8.90	293.48	8.85
187.43	9.05	612.49	8.85	928.40	8.42	267.41	8.85	752.50	8.85	302.38	9.05
189.50	9.05	618.47	8.85	934.42	8.36	272.37	8.54	765.51	8.90	315.41	9.15
213.41	8.54	627.52	8.88	945.43	8.36	278.43	8.49	778.36	8.82	321.34	9.08
261.49	8.96	657.53	8.39	949.52	8.39	290.41	8.75	790.31	8.65	325.36	9.17
274.49	9.05	664.45	8.54	954.47	8.44	304.53	8.80	798.47	8.74	327.36	9.17
279.45	9.13	669.47	8.69	960.50	8.49	325.49	8.79	817.52	8.88	330.36	9.19
298.47	8.95	676.37	8.39	975.47	8.71	336.44	8.82	822.46	8.76	340.40	9.10
307.47	8.86	684.51	8.39	984.46	8.67	353.45	8.88	840.57	8.85	346.45	9.00
320.37	8.72	689.48	8.44	8020.56	8.69	362.44	9.05	854.55	8.88	354.38	9.00
325.46	8.59	692.45	8.42	025.53	8.71	389.58	8.99	923.42	8.86	364.43	8.88
333.44	8.73	696.46	8.46	032.49	8.66	396.53	9.00	938.35	8.74	366.40	8.85
336.46	8.74	706.39	8.59	037.44	8.74	409.47	9.05	947.47	8.81	381.41	8.91
343.39	8.93	710.43	8.76	044.51	8.71	422.52	9.20	979.40	8.81	388.41	8.85
359.35	9.23	715.37	8.91	055.44	8.69	427.45	9.15	993.45	8.64	403.44	8.92
368.47	9.25	717.53	9.05	066.48	9.10	429.43	9.05	9015.42	8.54	413.43	8.87
384.42	9.15	728.50	9.17	072.42	9.05	449.44	8.92	018.39	8.59	421.52	8.88
483.40	8.87	736.29	9.05	077.49	9.02	474.46	9.05	038.49	8.77	519.47	9.10

Die aus den Beobachtungen gezeichnete Lichtkurve für die Jahre 1933—39 weicht von den in Potsd. Publ. **87**.17 wiedergegebenen Kurven für die Jahre 1909—14, 1917—18, 1920—21 und 1923—26 insofern ab, als der regelmäßige Wechsel von tiefen und weniger tiefen Minima, der früher deutlich hervortrat, in den neuen Beobachtungen nur selten nachzuweisen ist. Daneben treten in der Kurve des Abschnitts 1933—39 an mehreren Stellen erhebliche Unregelmäßigkeiten und Aufspaltungen der Extrema auf, durch die Nebenphasen und Verschiebungen von einzelnen Phasenepochen verursacht werden. Die Amplitude der Helligkeitsänderungen schwankt zwischen $0^{m}.2$ und $1^{m}.0$. Sie beträgt im Mittel etwa $0^{m}.45$.

Die schon früher beobachteten langsamen Schwankungen der mittleren Helligkeit liegen in den Jahren 1933—39 zwischen den Grenzen $8^{m}.5$ und $9^{m}.2$. Für diese langgestreckten Wellen mit Längen von 750 bis 1100 Tagen konnten die folgenden genäherten Extrema bestimmt werden.

Maxima		Minima	
	m		m
J.D. 242 7040:	8.6	J.D. 242 7470	9.15
7925	8.5	8420	9.1
(8730	8.75)	(8915	8.85)
9040	8.6	9212	9.1

In der folgenden Tabelle sind die Phasenepochen für den Haupt-Lichtwechsel zusammengestellt. Durch Aufspaltungen entstandene Teil-Maxima sind durch eine vorangestellte Klammer zusammengefaßt.

E	Maxima J.D. 242 ..	Maxima Gr.	Maxima B—R	Minima J.D. 242 ..	Minima Gr.	Minima B—R	
		m			m		
0	7126	8.68	-17^d	7101	8.91	$+ 2^d$	
1	221:	8.46	−11:	186	9.06	− 2	
2	326	8.62	+ 6	281	9.11	+ 5	
3	—	—	—	370	9.28	+ 5	
4	491	8.77	− 6	—	—	—	
Neben-Max.	522	8.80	—	Neben-Min. 508	8.88	—	
5	598	8.71	+12	556	9.48	+14	
6	{652	8.35	—	625	8.90	− 6	
	{690	8.40		Neben-Min. 670	8.60	—	
7	767	8.25	+ 4	727	9.21	+ 8	
8	877	8.41	+25	819	8.85	+11	
9	941	8.33	+ 1	907	8.67	+11	
10	—	—	—	979	8.72	− 6	
11	8117	8.63	− 1	8069	9.09	− 5	
12	194	8.45	−12	166	9.07	+ 4	
13	278	8.48	−17	238	9.22	−13	
14	398	8.95	+15	374	9.20	+35	gestörter
15	{442	8.85	—	421	9.21	− 7	Lichtwechsel
	{484	8.90	—	Neben-Min. 466	9.13	—	
16	558	8.75	− 3	515	9.23	− 2	
17	638	8.60	−11	594	9.20	−11	
18	721	8.55	−17	681	8.95	−13	
19	{792	8.65	—	766	8.90	−16	
	{830	8.70	—	Neben-Min. 812	8.90	—	
20	937	8.73	+22	849	8.90	−22	
21	9008	8.49	+ 4	964	8.91	+ 4	
22	083	8.52	− 9	9046	8.78	− 2	
23	178	8.89	− 3	147:	9.10	+10:	
24	277	8.71	+ 8	218	9.20	− 7	
25	376	8.82	+18	328	9.17	+14	
26	—	—	—	402	8.92	− 1	

Für die Jahre 1933—39 erhält man die folgenden Elemente des Lichtwechsels:

$$\text{Max.} = \text{J. D. } 242\,7143 + 88^{d}.6 \cdot E;\quad M-m = 44^{d}.$$

Grenzen des beobachteten visuellen Lichtwechsels: $8^{m}.2$—$9^{m}.5$; mittlere visuelle Amplitude: $0^{m}.45$; Spektrum: Mb; galaktische Breite: +34°.

TU Delphini

Der im Jahre 1931 von C. HOFFMEISTER[1]) auf Sonneberger Platten entdeckte Veränderliche soll nach A. JENSCH einen Lichtwechsel mit einer Periode von etwa 80—100 Tagen zeigen (vielleicht RV Tauri-Art mit etwas veränderlicher Periode). In der Zeit 1938 Sept. 25 bis 1939 Juni 14 wurden hier die folgenden 14 Beobachtungen erhalten.

[1]) AN 242.129 (1931).

Vergleichsterne

Bez.	Ort 1855.0		angen. Gr.*)
TU Del	$20^h\ 34^m\ 6^s$	+14° 20′	var.
a	20 34.4	+14 18	11^m36
b	20 34.3	+14 16	11.73
c	20 34.3	+14 27	12.38

*) Schätzung in Anschluß an HA 70.

Beobachtungen

J.D. 242 . . .	Gr.	J.D. 242 . . .	Gr.	J.D. 242 . . .	Gr.
	m		m		m
9167.35	11.62	9192.40	12.05	9410.48	11.95
169.38	11.82	193.29	12.17	412.50	11.78
175.39	11.72	230.27	12.08	421.46	11.88
186.32	12.01	249.31	12.08	429.50	11.91
191.39	12.13	250.21	12.02		

Die wenigen Beobachtungen geben nur kurze Abschnitte der Lichtkurve, aus denen keine Aufschlüsse über die Art des Lichtwechsels zu erlangen sind. Ein RV Tauri-Lichtwechsel scheint jedoch nicht vorzuliegen; dagegen ist die von JENSCH gefundene Periode von etwa 90 Tagen zu erkennen.

Visuelle Amplitude etwa 0^m6; Spektrum: unbekannt; galaktische Breite: −17°.

DW Lyrae

Die Veränderlichkeit wurde im Jahre 1929 von C. HOFFMEISTER auf Sonneberger Platten entdeckt und in AN **236**.233 (1929) angezeigt. M. ZVEREV[1]) bestimmte aus 87 Beobachtungen dieses rötlichen Sterns einen halbregelmäßigen Lichtwechsel mit kleiner Amplitude und gab dafür die genäherten Elemente: Max. = J.D. 242 7590 + $107^d \cdot E$, 11^m4—12^m2. In der Zeit 1938 Sept. 25 bis 1941 Nov. 15 wurden hier die folgenden 30 Beobachtungen erhalten.

Vergleichsterne

Bez.	Ort 1855.0		angen. Gr.*)
DW Lyr	$19^h\ 1^m\ 16^s$	+29° 31′.5	var.
q	19 1.8	+29 30	11^m80
n	19 1.5	+29 31	12.31
o	19 1.2	+29 30	12.55

*) durch Schätzung an HA 70 angeschlossen.

Beobachtungen

J.D. 242 . . .	Gr.	J.D. 242 . . .	Gr.	J.D. 24 . . .	Gr.
	m		m		m
9167.43	12.45	9250.23	12.67	29403.47	12.02
169.35	12.50	334.58	12.56	410.41	12.16
175.30	12.30	364.52	12.05	412.43	12.14
191.40	12.31	371.47	11.91:	414.44	12.26
192.33	12.25	372.56	11.86	420.44	12.36
223.29	12.49	389.44	11.86	422.46	12.36
230.24	12.53	390.42	11.76	425.50	12.41
232.22	12.58	391.43	11.93	430.45	12.41
243.23	12.70	397.44	11.89	436.46	12.46
249.24	12.75:	400.42	12.00	30314.34	12.09

Die Lichtkurve verläuft in ziemlich glatten Wellen von sehr verschiedener Gestalt und Höhe. Dabei scheint auch die mittlere Helligkeit des Sterns erheblichen Schwankungen zu unterliegen.

E	Maxima			Minima		
	J.D. 242 . .	Gr.	B—R	J.D. 242 . .	Gr.	B—R
−2	9190	12^m25	-4^d	—	—	—
−1	292:	—	+3:	9249	12^m72	$+3^d$
0	383	11.79	0	333	12.57	−7
+1	—	—	—	437	12.45	+3

Die vorstehenden, z. T. sehr unsicheren Phasenepochen ergeben eine wesentlich kürzere Periodenlänge. Durch Verbindung der neuen Beobachtungen mit der von ZVEREV gegebenen Ausgangsepoche Max. = J. D. 242 7590 erhält man die Elemente

$$\text{Max.} = \text{J. D. } 242\,9383 + 94^d\!4 \cdot E;\quad M-m = 43^d.$$

Grenzen des beobachteten visuellen Lichtwechsels: 11^m8—12^m7; mittlere visuelle Amplitude: 0^m65; Spektrum: unbekannt; galaktische Breite: +11°. Die Periode ist vielleicht veränderlich.

SY Delphini

Der Veränderliche wurde im Jahre 1931 von C. HOFFMEISTER auf Sonneberger Platten entdeckt (AN **242**.139, 1931) und fast gleichzeitig unabhängig von L. PLAUT auf Babelsberger Platten aufgefunden (AN **242**.180, 1931). Aus acht genäherten Maximumepochen zwischen J.D. 242 5800 und 7700 bestimmte A. JENSCH[2]) einen periodischen Lichtwechsel mit den Elementen: Max. = J.D. 242 5820 + $109^d \cdot E$; photogr. Grenzen: 11^m8—12^m6 (veränderliche Lichtkurve). In der Zeit 1938 Sept. 25 bis 1939 Juni 14 wurden hier die folgenden 13 Beobachtungen erhalten.

[1]) NNVS **5**.110. — [2]) Kl. Veröff. Berlin-Babelsberg Nr. **19**.38 (1938).

Vergleichsterne

Bez.	Ort 1855.0		angen. Gr.*)
SY Del	$20^h\ 26^m\ 30^s$	+14° 29'.2	var.
e	20 26.3	+14 10	$10^m.31$
a	20 26.4	+14 21	11.12
c	20 26.6	+14 35	11.21
b	20 26.0	+14 27	11.26

*) durch Schätzung an HA 70 angeschlossen.

Beobachtungen

J.D. 242 ...	Gr.	J.D. 242 ...	Gr.	J.D. 242 ...	Gr.
	m		m		m
9167.35	11.03	9193.29	10.82	9412.50	11.06
169.38	11.23	230.27	10.99	421.46	10.93
175.39	11.11	249.31	11.16	429.50	10.89
191.38	10.84	250.21	11.26		
192.39	10.71	410.48	11.03		

Die Beobachtungen ergeben die folgenden Phasenepochen:

E	Maxima			Minima	
	J.D. 242 ..	Gr.	B—R	J.D. 242 ..	Gr.
		m			m
+31	9202	10.75	$+3^d$	9264:	11.26
+33	426:	10.90	+9:	—	—

die durch die obigen Elemente mit den Resten B—R befriedigend dargestellt werden.

Grenzen des beobachteten visuellen Lichtwechsels: $10^m.7$—$11^m.3$; mittlere visuelle Amplitude: $0^m.5$; Spektrum: unbekannt; galaktische Breite: −15°.

D 2. fast periodisch; unregelmäßige Lichtkurven; (UV Draconis-Art)

UV Ursae Majoris

Der Lichtwechsel des Sterns BD + 53° 1584 wurde von S. Beljawsky auf Simeïser Platten entdeckt und in NNVS 4.196 angezeigt. 136 Beobachtungen von M. Zverev[1]) ergaben das Vorhandensein eines halbregelmäßigen Lichtwechsels zwischen den Grenzen $10^m.2$ und $11^m.5$ mit einer festen Periode von $P = 57^d85$. Elemente: Max. = J.D. 242 7305 + $57^d85 \cdot E$; $M—m = 29^d$; Amplitude der mittleren Lichtkurve: $0^m.83$. In der Zeit 1938 Sept. 26 bis 1939 Juni 15 wurden hier die folgenden 35 Beobachtungen erhalten.

Vergleichsterne

Bez.	BD-Nr. bzw. Ort 1855.0		Gr. phm.
UV UMa	+53° 1584		var.
a	+53 1582		10.32
b	+53 1587		11.05
c	$12^h\ 51^m.9$	+53° 50'	11.44
d	12 53.4	+53 35	11.79

Beobachtungen

J.D. 242 ...	Gr.	J.D. 242 ...	Gr.	J.D. 242 ...	Gr.
	m		m		m
9168.28	10.93	9315.41	11.48	9354.42	11.21
175.26	11.16	317.42	11.49	364.42	11.44
192.27	11.35	321.29	11.39	366.39	11.38
193.26	11.16	322.42	11.33	371.37	11.43
235.39	11.14	325.36	11.29	381.42	11.51
249.48	11.34	327.32	11.19	398.41	11.22
250.55	11.34	329.39	11.24	404.43	11.19
274.50	11.34	330.30	11.24	413.43	11.20
280.40	11.21	332.31	11.21	417.47	11.18
289.53	11.22	338.40	11.16	422.45	11.22
293.48	11.33	340.39	11.17	430.50	11.26
302.38	11.33	346.45	11.20		

Die aus den Beobachtungen gezeichnete Lichtkurve besteht aus einer Folge von kurzen und ziemlich flachen Wellen mit einer Amplitude von $0^m.3$. Die Minima sind wesentlich runder geformt als die zumeist recht flachen Maxima. Die in der folgenden Tabelle zusammengestellten Hauptphasen liefern eine Periode von $P = 62^d$. Eine Verbindung dieser Werte mit den über 5 Jahre zurückliegenden Beobachtungen von Zverev ergibt die Periode $P = 61^d.8$. Eine Darstellung der neuen Beobachtungen mit der von Zverev abgeleiteten Periode von $P = 57^d.85$ ist nicht möglich. Danach scheint die Periode innerhalb enger Grenzen veränderlich zu sein. Auch die Amplitude der Helligkeitsänderung war zuletzt erheblich kleiner als früher.

E	Maxima			Minima		
	J.D. 242 ..	Gr.	B—R	J.D. 242 ..	Gr.	B—R
		m			m	
−1	9220	11.05	-1^d	9191	11.33	-2^d
0	285	11.19	+2	261	11.45	+6
+1	341	11.15	−4	314	11.50	−3
+2	410	11.16	+3	378	11.53	−1

[1]) NNVS 5.108.

Elemente: Max. = J. D. 242 9283 + $61^{d}.8 \cdot E$; $M{-}m = 28^{d}$.

Grenzen des beobachteten visuellen Lichtwechsels: $11^{m}.0$—$11^{m}.5$; mittlere visuelle Amplitude: $0^{m}.3$; Spektrum: unbekannt; galaktische Breite: +62°; Farbenindex nach ZVEREV: $+1^{m}.4$: Periode vielleicht etwas veränderlich.

TW Aquilae

Der im Jahre 1910 von Miss E. F. LELAND auf Harvard-Platten entdeckte Veränderliche wurde auf Grund der Schätzungen auf den vorhandenen 62 Aufnahmen aus den Jahren 1890—1905 zunächst für kurzperiodisch gehalten. G. VAN BIESBROECK bestimmte jedoch später aus 105 Beobachtungen von L. CASTEELS[1]) (1910—11) einen nicht ganz regelmäßigen langperiodischen Lichtwechsel mit den genäherten Elementen: Max. = J.D. 241 9288 + $96^{d} \cdot E$. Neuere Schätzungen, die L. PLAUT[2]) auf Babelsberger Platten vorgenommen hat, weisen auf einen unregelmäßigen Lichtwechsel hin. Die im folgenden mitgeteilten 43 Beobachtungen erstrecken sich über den Zeitraum 1934 Mai 30 bis 1939 Sept. 12.

Vergleichsterne

Bez.	BD-Nr. bzw. Ort 1855.0	$Gr._{phm.}$
TW Aql	$19^{h}\ 44^{m}\ 18^{s}$ +13° 37′.4	var.
a	+13° 4173	$10^{m}.10$
b	$19^{h}\ 44^{m}.9$ +13° 36′	10.39
c	19 44.4 +13 40	10.63

Beobachtungen

J.D.242...	Gr.	J.D.242...	Gr.	J.D.242...	Gr.	J.D.242...	Gr.	J.D.242...	Gr.	J.D.242...	Gr.
	m		m		m		m		m	9087.45	m 10.27
7588.48	10.25	7689.44	10.54	7951.47	10.47	8086.37	10.25	8678.46	10.22	160.38	10.30
591.47	10.22	694.36	10.59	963.45	10.31	111.28	10.20	751.52	10.34	192.29	10.31
602.45	10.33	708.33	10.73	986.48	10.27	272.55	10.37	801.38	10.39	223.28	10.31
625.46	10.50	717.42	10.53	8020.43	10.30	305.51	10.17	998.55	10.26	249.22	10.27
658.45	10.25	919.51	9.95	037.38	10.28	389.47	10.39	9022.54	10.29	410.47	10.30
685.40	10.52	926.53	10.00	044.38	10.32	408.40	10.26	045.48	10.43	412.46	10.28
688.49	10.71	927.50	10.00	068.41	10.47	422.45	10.24	057.49	10.44	519.42	10.34

Die Lichtkurve verläuft in flachen Wellen mit stark veränderlicher, zumeist ziemlich kleiner Amplitude ($0^{m}.1$ bis $0^{m}.5$) zwischen den Grenzen $9^{m}.9$ und $10^{m}.7$. Die infolge der geringen Zahl von Beobachtungen z. T. nur unsicher bestimmbaren Phasenepochen lassen eine Periode von etwa 65 Tagen erkennen.

E	Maxima			Minima		
	J.D. 242 ..	Gr.	B—R	J.D. 242 ..	Gr.	B—R
0	7591:	$10^{m}.23$	$+3^{d}$:	—	—	—
1	662	10.24	+9	7628	$10^{m}.50$	$+2^{d}$
2	—	—	—	703	10.71	+12
5	920	9.95	+ 8	—	—	—
6	978	10.23	+ 2	950	10.48	+ 1
7	8031	10.25	—10	8005	10.40	— 9
8	101	10.13	— 5	068	10.46	—10
13	416	10.21	—13	—	—	—
22	9009	10.21	— 2	—	—	—
23	085	10.26	+ 9	9052	10.45	+ 4

Die strenge Ausgleichung der vorstehenden Epochen liefert die Elemente:

$$\text{Max.} = \text{J. D. } 242\,7588 + 64^{d}.6 \cdot E;\ M{-}m = 26^{d}.3.$$

Die in den Spalten B—R aufgeführten, z. T. sehr erheblichen Abweichungen zwischen Beobachtung und Rechnung dürften größtenteils reell sein. Dagegen kann aus der großen Abweichung des oben mitgeteilten VAN BIESBROECKschen Periodenwerts von $P = 96^{d}$ gegen die neuen Ergebnisse nicht ohne weiteres auf eine Veränderlichkeit der Periode geschlossen werden. Da der neue Wert ziemlich genau $^{2}/_{3}$ des alten beträgt, liegt die Vermutung nahe, daß die Periode von $P = 96^{d}.0$ durch eine Unsicherheit in der Epochenzählung vorgetäuscht wurde.

Grenzen des beobachteten visuellen Lichtwechsels: $9^{m}.9$—$10^{m}.7$; visuelle Amplitude: $0^{m}.1$—$0^{m}.5$; Spektrum: K?; galaktische Breite: −6°.

[1]) Ann. Obs. Belg. (2) 13.107. — [2]) G. u. L. II, 1.47.

AF Pegasi

Die Veränderlichkeit des Sterns wurde im Jahre 1914 von S. ENEBO entdeckt und in AN 197.365 (1914) angezeigt. Aus einer längeren Beobachtungsreihe aus den Jahren 1913—22 bestimmte S. ENEBO 10 Maxima und 15 Minima (AN 217.439, 1923 u. 231.13, 1927) die einen etwas unregelmäßig verlaufenden Lichtwechsel mit einer mittleren Periode von etwa 67 Tagen ergaben. In der Zeit von 1930 Sept. 26 bis 1939 Sept. 12 wurden hier die folgenden 195 Helligkeitsbeobachtungen erhalten.

Vergleichsterne

Bez.	BD-Nr. bzw. Ort 1855.0	$Gr._{phm.}$
AF Peg	+17° 4819	var.
c	+17 4817	8.95
e	+17 4822	9.27
d	22^h 43^m 52^s +17° 24′	9.65
f	22 43 22 +17 16	9.97

Beobachtungen

J.D.242...	Gr.	J.D.242...	Gr.	J.D.242...	Gr.	J.D.242...	Gr.	J.D.242...	Gr.	J.D.242...	Gr.
	m		m		m		m		m		m
6246.38	8.95	7034.29	9.54	7298.42	9.25	7709.37	9.45	8205.25	9.42	8817.50	9.59
251.39	9.10	037.22	9.46	305.49	9.35	715.36	9.65	306.55	9.43	857.34	9.45
263.38	9.40	040.22	9.47	307.54	9.35	717.52	9.60	328.52	9.33	876.33	9.57
264.31	9.35	041.25	9.52	321.37	9.50	724.27	9.77	336.51	9.30	905.28	9.40
275.39	9.36	042.25	9.50	325.39	9.57	736.28	9.60	362.47	9.45	937.27	9.41
277.42	9.32	049.33	9.59	333.38	9.53	740.35	9.50	389.49	9.17	9054.53	8.80
281.36	9.50	052.29	9.61	336.42	9.55	755.26	9.05	395.49	9.15	057.51	8.85
298.39	9.16	054.24	9.61	342.38	9.52	764.21	9.37	405.41	9.28	087.51	9.00
314.22	9.14	055.24	9.61	352.41	9.22	765.32	9.32	409.42	9.22	155.38	9.17
580.40	9.49	059.25	9.73	358.38	9.13	781.26	9.54	420.32	9.39	160.46	9.15
582.46	9.42	060.26	9.75	359.36	9.15	841.26	9.80	423.44	9.40	166.44	9.12
586.43	9.36	061.23	9.74	368.43	9.38	962.52	9.48	425.35	9.45	170.34	9.21
604.41	9.49	062.22	9.75	372.42	9.41	984.48	9.65	429.44	9.39	186.29	9.08
608.36	9.27	065.28	9.70	384.31	9.46	8020.57	9.50	436.46	9.43	193.31	9.22
624.37	9.13	068.25	9.70	599.52	9.22	025.53	9.53	450.42	9.11	230.29	8.95
629.42	9.25	072.25	9.72	604.50	9.14	032.43	9.55	462.37	9.10	243.27	9,08
641.28	9.33	073.20	9.76	612.48	9.17	036.40	9.70	474.42	9.24	249.31	9.35
642.38	9.37	078.30	9.70	618.49	9.07	044.45	9.70	484.39	9.38	250.32	9.30
928.46	9.24	080.21	9.70	623.52	9.13	051.35	9.70	489.41	9.45	251.30	9.30
944.39	9.36	083.23	9.70	628.51	9.18	066.42	9.36	506.22	9.43	258.24	9.37
946.49	9.22	087.24	9.60	657.52	9.50	069.39	9.34	522.29	9.34	261.32	9.28
948.46	9.34	093.27	9.51	658.47	9.56	077.47	9.38	526.25	9.27	279.26	9.18
951.41	9.25	094.24	9.49	664.47	9.48	081.55	9.37	542.27	9.40	280.30	9.15
956.43	9.15	097.22	9.49	669.47	9.49	088.49	9.30	557.23	9.45	413.51	9.11
960.37	9.11	260.50	9.48	677.47	9.42	094.27	9.49	571.25	9.37	420.52	9.50
972.37	9.26	262.49	9.50	681.45	9.33	097.49	9.65	694.52	9.43	425.51	9.40
976.37	9.45	263.50	9.50	684.39	9.35	108.31	9.44	711.53	9.37	436.51	9.43
979.43	9.42	273.48	9.49	689.46	9.09	111.41	9.65	730.54	9.30	491.45	9.53
980.39	9.42	277.49	9.43	692.39	9.15	121.34	9.43	752.50	9.46	493.43	9.45
984.43	9.40	279.49	9.48	694.41	9.07	138.25	9.48	765.52	9.37	519.38	9.45
7005.30	9.40	281.49	9.43	696.46	9.13	164.25	9.65	772.40	9.40		
026.26	9.40	282.49	9.43	699.34	9.13	179.22	9.75	784.58	9.42		
030.25	9.42	295.45	9.23	706.37	9.40	182.28	9.60	798.45	9.48		

Die Lichtkurve besteht aus einer Folge von kleinen und unregelmäßig geformten Wellen mit einer mittleren Länge von 65 Tagen und einer durchschnittlichen Amplitude von $0^m.35$. Die Zwischenzeiten der Maxima weichen zuweilen sehr erheblich voneinander ab und erreichen im äußersten Fall 48 bzw. 80 Tage. Ähnliche Unregelmäßigkeiten zeigt auch die Amplitude dieser Wellen, die zwischen $0^m.65$ und $0^m.15$ schwankt. Dabei stehen längere Zeitabschnitte mit lebhaften Helligkeitsänderungen solchen mit einem kaum merklichen Lichtwechsel gegenüber. Schließlich unterliegt auch die mittlere Helligkeit des Veränderlichen sehr langsamen und anscheinend unregelmäßigen Schwankungen zwischen den Grenzen $9^m.1$ und $9^m.6$.

E	Maxima J.D. 242..	Gr.	B—R	Minima J.D. 242..	Gr.	B—R
		m			m	
0	6310	9.07	− 7ᵈ	6281	9.45	− 5ᵈ
5	629	9.20	−13	595	9.50	−16
10	962	9.10	− 5	939	9.33	+ 3
12	—	—	—	7071	9.74	+ 5
15	7296	9.23	+ 4	269	9.50	+ 8
16	357	9.13	0	333	9.56	+ 7
20	615	9.10	− 2	—	—	—
21	.695	9.08	+13	661	9.54	+10
22	755	9.05	+ 8	727	9.76	+11
27	8078	9.29	+ 6	8047	9.71	+ 6
28	128	9.41	− 9	104	9.64	− 2
29	199:	9.37	− 3:	170:	9.72	− 1:
32	396	9.15	− 1	363	9.45	− 3
33	460	8.99	− 2	429	9.44	− 2
34	530	9.25	+ 3	497	9.50	+ 1
35	—	—	—	560	9.46	− 1
37	729	9.30	+ 7	—	—	—
38	778	9.36	− 9	756	9.45	0
39	852:	9.42	0:	821:	9.60	0:
40	922:	9.30	+ 5:	887:	9.60	+ 1:
42	9055:	8.82	+ 8:	—	—	—
44	182:	9.05	+ 5:	—	—	—
45	230	8.94	−12	9205:	9.32	− 6:
46	—	—	—	263	9.36	−13

Die vorstehenden Hauptphasen des Lichtwechsels aus den Jahren 1930—39 werden durch die folgenden Elemente genähert dargestellt:

$$\text{Max.} = \text{J. D. } 242\,6317 + 65^{d} \cdot E;\quad M-m = 31^{d}.$$

Grenzen der beobachteten visuellen Helligkeitsänderungen: $8^{m}.8$—$9^{m}.8$; mittlere visuelle Amplitude: $0^{m}.35$; Spektrum: M4; galaktische Breite: −36°.

Eine Verbindung der obigen Hauptphasen mit den Enebo schen Epochen aus den Jahren 1913—22 erfordert die Annahme des etwas größeren Periodenwerts $P = 65^{d}.72$, mit dem aber die innerhalb der beiden Beobachtungsabschnitte festgelegten Maxima und Minima nicht darzustellen sind. Danach scheint die mittlere Periode in geringem Umfange veränderlich zu sein.

AC Aquarii

Die Veränderlichkeit des Sterns wurde im Jahre 1908 von Miss H. Leavitt auf Harvard-Platten entdeckt und in AN 179.159 (1908) angezeigt. E. Zinner[1]) glaubte aus 157 Beobachtungen auf einen Algol-Lichtwechsel mit der Amplitude $9^{m}.5$—$10^{m}.2$ schließen zu dürfen. Der Stern hatte meistens die Helligkeit $9^{m}.5$—$10^{m}.0$, wurde aber J.D. 241 9239 mit $10^{m}.2$ merklich schwächer als sonst gefunden. J.D. 241 9714 beobachtete Zinner einen Lichtanstieg von $0^{m}.4$. P. Parenago fand später auf 79 Platten auch nur geringe Helligkeitsänderungen zwischen $11^{m}.5$ und $11^{m}.9$ (phot.). Nach ihm ist eine von M. Esch[2]) vermutete Periode von 67 Tagen sicher nicht vorhanden und ein Bedeckungslichtwechsel oder Unveränderlichkeit anzunehmen. In der Zeit von 1932 Nov. 28 bis 1939 Sept. 12 wurden hier die folgenden 151 Beobachtungen gewonnen.

Vergleichsterne

Bez.	BD-Nr. bzw. Ort 1855.0	$Gr._{phm.}$
AC Aqr	−2° 5494	var.
a	−2 5492	$9^{m}.93$
b	−2 5493	10.50
c	21^{h} 9^{m} 14^{s} −2° 52′.7	11.05
d	21 8 11 −2 43.2	11.14

Die aus den Beobachtungen gezeichnete Lichtkurve verläuft in ziemlich ungleich geformten Wellen mit wechselnder, zumeist kleiner Amplitude. Zuweilen treten normale sinusförmige Schwankungen mit einer Amplitude von $0^{m}.5$ auf (z. B. J.D. 242 7600—7760). Meistens vollzieht sich aber der Lichtwechsel in recht flachen und unregelmäßig gestalteten Wellen mit Amplituden von $0^{m}.1$ bis $0^{m}.4$. Dabei werden häufig langgestreckte und schlecht ausgeprägte Minima gebildet, aus denen die Maxima als steile Höcker

[1]) Erg. Heft z. d. AN 4 Nr. 3. — [2]) BZ 10.92 (1928).

Beobachtungen

J.D.242...	Gr.	J.D.242...	Gr.	J.D.242...	Gr.	J.D.242...	Gr.	J.D.242...	Gr.	J.D.242...	Gr.
	m		m		m		m		m		m
7040.25	10.42	7332.51	10.38	7669.43	10.62	8032.45	10.55	8409.53	10.42	8834.30	10.60
041.23	10.33	333.40	10.60	681.44	10.68	036.47	10.41	420.38	10.45	847.33	10.62
042.25	10.35	335.46	10.58	684.33	10.72	038.46	10.38	421.36	10.45	854.23	10.40
043.23	10.34	336.37	10.50	685.50	10.75	039.47	10.39	423.40	10.50	859.27	10.40
052.24	10.40	342.35	10.59	687.48	10.87	044.40	10.37	427.43	10.45	9087.50	10.50
060.22	10.74	343.34	10.45	689.45	10.75	053.48	10.44	429.39	10.55	157.36	10.58
061.22	10.75	344.32	10.45	691.39	10.75	060.35	10.45	435.46	10.45	160.41	10.65
063.21	10.71	352.40	10.45	694.40	10.71	069.38	10.62	450.42	10.45	166.41	10.63
068.23	10.77	355.38	10.45	695.37	10.80	077.44	10.62	453.30	10.45	167.36	10.61
072.22	10.47	358.36	10.40	706.36	10.45	081.43	10.68	462.31	10.50	169.41	10.61
261.47	10.55	359.26	10.38	708.38	10.29	086.28	10.65	474.37	10.60	186.27	10.62
262.49	10.60	363.40	10.52	709.31	10.38	094.33	10.37	505.24	10.62	191.36	10.45
274.52	10.66	368.43	10.35	710.35	10.37	097.26	10.37	506.29	10.60	192.35	10.42
277.46	10.48	369.36	10.35	715.28	10.36	111.26	10.50	523.25	10.50	193.32	10.42
279.47	10.45	372.29	10.40	717.37	10.29	122.20	10.68	524.22	10.40	223.22	10.65
281.48	10.48	384.28	10.65	724.28	10.28	138.23	10.65	528.20	10.42	230.25	10.60
282.46	10.40	602.47	10.74	736.26	10.60	306.54	10.55	545.21	10.50	245.20	10.55
295.45	10.26	604.48	10.68	739.32	10.65	321.52	10.50	750.52	10.65	249.23	10.62
298.41	10.33	612.47	10.80	740.28	10.70	328.51	10.45	752.55	10.60	250.20	10.65
305.49	10.34	623.49	10.67	755.24	10.50	336.50	10.65	755.52	10.60	251.23	10.68
307.43	10.40	625.48	10.75	962.51	10.50	389.52	10.38	772.39	10.55	413.53	10.55
321.37	10.39	627.52	10.68	984.49	10.62	391.46	10.45	775.46	10.55	420.49	10.65
324.37	10.40	655.48	10.34	8020.49	10.52	396.52	10.45	785.37	10.45	428.51	10.62
325.32	10.45	657.50	10.38	023.43	10.55	405.41	10.55	801.31	10.50	436.48	10.60
326.36	10.40	664.44	10.37	025.47	10.55	407.55	10.62	817.34	10.55	491.42	10.75:
										519.37	10.38

hervorragen. Im Gegensatz dazu treten aber auch langgestreckte und flache Maxima auf, die durch kurze und tiefe Minima unterbrochen werden und das Bild eines Bedeckungslichtwechsels vortäuschen können. In Widerspruch zu den Feststellungen PARENAGOs ist in den Beobachtungen aus den Jahren 1932—39 deutlich eine Periode von etwa 67 Tagen zu erkennen. Die strenge Ausgleichung der in der folgenden Tabelle zusammengestellten Epochen liefert den Periodenwert $P = 67^{d}.2$. Eine Verbindung der neuen Beobachtungen mit dem von M. ESCH[1]) bestimmten Maximum J.D. 242 5843 ergibt die etwas kleinere Periode von $P = 66^{d}.8$, die aber den neuen Beobachtungen nicht ganz genügt.

E	Maxima			Minima		
	J.D. 242 ..	Gr.	B—R	J.D. 242 ..	Gr.	B—R
0	7046	$10^{m}.27$	+ 7^{d}	—	—	—
1	—	—	—	7066	$10^{m}.80$	— 8^{d}
4	295	10.30	—13	270	10.71	— 6
5	368	10.38	— 7	342	10.51	— 1
9	653	10.33	+ 9	614	10.80	+ 2
10	719	10.24	+ 8	690	10.77	+11
11	—	—	—	744	10.70	— 2
15	8042	10.34	— 5	8029	10.58	+14
16	100	10.32	—14	082	10.67	0
17	—	—	—	130	10.72	—19
19	327	10.45	+11	—	—	—
21	445	10.43	— 5	414	10.54	— 4
22	531	10.42	+14	494	10.70	+ 9
26	793	10.41	+ 7	—	—	—
27	857	10.37	+ 4	835	10.66	+14
32	9197	10.38	+ 8	9165	10.70	+ 8
33	241	10.52	—16	222	10.66	— 2
36	—	—	—	427:	10.64	+ 1:
37	519:	10.37	— 6:	482:	10.75	—11

Die in den Spalten B-R zusammengestellten Abweichungen zwischen Beobachtung und Rechnung sind sehr beträchtlich und erreichen im Höchstfall 24% der Periodenlänge.

Elemente: Max. = J. D. 242 7039 + $67^{d}.2 \cdot E$; $M-m = 32^{d}$.

Grenzen des beobachteten visuellen Lichtwechsels: $10^{m}.2$—$10^{m}.8$; mittlere visuelle Amplitude: $0^{m}.35$; Spektrum: F8; galaktische Breite: −32°.

[1]) G. u. L. II, 1.38.

BD Pegasi

Der Lichtwechsel des Sterns BD + 27° 4389 wurde im Jahre 1931 von C. HOFFMEISTER[1]) auf Sonneberger Platten entdeckt und von F. LAUSE[2]) bestätigt, der einen RV Tauri-Lichtwechsel mit einer Periode von etwa 2½ Monaten vermutete. Während die gleichzeitig erhaltenen visuellen Beobachtungen von N. FLORJA[3]) nur geringe Schwankungen der Helligkeit erkennen ließen, fand S. BÖHME[4]) auf 83 Ernostar-Aufnahmen zwischen J.D. 242 5623 und 8859 einen langsam und unregelmäßig verlaufenden Lichtwechsel zwischen den Grenzen $9^{m}8$ und $11^{m}1$ (phot.). In der Zeit 1932 Dez. 10 bis 1939 Sept. 12 wurden hier die folgenden 169 Beobachtungen erhalten.

Vergleichsterne

Bez.	BD-Nr.	Gr.$_{phm.}$
BD Peg	+27° 4389	var.
b	+27 4382	$9^{m}53$
c	+27 4397	9.14

Beobachtungen

J.D.242...	Gr.	J.D.242...	Gr.	J.D.242...	Gr.	J.D.242...	Gr.	J.D.242...	Gr.	J.D.242...	Gr.
	m		m		m		m		m		m
7052.31	9.17	7307.54	9.41	7692.46	9.07	8072.30	9.25	8449.44	9.68	8816.53	9.04
054.24	9.23	320.36	9.29	694.31	9.05	077.50	9.29	462.37	9.63	822.49	8.97
055.25	9.26	325.39	9.14	699.34	9.00	081.57	9.27	471.37	9.37	830.53	8.97
060.43	9.20	326.41	9.01	715.38	9.29	094.38	9.31	474.44	9.38	854.53	8.84
061.29	9.24	333.37	8.98	717.52	9.31	111.42	9.19	484.38	9.10	857.34	8.90
062.24	9.28	336.43	8.94	724.27	9.43	121.38	9.05	489.45	8.99	876.33	9.00
063.25	9.30	339.49	8.98	728.50	9.38	149.37	9.06	493.41	8.99	905.27	8.95
065.28	9.30	340.33	9.01	736.29	9.37	164.24	9.29	505.35	9.20	937.28	8.89
068.25	9.28	342.38	9.06	739.43	9.35	182.26	8.99	506.33	9.30	9015.60	9.04
072.26	9.30	345.40	9.14	740.44	9.34	183.24	8.97	512.32	9.38	022.57	9.02
073.20	9.32	352.41	9.29	755.35	9.29	205.28	8.90	518.27	9.58	038.50	9.05
075.30	9.31	359.37	9.29	765.36	9.25	206.27	8.92	522.30	9.43	054.52	9.06
078.30	9.31	368.44	9.28	781.27	9.22	280.58	9.14	524.26	9.48	087.51	9.09
087.29	9.35	384.32	9.33	832.34	9.14	303.56	9.47	528.27	9.47	155.39	9.31
093.27	9.35	483.28	9.05	841.27	9.06	306.52	9.44	542.30	9.29	160.40	9.17
097.21	9.34	567.55	9.05	858.27	9.14	316.49	9.43	551.26	9.27	166.55	9.27
120.26	9.25	589.51	9.31	948.51	9.38	325.53	9.32	571.26	9.14	170.34	9.19
124.25	9.13	592.49	9.43	952.48	9.38	328.52	9.22	691.51	9.05	191.36	9.20
132.28	9.27	601.51	9.35	970.50	9.30	336.52	9.09	711.54	8.96	193.37	9.17
189.56	9.29	606.48	9.32	977.46	9.04	389.59	9.27	730.53	8.99	235.25	8.97
213.54	9.10	612.48	9.29	985.48	8.89	395.50	9.40	752.50	8.92	249.32	8.98
259.51	9.27	618.48	9.30	8019.41	9.29	398.40	9.37	758.53	8.93	250.36	8.97
263.50	9.15	623.50	9.34	020.55	9.34	409.40	9.31	768.41	8.95	261.32	9.10
273.47	8.97	655.44	9.24	025.54	9.31	419.35	9.29	772.41	9.00	279.26	8.97
277.50	9.05	658.48	9.27	032.44	9.34	423.44	9.30	777.55	9.07	372.60	9.18
279.49	8.92	677.47	9.27	036.38	9.20	428.46	9.34	784.58	9.06	412.53	8.97
281.50	8.95	684.32	9.24	044.45	9.09	435.48	9.58	786.39	9.00	420.52	8.97
298.43	9.34	689.47	9.09	051.35	9.05	440.46	9.68	801.32	8.89	430.50	8.94
										519.50	8.99

Die Helligkeit schwankt in unregelmäßig geformten und zuweilen sehr flachen Wellen zwischen den Grenzen $8^{m}8$ und $9^{m}7$. Im allgemeinen sind die Maxima besser ausgebildet als die Minima. Infolge der sehr geringen Höhe der einzelnen Wellen, die oft kaum $0^{m}2$ beträgt, ist die Festlegung der Epochen schwierig und unsicher. Bei den Maxima treten überdies zeitweilig weite Aufspaltungen auf, durch die Verschiebungen der Epochen und die Bildung von Nebenphasen verursacht werden. Trotz der aufgezeigten Unregelmäßigkeiten tritt die Periodizität in der Aufeinanderfolge der Wellen deutlich hervor.

E	Maxima			Minima		
	J.D. 242..	Gr.	B—R	J.D. 242..	Gr.	B—R
0	7055	$9^{m}22$	— 4^{d}	—	—	—
1	126	9.14	— 5	7096	$9^{m}35$	+ 1^{d}
3	278	8.94	+ 4	—	—	—
4	—	—	—	308	9.41	— 1
7	566	9.04	+ 6	—	—	—
8	639	9.18	+ 7	603	9.40	+ 7
9	699	9.00	— 4	670	9.33	+ 3

[1]) AN 242.131 (1931). — [2]) AN 247.151 (1932). — [3]) NNVS 4.24 (1932). — [4]) AN 266.172 (1938).

E	Maxima J.D. 242..	Gr.	B—R		Minima J.D. 242..	Gr.	B—R
10	7777	9m22	+ 2d		7729	9m43	—10d
11	845	9.05	— 2		—	—	—
13	989	8.86	— 1		959	9.45	+ 5
14	8053	9.03	— 8		8026	9.35	+ 1
15	136	8.94	+ 3		090	9.33	— 7
16	196	8.84	— 9		165	9.30	— 3
18	353:	8.95:	+ 5:		309	9.46	— 3
19	419	9.29	0		400	9.37	+17
20	493	8.99	+ 2		447	9.70	— 8
21	565	9.10	+ 2		525	9.50	— 1
23	709	8.95	+ 3		—	—	—
24	(757	8.92)	0		731	9.00	—10
	796	8.84)			(780	9.10)	
25	847	8.78	— 2		821	9.01	+ 8
	[9241	8.89	+34]	unregelm. Wellen	—	—	—
33	424	8.92	+ 2		—	—	—

Die strenge Ausgleichung der vorstehenden Epochen ergibt die Elemente:

$$\text{Max.} = \text{J. D. } 242\,7059 + 71^{d}.6 \cdot E;\quad M\text{–}m = 36^{d}.1.$$

Grenzen des beobachteten visuellen Lichtwechsels: 8m8—9m7; mittlere visuelle Amplitude: 0m35; Spektrum: M8; galaktische Breite: -27°.

Die großen Abweichungen zwischen Beobachtung und Rechnung sind als reell anzusehen.

XY Aquarii

Die Veränderlichkeit des Sterns wurde im Jahre 1927 von B. P. GERASIMOVIČ auf Harvard-Platten entdeckt. Aus 18 Maxima bestimmte er die Elemente: Max. = J.D. 242 1159 + 72d.7 · *E*; 9m4—10m1 (Harv. Bull. 848). Die aus den hier erhaltenen 9 Beobachtungen zwischen 1938 Sept. 24 und 1939 Sept. 12 abgeleiteten Hauptphasen werden durch die vorstehenden Elemente befriedigend dargestellt.

Vergleichsterne

Bez.	BD-Nr.	angen. Gr.
XY Aqr	—18° 6291	var.
m	—18 6289	8m80

Beobachtungen

J.D. 242...	Gr	J.D. 242...	Gr.	J.D. 242...	Gr.
9166.43	m 8.80	9192.36	m 8.90	9249.26	m 8.65
186.40	8.95	193.38	8.95	251.28	8.65
191.37	8.98	230.29	8.62	519.50	8.90

E	Maxima J.D. 242..	Gr.	B—R	Minima J.D. 242..	Gr.
+111	9153::	8m7:	d —3:	—	—
+110	237	8.60	+8	9192	8m97

Spektrum: G0; galaktische Breite: -68°.

TW Aquarii

Für den im Jahre 1916 von M. WOLF auf Heidelberger Platten entdeckten Veränderlichen bestimmte W. ZESSEWITSCH[1]) aus 79 Beobachtungen die Elemente: Max. = J.D. 242 5103 + 79d · *E*; *M*—*m* = 25d. Nach C. HOFFMEISTER und W. ZESSEWITSCH soll die Helligkeit in unregelmäßig geformten Wellen zwischen den Grenzen 10m5 und 11m5 bzw. 12m0 schwanken. Der Stern wurde hier in 22 Nächten zwischen J.D. 242 7040 und 9250 vergeblich gesucht. In der Nähe des angegebenen Ortes stehen mehrere Sterne schwächer als 12m0, deren Schätzung jedoch nicht zu einer Identifizierung des Veränderlichen führte. TW Aqr muß danach in den Jahren 1932—38 wesentlich lichtschwächer als früher gewesen sein.

Z Serpentis

Der Lichtwechsel wurde im Jahre 1908 von Miss H. LEAVITT auf Harvard-Platten mit Schwankungen zwischen 10m1 und 10m9 (phot.) entdeckt und von E. ZINNER visuell (8m4—9m2) bestätigt. Nach Kat. u. Eph. für 1943 wird die Zugehörigkeit zur RV Tauri-Klasse vermutet. Die dort gegebenen Elemente: Max. = J.D. 242 3204.3 + 87d.57 · *E*; *M* — *m* = 38d.5 stellen zwei von F. LAUSE[2]) beobachtete

[1]) Mirow. Bull. 21. — [2]) BZ 12.88 (1930).

Maxima aus dem Jahre 1930 sehr gut dar. In der Zeit von 1933 März 21 bis 1939 Juni 22 wurden hier die folgenden 99 Beobachtungen erhalten.

Vergleichsterne

Bez.	BD-Nr.	Gr.phm.
Z Ser	+2° 2940	var.
g	+2 2931	8ᵐ76
a	+2 2928	9.17
b	+3 3006	9.57
c	+2 2938	9.91

Beobachtungen

J.D.242...	Gr.	J.D.242...	Gr.	J.D.242...	Gr.	J.D.242...	Gr.	J.D.242...	Gr.	J.D.242...	Gr.
	m		m		m		m		m		m
7153.50	9.46	7536.42	9.41	7694.29	9.53	7975.50	9.76	8408.34	9.49	9322.54	9.57
154.49	9.64	546.47	9.32	695.32	9.66	984.50	9.68	419.31	9.49	333.57	9.59
157.48	9.50	564.51	9.05	706.28	9.73	8033.36	9.32	571.54	9.83	340.58	9.67
161.53	9.71	567.47	9.02	708.27	9.79	044.34	9.51	635.53	9.80	354.47	9.68
177.47	9.80	575.45	8.99	709.28	9.66	055.32	9.66	637.48	9.91	364.46	9.57
180.47	9.77	578.47	8.94	870.49	9.54	204.57	8.58	654.46	9.80	371.45	9.55
185.54	9.76	592.48	9.44	873.49	9.47	206.55	8.48	657.42	9.93	379.49	9.52
187.52	9.71	593.45	9.60	899.55	9.79	246.57	9.50	680.46	9.76	391.46	9.46
195.44	9.63	599.45	9.71	906.51	9.76	248.52	9.66	691.43	9.80	398.42	9.46
204.49	9.48	600.47	9.72	919.43	9.66	268.44	9.30	955.59	9.63	404.44	9.37
207.41	9.48	602.44	9.71	926.48	9.72	272.46	9.26	980.50	9.81	412.41	9.32
214.43	9.40	618.44	9.81	927.42	9.68	278.43	9.16	998.45	9.86	422.44	9.16
277.43	9.42	625.43	10.01	931.40	9.68	291.40	9.15	9008.44	9.85	430.49	8.99
307.37	9.70	658.37	9.02	934.43	9.71	304.52	9.16	020.41	9.82	437.48	9.17
320.32	9.56	664.36	9.01	948.41	9.71	306.50	9.21	045.42	9.68		
324.32	9.47	677.34	8.91	952.41	9.64	321.53	9.37	054.43	9.45		
325.31	9.61	685.33	9.12	962.41	9.68	336.42	9.24	308.58	9.63		

Die aus den Beobachtungen gezeichnete Lichtkurve ist durch die Sichtbarkeitsbedingungen des Sterns in 8 Abschnitte gegliedert, die bis zu 182 Tagen umfassen. Die einzelnen Wellen zeigen einen sehr starken Wechsel in Gestalt und Höhe. Daneben sind beträchtliche unregelmäßige Schwankungen der mittleren Helligkeit vorhanden. Im allgemeinen sind die Maxima spitzer geformt und wesentlich besser definiert als die zumeist ziemlich langgestreckten Minima. Die für die RV Tauri-Sterne eigentümlichen Doppelwellen sind jedoch an keiner Stelle der Lichtkurve angedeutet. Rechnet man die Epochen der Hauptphasen mit Hilfe der in Kat. u. Eph. für 1943 gegebenen Elemente, so ergeben sich die in den Spalten B—R der folgenden Tabelle zusammengestellten Abweichungen. Es zeigt sich, daß die beobachteten Maxima im allgemeinen befriedigend dargestellt werden. In kürzeren Abschnitten treten zeitweilig Unregelmäßigkeiten auf. Während das J.D. 242 7933 fällige Maximum bei J.D. 242 7940 mit 9ᵐ65 noch schwach angedeutet ist und sich nur um 0ᵐ11 bzw. 0ᵐ14 über die benachbarten Minima erhebt, sind die J.D. 242 8633 und 8984 fälligen Maxima ganz ausgefallen. Durch diese Unregelmäßigkeiten werden Verlagerungen der Minima hervorgerufen, die größere Abweichungen von den gerechneten Epochen verursachen (vgl. Spalte B—R).

E	Maxima J.D. 242..	Gr.	B—R	Minima J.D. 242..	Gr.	B—R
		m	d		m	
+46	7242:	9.2:	+9:	7176	9.80	−18ᵈ
+47	—	—	—	304	9.71	+22
+50	575	8.94	−7	—	—	—
+51	671	8.85	+1	624	9.96	− 8
+54	940	9.65	+7	902	9.79	+ 7
+55	8017	9.15:	−4	976	9.76	− 6
+57	200:	8.50	+4:	—	—	—
+58	289	9.10	+6	8250	9.60	+ 5
+59	—	—	—	324	9.38	− 8
+67	9069::	9.2	−2:	9009	9.87	−24
+70	325	9.56	−9	—	—	—
+71	430	9.00	+8	349	9.70	−34

Grenzen des beobachteten visuellen Lichtwechsels: 8ᵐ5—10ᵐ1; mittlere visuelle Amplitude: 0ᵐ6; Spektrum: unbekannt; galaktische Breite: +48°.

RW Eridani

Der im Jahre 1907 von Miss H. Leavitt auf Harvard-Platten entdeckte Veränderliche ist bereits von C. Hoffmeister, E. Zinner und L. Hufnagel eingehend untersucht worden. Die umfassendste Bearbeitung konnte von L. Hufnagel auf Grund von 390 Harvard-Platten vorgenommen werden, die sich über 30 Jahre verteilen (Harv. Bull. 873, 1930). Danach soll der Lichtwechsel eine gewisse Ähnlichkeit mit demjenigen der RV Tauri-Sterne aufweisen, ohne jedoch die Regelmäßigkeit oder die eigentümlichen Vertauschungen im Wechsel von tiefen und flachen Minima aufzuweisen. Die von Hufnagel abgeleiteten 46 Maxima zwischen 1899 und 1929 ergeben die Elemente: Max. = J.D. 241 6780 + $91^d\!.4 \cdot E$; $M - m = 40^d$. Die Abweichungen von den beobachteten Werten sind jedoch sehr beträchtlich und erreichen in Einzelfällen 40% der Periode, so daß zeitweilige Störungen des Lichtwechsels vorzuliegen scheinen. In der Zeit 1938 Dez. 1 bis 1939 März 21 wurden hier die folgenden 26 Beobachtungen erhalten.

Vergleichsterne

Bez.	BD-Nr.	angen. Gr.*)
RW Eri	−5° 892	var.
a	−5 897	$9^m\!.82$
b	−6 882	10.31

*) durch Schätzung an HA 70 angeschlossen.

Beobachtungen

J.D. 242 ...	Gr.	J.D. 242 ...	Gr.	J.D. 242 ...	Gr.
	m		m		m
9234.45	9.97	9293.44	10.04	9327.30	10.20
235.37	10.11	301.39	10.20	328.28	10.29
249.39	9.98	302.30	10.13	329.31	10.31
250.33	9.99	312.28	10.19	330.31	10.22
251.39	9.98	315.35	10.23	332.29	10.21
258.43	9.95	321.28	10.31	338.30	10.26
261.35	9.92	322.25	10.22	341.30	10.22
274.44	9.95	325.30	10.22	344.29	10.21
280.34	9.82	326.29	10.23		

Maximum J. D. 242 9279 $9^m\!.85$ B–R: -23^d ($E = +137$)
Minimum 9326 10.26 −27 ($E = +138$)

Spektrum: unbekannt: galaktische Breite: −35°.

RY Coronae Borealis

Über den Lichtwechsel des im Jahre 1921 von J. C. Mackie auf Harvard-Platten entdeckten Veränderlichen ist nach G. u. L. II, 1.312 und Kat. u. Eph. für 1943 bisher nichts Näheres bekannt geworden. In der Zeit 1934 Juni 2 bis 1939 Aug. 17 wurden hier die folgenden 96 Beobachtungen erhalten.

Vergleichsterne

Bez.	BD-Nr.	Gr. pt.m.
RY CrB	+31° 2847	var.
d	+30 2806	$8^m\!.99$
a	+31 2844	9.44
b	+31 2846	9.83
c	+31 2843	10.21

Beobachtungen

J.D .242 ...	Gr.	J.D.242 ...	Gr.	J.D.242 ...	Gr.	J.D.242 ...	Gr.	J.D.242 ...	Gr.	J.D.242 ...	Gr.
	m		m		m		m		m		m
7591.52	9.73	7866.50	10.25	8083.28	9.78	8506.26	9.57	8926.56	9.91	9308.57	9.67
601.45	9.60	870.49	10.30	099.23	9.73	524.24	9.58	947.54	9.96	322.48	9.83
606.45	9.67	875.46	10.42	187.57	9.68	571.52	9.73	978.43	9.29	333.59	9.96
618.49	9.44	899.52	10.06	204.53	9.29	578.53	9.77	990.48	9.39	340.41	9.79
625.53	9.55	906.46	10.02	205.53	9.24	601.46	9.83	998.45	9.61	346.47	9.69
628.42	9.53	916.45	9.83	247.42	10.04	623.53	9.92	9015.40	9.96	354.44	9.78
658.48	9.68	927.47	9.68	268.39	9.61	637.47	9.85	020.41	10.15	364.49	9.74
677.39	9.73	945.44	9.69	290.39	9.66	655.36	9.74	054.42	9.96	379.46	9.78
685.35	9.66	953.41	9.93	304.54	9.72	678.40	9.73	160.33	9.67	389.42	9.71
693.33	9.68	963.43	10.05	321.53	9.70	694.43	9.39	167.29	9.61	398.41	9.75
706.30	9.64	987.45	10.00	338.50	9.88	713.48	9.66	175.28	9.58	404.46	9.88
724.26	9.64	8017.42	9.70	390.40	9.29	752.46	9.95	192.32	9.70	412.42	9.88
739.30	9.69	025.38	9.68	405.38	9.39	764.43	9.70	223.23	9.97	420.47	9.92
750.23	9.83	044.35	9.78	408.35	9.42	778.34	9.68	230.20	9.92	425.52	9.88
840.61	9.75	055.33	9.99	423.31	9.64	819.30	9.62	243.21	9.67	430.43	9.83
860.49	10.05	068.31	10.05	453.27	9.64	854.21	10.01	249.20	9.62	493.40	9.73

Die Lichtkurve besteht aus zumeist glatten Wellen, die sich aber in ihrer Gestalt und Höhe stark unterscheiden. So zeigt die Helligkeits-Amplitude Schwankungen von $1^m.0$ bis zu $0^m.1$, wodurch der Lichtwechsel zeitweilig fast zum Stillstand zu kommen scheint. Daneben pendelt auch die mittlere Helligkeit des Sterns langsam und unregelmäßig zwischen den Grenzen $9^m.6$ und $9^m.9$. Die periodischen Schwankungen der Lichtkurve werden an einigen Stellen durch kleine sekundäre Wellen gestört, die einzelne Maxima in 2 Teilphasen aufspalten (z. B. Epochen +7 und +18) oder ganz ausfallen lassen (Epoche +10). Die Abweichungen zwischen den beobachteten und gerechneten Epochen wachsen deshalb oft zu sehr beträchtlichen Werten (bis zu 21% der Periode) an.

E	Maxima			Minima		
	J.D. 242 ..	Gr.	B—R	J.D. 242 ..	Gr.	B—R
0	7630	$9^m.50$	-2^d	—	—	—
1	716	9.62	−12	7675	$9^m.72$	-3^d
2	838:	9.75	+13:	—	—	—
3	937	9.60	+15	879	10.42	+ 8
4	8027	9.67	+ 9	973	10.10	+ 6
5	106	9.67	− 8	8065	10.07	+ 1
6	206	9.25	− 5	159:	—	− 2:
7	(277 319	9.57 9.70)	−10	242	10.07	−15
8	391	9.30	−13	345	9.90	− 8
9	480:	9.5	−20:	437	7.73	−13
11	696	9.40	+ 2	623	9.90	−20
12	801	9.40	+11	740	10.05	+ 1
13	898:	9.4	+12:	854	10.00	+18
14	980	9.29	− 3	938	10.05	+ 5
15	—	—	—	9036	10.26	+ 7
16	9175	9.55	− 1	—	—	—
17	274	9.35	+ 2	221	9.98	− 1
18	(353 392	9.70 9.73)	+ 3	331	9.96	+12
19	464	9.5	− 2	419	9.92	+ 4

Elemente: Max. = J. D. 242 7632 + $96^d.5 \cdot E$; $M-m = 50^d.5$.
Grenzen des beobachteten visuellen Lichtwechsels: $9^m.2$—$10^m.4$; mittlere visuelle Amplitude: $0^m.5$; Spektrum: unbekannt; galaktische Breite: +42°.

WX Aquilae

Über den im Jahre 1920 von Miss A. J. CANNON[1]) entdeckten Veränderlichen liegen eingehende Untersuchungen auf Grund von 416 Beobachtungen aus den Jahren 1920—29 von E. LEINER[2]) vor, die das Vorhandensein eines periodischen Lichtwechsels mit den Elementen: Max. = J.D. 242 2855.0 + $104^d.4 \cdot E$ ergaben. Nach LEINER treten zeitweilig größere Abweichungen zwischen den beobachteten und gerechneten Epochen auf, die bis auf 25% der Periode anwachsen können und mit Unregelmäßigkeiten im Verlauf der Lichtkurve verknüpft sind. Im Jahre 1926 soll der Lichtwechsel plötzlich fast ganz erloschen sein. So konnte später E. ZINNER auf 56 photogr. Aufnahmen zwischen J.D. 242 5791 und 8781 (1929—37) nur gelegentlich noch geringe und scheinbar unregelmäßige Helligkeitsänderungen zwischen den Grenzen $11^m.5$ und $12^m.6$ feststellen. Dieses Ergebnis wird durch die folgenden 147 Beobachtungen aus der Zeit 1931 Aug. 26 bis 1939 Sept. 12 bestätigt.

Vergleichsterne

Bez.	Ort 1855.0	Gr. phm.
WX Aql	$19^h\ 41^m\ 22^s$ +3° 20'.4	var.
l	19 41.8 +3 28	$10^m.94$
z	19 42.1 +3 22	11.26

Beobachtungen

J.D.242...	Gr.	J.D.242...	Gr.	J.D.242...	Gr.	J.D.242...	Gr.	J.D.242...	Gr.	J.D.242...	Gr.
	m		m		m		m		m		m
6580.42	11.34	6624.35	11.09	6944.41	11.41	6956.40	11.36	6972.35	11.46	6998.28	11.36:
595.38	11.19	641.26	11.14	947.49	11.26	960.38	11.46	979.35	11.46	7000.26	11.41
604.39	11.29	928.44	11.40	948.34	11.11	967.37	11.31	984.32	11.48	007.24	11.38
608.34	11.29	930.44	11.41	951.44	11.26	970.41	11.46:	988.29	11.51	030.22	11.31

1) AN 211.191 (1920). — 2) AN 224.11 (1925) u. AN 239.23 (1930).

Beobachtungen (Forts.)

J.D. 242 ...	Gr.	J.D. 242 ...	Gr.	J.D. 242 ...	Gr.	J.D. 242 ...	Gr.	J.D. 242 ...	Gr.	J.D. 242 ...	Gr.
	m		m		m		m		m		m
7054.21	11.16:	7333.34	11.38	7687.47	11.46	8337.51	11.36	8751.53	11.36	9170.33	11.31
060.21	11.36:	343.31	11.41	688.48	11.46	389.44	11.36	770.38	11.26	175.32	11.26
189.54	11.36	358.31	11.41	693.33	11.41	392.48	11.38	772.38	11.26	186.28	11.36
214.48	11.26:	359.28	11.46	706.32	11.51	403.39	11.31	785.37	11.21	191.35	11.31
259.51	11.26:	372.27	11.36:	715.30	11.51	408.38	11.46	798.39	11.26	192.31	11.31
261.44	11.26:	384.23	11.41	740.28	11.41	421.35	11.38	807.33	11.36	195.36	11.31
274.42	11.11	387.22	11.46	926.53	11.41	427.40	11.46	817.34	11.36	223.27	11.38
277.44	11.14	567.53	11.26	932.52	11.26	429.39	11.41	834.26	11.36	230.22	11.26
279.50	11.21	575.50	11.38	948.48	11.41	435.47	11.41	853.23	11.26	243.20	11.36
281.47	11.21	578.50	11.41:	962.48	11.38	450.38	11.36	859.25	11.41	249.20	11.41
282.46	11.26	589.48	11.14	977.48	11.36	462.34	11.31	866.26	11.31	372.58	11.36
295.40	11.36:	599.51	11.26:	8020.45	11.44	505.23	11.38	872.23	11.36	397.47	11.31
297.46	11.36	601.44	11.26:	039.46	11.31	522.21	11.26:	998.57	11.38	403.48	11.36
305.42	11.38	605.44	11.21	068.43	11.34	524.21	11.36	9021.58	11.26	412.48	11.31
307.35	11.41	617.44	11.26:	094.24	11.36	655.57	11.26	022.53	11.36	420.48	11.26
309.35	11.36	623.51	11.21	111.24	11.38	676.48	11.38	045.50	11.26	429.51	11.26
319.32	11.26:	625.46	11.41	263.59	11.46	682.51	11.31	054.49	11.34	436.49	11.21
321.35	11.31:	653.41	11.41	272.55	11.48	691.52	11.36	087.46	11.36	519.41	11.26
324.38	11.31	655.44	11.44	280.56	11.48	694.49	11.38	155.36	11.41		
325.36	11.31	658.49	11.41	303.51	11.46	712.51	11.26:	166.38	11.26		
326.33	11.34	685.44	11.41:	306.55	11.41	750.52	11.36	167.38	11.26		

Die Helligkeit des Sterns wechselte in den Jahren 1931—39 in geringen und scheinbar ungleichmäßigen Schwankungen zwischen den Grenzen $11^{m}.1$ und $11^{m}.5$. Die von Leiner abgeleitete Periode von $P = 104^{d}.4$ war während dieser Zeit nicht nachzuweisen.

II. Veränderliche mit halbperiodischen Helligkeitsänderungen

I. halbperiodisch; halbregelmäßige Lichtkurven. (AM Pegasi-Art)

TU Aquarii

Der im Jahre 1916 von M. Wolf auf Heidelberger Platten entdeckte Veränderliche ist früher nur selten beobachtet worden. Nach G. u. L. II, 1.33 fand M. Esch einen periodischen Lichtwechsel mit den Elementen: Max. = J.D. 242 5369 + $97^{d} \cdot E$. Die im folgenden mitgeteilten 154 Beobachtungen verteilen sich über den Zeitraum 1933 Juli 23 bis 1939 Sept. 12.

Vergleichsterne

Bez.	Ort 1855.0	Gr.phm.
TU Aqr	21^{h} 0^{m} 11^{s} $+0°$ $47'.4$	var.
m	21 0.5 +0 48	$10^{m}.85$
n	20 59.9 +0 46	11.01
r	20 59.5 +0 55	11.77
p	21 0.3 +0 54	12.42
q	21 0.5 +0 53	12.75

Die Lichtkurve verläuft unter lebhaften Schwankungen mit sehr verschiedener Amplitude. In den Jahren 1933—34 pendelt die Helligkeit periodisch in der Form von glatten und symmetrischen Wellen mit Amplituden von $1^{m}.0$ bis $1^{m}.2$ zwischen den Grenzen $11^{m}.9$ und $13^{m}.1$. Während die Minima ziemlich spitz ausgebildet waren, zeigten die Maxima eine runde oder abgeflachte Gestalt. Im Jahre 1935 wuchs die Amplitude auf fast 2½ Größenklassen an. Gleichzeitig erhielten die einzelnen Wellen mit einem steilen Anstieg und mäßig geneigten Abfall eine andersgeartete, unsymmetrische Form. Das folgende Jahr 1936 brachte eine völlige Umwälzung des Lichtwechsels. Statt der ehemaligen periodischen Helligkeitsänderungen waren nur noch kleine und unregelmäßig verlaufende Wellen mit einer Amplitude von $0^{m}.7$ vorhanden. Einzelne Maxima und Minima dieses Abschnitts könnten vielleicht als Ausläufer des alten periodischen Lichtwechsels gedeutet werden. Im letzten Abschnitt der Lichtkurve (1937—39) ist wieder die periodische Folge von hohen, symmetrisch geformten Wellen mit Amplituden von $1^{m}.6$ bis $2^{m}.0$ vorhanden. Die Phasen dieses neuen Lichtwechsels erscheinen gegen früher um -23^{d} verschoben. Die Minima sind in diesem Abschnitt wieder wesentlich spitzer geformt als die Maxima. Aus der Lichtkurve wurden die auf S. 61 zusammengestellten Epochen für die Hauptphasen abgelesen.

Beobachtungen

J.D.242...	Gr.	J.D.242...	Gr.	J.D.242...	Gr.	J.D.242...	Gr.	J.D.242...	Gr.	J.D.242...	Gr.
	m		m		m		m		m		m
7277.47	12.07	7602.48	12.22	7717.40	12.77	8069.38	11.65	8422.48	12.27	8847.29	12.52
279.48	12.12	604.49	12.32	725.27	13.0	072.29	11.77	427.44	12.64	854.23	12.68
281.49	12.02	612.47	12.5	736.26	12.82	077.45	11.72	429.39	12.75	859.27	12.89
282.47	12.07	623.50	12.92	739.32	12.67	081.42	11.82	435.46	12.70	9087.50	12.01
295.46	12.20	625.49	13.07	740.28	12.67	088.27	11.91	450.43	12.15	157.36	13.7:
298.42	12.04	627.51	13.02	755.25	12.27	094.33	12.23	453.30	12.12	160.42	13.9:
305.49	12.20	657.49	12.10	962.51	11.43	095.25	12.42	462.31	12.17	166.41	13.50
307.44	12.32	658.44	11.92	984.49	11.98	097.26	12.42	474.37	12.42	167.37	13.35
324.38	13.0:	664.44	11.92	8020.49	13.31	099.27	12.37	505.25	12.68	169.42	13.35
325.33	12.82	669.43	11.92	023.43	13.75	107.32	12.75	506.29	12.75	186.27	12.20
326.36	12.87	681.44	12.00	025.47	13.75	111.26	12.9	523.24	12.6	191.35	11.99
332.51	13.07	684.34	12.02	032.44	> 13.5	122.20	13.2	524.22	12.5	192.36	11.97
333.41	13.0:	685.51	12.12	036.47	> 13.0	138.23	13.2	528.21	12.5	193.32	11.97
335.47	13.1:	687.48	12.12	038.46	13.65	306.54	13.14	545.21	12.05	223.23	12.37
336.38	13.12	689.45	12.17	039.47	13.45	321.52	12.11	750.53	12.37	230.26	12.84
342.35	12.80	691.40	12.14	044.41	13.35	328.52	12.1	752.54	12.68	245.20	> 13.0
343.34	12.84	692.38	12.14	046.38	13.15	336.51	12.50	755.52	13.04	249.23	~13.3
343.46	12.82	693.45	12.24	047.51	12.95	389.52	12.64	772.40	13.20	250.21	> 13.6
344.32	12.8	694.40	12.24	048.39	12.67	391.46	12.6	775.46	13.45	251.24	13.75:
352.40	12.6	695.37	12.27	049.43	12.48	392.48	12.65	777.48	13.35	413.53	12.3:
355.45	12.4	696.42	12.27	051.34	12.24	396.52	12.70	785.37	12.91	423.48	12.93:
358.37	12.20	706.37	12.42	053.48	11.99	403.38	12.60	787.40	12.85	428.51	13.20
359.26	12.20	708.38	12.47	055.42	11.80	405.42	12.42	801.31	12.17	436.49	> 13.3
363.40	12.22	709.31	12.42	060.35	11.62	407.55	12.42	804.38	12.20	519.38	13.0:
372.30	12.27	710.35	12.52	066.36	11.58	409.53	12.28	817.33	11.96		
384.28	12.07	715.28	12.62	068.40	11.63	420.37	12.24	834.31	12.02		

E.	Maxima J.D. 242..	Maxima Gr.	Maxima B—R		Minima J.D. 242..	Minima Gr.	Minima B—R
0	7289	12^m00	$+2^d$	Elemente	—	—	—
1	384	12.10	0	1933—35	7334	13^m09	-7^d
4	668	11.91	−7	$P = 97^d$	629	13.08	−3
5	—	—	—		728	13.01	−1
7	965	11.40	−1		—	—	—
8	8064	11.56	+1		8031	13.77	+11
9	—	—	—		132	13.61	+15
	8325	12.00	—	unregelm.	—	—	—
	415	12.10	—	Wellen	8397	12.71	(−8)
(12)	456	12.10	(+5)		432	12.77	—
(13)	—	—	—		499	12.73	(−3)
				Epochen-Verschiebung -23^d			
0	8821	11.90	+5	Elemente	8768	13.47	−2
4	9204	11.82	0	1937—39	9160	13.82	+2
5	—	—	—	$P = 97^d$	255:	13.8	0:

Die vorstehenden Phasenepochen ergeben die folgenden Elemente:

1933—35: Max. $= J. D. 242\,7287 + 97^d \cdot E$; $M - m = 46^d$.
1936: Lichtwechsel unregelmäßig.
1937—39: Max. $= J. D. 242\,8816 + 97^d \cdot E$; $M - m = 46^d$.

Grenzen des beobachteten visuellen Lichtwechsels: 11^m4—13^m8; visuelle Amplitude: 1^m0—2^m4. Spektrum: unbekannt; galaktische Breite: −29°.

Da die von M. Esch[1]) bestimmten Maxima J.D. 242 6651 und 6935 unter Zugrundelegung der Elemente für 1929 (Esch) um B—R $= +21^d$ und $+14^d$
für 1933—35 (Beyer) um +43 +36
von den gerechneten Epochen abweichen, ist anzunehmen, daß weitere Epochenverschiebungen vor 1931 Okt. um etwa $+17^d$ und zwischen 1932 Sept. und 1933 Juli um etwa -39^d stattgefunden haben.

WW Tauri

Eine ausführliche Darstellung des Lichtwechsels ist auf Grund der aus 329 Beobachtungen zwischen 1927 Okt. 20 und 1936 Okt. 8 abgeleiteten Ergebnisse bereits in AN **262**.313 (1937) gegeben worden. Danach verläuft die Lichtkurve in ziemlich glatten, aber verschieden geformten Mira-ähnlichen Wellen zwischen den Grenzen 9^m1 und 11^m9. Gegenüber den breiten und häufig in Doppelwellen aufgespaltenen

[1]) G. u. L. II, 1.33.

Maxima sind die Minima im allgemeinen wesentlich spitzer ausgebildet. Im ersten Abschnitt J.D. 242 5150 bis 6070 wechselt die Helligkeit periodisch mit den Elementen[1]): Max. = J.D. 242 5157 + $114^d \cdot E$; $M - m = 47^d$. Es folgt darauf ein kurzer Abschnitt, in dem unregelmäßige Wellen von geringer Amplitude zu einem neuen periodischen Lichtwechsel mit völlig veränderter Periode überleiten. Für diesen von J.D. 242 6250—7950 dauernden Abschnitt gelten die Elemente[1]): Max. = J.D. 242 6263 + $139^d \cdot E$; $M - m = 63^d$. Ein anschließender Abschnitt mit niedrigen überlagerten Wellen leitet abermals einen Wechsel der Periode ein. Die im folgenden mitgeteilten 55 Beobachtungen aus der Zeit 1937 Jan. 8 bis 1939 Sept. 12 zeigen die Wiederkehr des ursprünglichen Lichtwechsels mit der Periode $P = 114^d$.

Vergleichsterne s. AN 262.314 (1937).

Beobachtungen

J.D. 242...	Gr.	J.D. 242...	Gr.	J.D. 242...	Gr.	J.D. 242...	Gr.	J.D. 242...	Gr.	J.D. 242...	Gr.
	m		m		m		m		m		m
8542.32	9.71	8777.53	10.88	8866.24	9.90	8998.33	9.61	9249.43	10.94	9322.30	9.55
551.27	9.94	784.55	11.32	876.30	9.81	9160.44	9.80	261.33	10.67	325.32	9.57
571.40	10.08	798.47	11.47	905.35	11.08	166.52	9.72	274.45	9.67	327.34	9.67
601.34	9.54	806.55	11.11	923.36	11.67	175.35	9.72	280.33	9.45	328.31	9.72
615.34	9.40	816.55	10.52	926.40	11.57	186.40	9.81	293.44	9.19	332.42	9.82
626.40	9.80	822.45	10.29	935.34	11.22	193.36	9.41	301.39	9.19	340.37	9.94
751.56	9.62	840.49	9.78	946.45	10.32	222.40	9.84	311.36	9.40	354.31	10.52
765.52	10.23	854.53	9.67	949.41	10.17	234.45	10.68	315.35	9.45	363.33	11.03
775.44	10.73	859.28	9.81	979.32	9.58	243.26	10.90	321.32	9.56	372.35	11.20
										519.46	10.69

Die neuen Beobachtungen ergeben die folgenden Phasenepochen:

E	Maxima			Minima		
	J.D. 242..	Gr.	B—R	J.D. 242..	Gr.	B—R
0	8039	9^m63	-5^d	—	—	—
1	163	9.77	+5	8138	10^m29	-13^d
—	(219)	9.7	—	(190)	10.66	—
2	261	10.19	−11	244	10.33	+19
3	387:	9.3	+1:	—	—	—
4	499	9.2:	−1	434	11.13	−19
5	613	9.39	−1	567	10.09	0
7	849	9.64	+7	793	11.56	−2
8	967	9.55	+11	921	11.69	+12
—	(9171)	9.71	—	—	—	—
10	204	9.2	+20	—	—	—
11	297	9.15	−1	9249	10.95	−2
12	—	—	—	372	11.2:	+7

Elemente: 1927—30: Max. = J. D. 242 5157 + $114^d \cdot E$; $M-m = 47^d$
1930—35: Max. = 6263 + $139^d \cdot E$; $M-m = 63^d$
1935—39: Max. = 8044 + $114^d \cdot E$; $M-m = 47^d$

Es ist nicht ausgeschlossen, daß WW Tauri zu den Veränderlichen der UU Herculis-Art gehört, deren Lichtwechsel durch zwei verschiedene, einander ablösende Perioden bestimmt wird. Der bisher erst einmal beobachtete Wechsel von zwei festen Perioden läßt diese Frage einstweilen noch offen, so daß der Stern zunächst in die Gruppe der Halbperiodischen vom Typus AM Pegasi einzuordnen ist.

Grenzen des beobachteten visuellen Lichtwechsels: 8^m9—11^m8; mittlere visuelle Amplitude: 1^m7; Spektrum: K7; galaktische Breite: −19°.

EX Aquilae

Die Veränderlichkeit des Sterns wurde im Jahre 1929 von G. SHAJN auf Simeïs-Platten entdeckt und in AN 235.417 (1929) angezeigt. Nach O. MORGENROTH[2]) lassen 64 Sonneberger Platten aus der Zeit 1928 Juni 12 bis 1934 Juli 20 auf einen unregelmäßigen Lichtwechsel zwischen den photographischen Grenzen 11^m8 und 12^m8 schließen. Die folgenden 103 Beobachtungen erstrecken sich über den Zeitraum 1934 Juni 1 bis 1939 Sept. 12.

Vergleichsterne

Bez.	Ort 1855.0					Gr.phm.
EX Aql	19^h	18^m	0^s	+4°	44′	var.
w	19	18	14	+4	49.3	10^m96
s	19	17	52	+4	45.0	11.48
t	19	18	9	+4	45.6	12.02

[1]) Die gegen AN 262.313 (1937) etwas abweichenden Elemente sind die Ergebnisse einer neuen Bearbeitung.
[2]) Kl. Veröff. Berlin-Babelsberg Nr. 19.26 (1938).

Beobachtungen

J.D.242...	Gr.	J.D.242...	Gr.	J.D.242...	Gr.	J.D.242...	Gr.	J.D.242...	Gr.	J.D.242...	Gr.	J.D.242...	Gr.
	m		m		m		m		m		m		m
7590.48	11.11	7739.30	12.03	8081.41	11.63	8415.37	12.22	8756.52	11.48	9170.30	11.68
602.50	11.31	755.23	11.38	083.27	11.69	420.37	12.00	770.37	11.36	186.29	11.84
604.47	11.26	950.48	11.34	085.21	11.68	422.44	11.83	783.37	11.26	192.30	11.66
625.44	11.73	954.47	11.34	094.28	11.91	423.36	11.77	786.34	11.25	223.22	11.26
655.46	11.35	962.45	11.53	099.28	12.02	427.39	11.48	798.38	11.38	230.22	10.84
658.49	11.39	975.46	12.24	107.33	11.92	429.36	11.43	817.35	11.84	232.21	10.86:
661.47	11.54	984.45	12.14	111.28	11.84	435.40	11.31	853.23	11.34	243.20	11.13
677.39	11.90	8020.46	11.36	272.56	11.58	450.37	11.36	865.22	11.69	249.19	11.48
684.44	12.07	025.40	11.37	280.56	11.64	453.29	11.41	9020.51	11.35	364.56	11.58
689.40	11.78	032.41	11.39	303.52	11.71	462.34	11.38	022.52	11.43	372.57	11.72
693.33	11.68	036.41	11.71	306.48	11.62	506.22	11.66	041.52	11.60	397.48	11.81
696.35	11.66	044.39	11.67	321.50	12.07	655.59	11.65	045.49	11.58	403.48	11.86
706.34	11.35	049.42	11.78	333.51	11.86	682.50	11.36	053.48	11.63	412.48	11.90
709.39	11.34	051.40	11.73	389.46	11.48	694.51	11.70	054.50	11.72	420.49	11.82
715.28	11.30	060.33	11.64	403.51	11.93	703.51	11.94	087.49	11.43	429.50	11.43
717.35	11.36	068.41	11.66	408.39	12.20	714.48	12.17	157.43	11.43	436.49	11.16
736.27	11.78	069.32	11.69	410.35	12.17	751.50	11.38	167.32	11.70	493.42	11.73
												519.39	11.48

Die Lichtkurve besteht aus einer Folge von ziemlich glatten Doppelwellen von sehr verschiedener Gestalt. Neben einer zeitweilig auftretenden Ähnlichkeit mit dem RV Tauri-Typ kommen auch Formen vor, die an Mira-Kurven vom Typus β oder γ der LUDENDORFFschen Klassifikation erinnern. Die tieferen Haupt-Minima sind im allgemeinen spitz oder rund geformt und gut bestimmbar. Obgleich eine gewisse Regelmäßigkeit in der Wiederkehr der Erscheinungen deutlich hervortritt, scheint eine strenge Periodizität des Lichtwechsels nicht vorhanden zu sein. Durch eine sprunghafte Änderung der Periodenlänge ist die Lichtkurve in 2 Abschnitte gegliedert. Während die ersten 6 Doppelwellen aus der Zeit 1934 Juni 1 bis 1936 Juni 13 eine mittlere Länge von $P = 117^d$ aufweisen, ergibt sich für die restlichen 11 Doppelwellen zwischen 1936 Aug. 8 und 1939 Sept. 12 eine Periode von $P = 99^d$.

E	Haupt-Min. m_1			1. Max. M_1			Neben-Min. m_2			2. Max. M_2		
	J.D. 242..	Gr.	B—R	J.D. 242..	Gr.	B—R	J.D. 242..	Gr.	B—R	J.D. 242..	Gr.	B—R
											m	d
− 1	—	—	—	—	—	—	—	—	—	7591:	11.10	− 6:
0	7626	11^m72	0^d	7652	11^m32	− 7	7684	12^m06	-8^d	714	11.30	0
+ 1	742	—	—	—	—	—	—	—	—	—	—	—
+ 2	—	—	—	—	—	—	—	—	—	952:	11.34	+ 4:
+ 3	979	12.32	+ 2	8017	11.33	+ 7	8051	11.76	+8	8075	11.61	+10
+ 4	8101	12.05	+ 7	—	—	—	—	—	—	—	—	—
+ 5	—	—	—	—	—	—	—	—	—	292	11.50	− 7
+ 6	323	12.08	− 5	—	—	—	—	—	—	—	—	—
0	8413	12.26	− 3	8439	11.29	− 7	8457	11.43	−5	—	—	—
+ 2	—	—	—	—	—	—	—	—	—	8674	11.26	−6
+ 3	716	12.18	+ 3	745	11.32	+ 2	761	11.50	+2	785	11.24	+6
+ 4	818	11.85	+ 6	846	11.26	+ 4	—	—	—	—	—	—
+ 6	9058	11.68	—	9131:	10.9:	− 8:	gestörter Lichtwechsel					
+ 8	196	11.83	−12	234	10.82	− 4						
+10	412	11.91	+ 6	448:	11.0:	+12:	ähnlich TV And; flache Minima, spitze Maxima					
+11	503	11.80	− 2	—	—	—						

Aus den vorstehenden Phasenepochen wurden die folgenden Elemente abgeleitet:

Abschnitt I: (1934 Juni bis 1936 Juli) Haupt-Min. = J. D. 242 7626 + $117^d \cdot E$;

$M_1 - m_1 = 33^d$; $m_2 - m_1 = 66^d$; $M_2 - m_1 = 88^d$.

Abschnitt II: (1936 Aug. bis 1939 Sept.) Haupt-Min. = J. D. 242 8416 + $99^d \cdot E$;

$M_1 - m_1 = 30^d$; $m_2 - m_1 = 46^d$; $M_2 - m_1 = 66^d$.

Die in den Spalten B−R gegebenen Abweichungen zwischen den beobachteten und gerechneten Epochen liegen weit außerhalb der Beobachtungsgenauigkeit und weisen auch ihrerseits darauf hin, daß eine durchlaufende Periodizität nicht vorliegt.

Grenzen des beobachteten visuellen Lichtwechsels: 10^m8—12^m3; mittlere visuelle Amplitude: 0^m85; Spektrum: unbekannt; Farbenindex: $+1^m7$; galaktische Breite: $-5°$.

2. halbperiodisch; wenig regelmäßige Lichtkurven; mehrere feste Perioden lösen einander ab. (UU Herculis-Art)

UU Herculis

Eine zusammenfassende Darstellung der für diesen Stern veröffentlichten Beobachtungsergebnisse ist von R. PRAGER in G. u. L. II, 2.137 gegeben worden. Danach bestehen zwei Perioden von $P = 45^d$

bzw. 90^d (Doppelwellen) und $P = 72^d$, die sich von Zeit zu Zeit ablösen. Innerhalb von 35 Jahren (1899 bis 1934) haben diese Perioden achtmal miteinander gewechselt. Eine Regelmäßigkeit in der zeitlichen Folge dieses Wechsels ist nicht zu erkennen. Es fällt aber auf, daß die Zeitabschnitte mit 45- bzw. 90tägigen Helligkeitsänderungen im Mittel länger dauern als die Epochen mit 72tägiger Periode.

In der Zeit 1923 Mai 14 bis 1939 Sept. 12 wurden hier insgesamt 860 Beobachtungen des Veränderlichen erhalten, aus denen 67 Maxima und 48 Minima bestimmt werden konnten. Der erste Abschnitt dieser Beobachtungsreihe, bestehend aus 419 Helligkeitsschätzungen aus den Jahren 1923—29 (27 Maxima und 27 Minima) wurde bereits im Jahre 1930 in Erg.-Heft z. d. AN 8, C 44 veröffentlicht. Daselbst ist auf Tafel 1 auch eine bildliche Darstellung der Lichtkurve wiedergegeben. Innerhalb dieser 6 Jahre verlief der Lichtwechsel folgendermaßen:

J.D. 242 3550—3950	mehr als 9	Epochen mit $P = 45\overset{d}{.}2$;	mittl. Ampl. $0\overset{m}{.}45$
4000—4250		unperiodisch	
4250—4820	8	Epochen mit $P = 72^d$;	„ „ $0\overset{m}{.}65$
4820—5150		unperiodisch	
5150—5800	mehr als 14	Epochen mit $P = 45\overset{d}{.}2$;	„ „ $0\overset{m}{.}45$

Anschließende Beobachtungen ergeben in Übereinstimmung mit W. THEILE[1]) für die Jahre 1930—34 eine Periode von 90^d. Die Lichtkurve zeigt in diesem Abschnitt Doppelwellen, wie sie den RV Tauri-

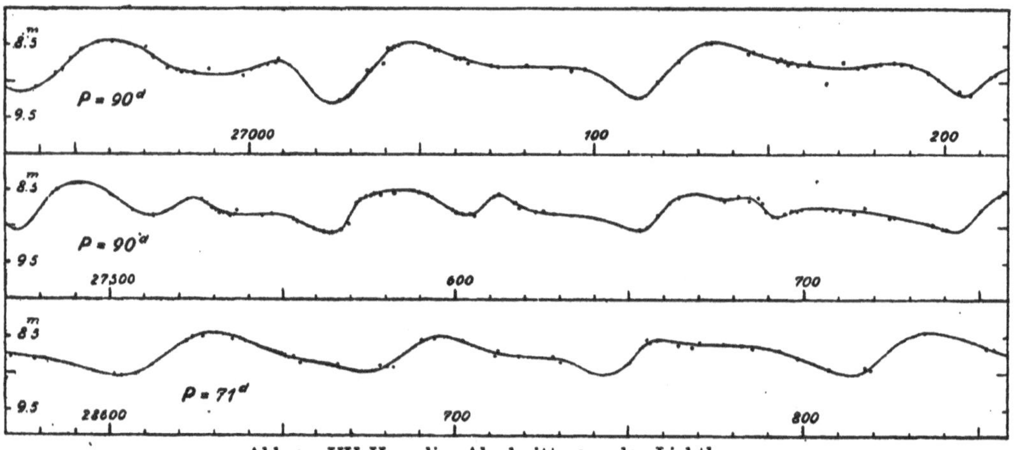

Abb. 3. UU Herculis: Abschnitte aus der Lichtkurve.

Veränderlichen eigentümlich sind. In Abständen von 90 Tagen werden tiefe Haupt-Minima gebildet. Aus diesen steigt die Helligkeit ziemlich rasch ins gut entwickelte Maximum. Die etwas vor der Mitte zwischen den Haupt-Minima liegenden Neben-Minima sind zumeist von geringerer Tiefe. Zuweilen sind sie stark abgeflacht oder sie fallen infolge einer Verkümmerung des folgenden 2. Maximums ganz aus, so daß nur noch eine langgestreckte Stufe im Lichtabstieg bestehen bleibt. In Übereinstimmung mit den echten RV Tauri-Sternen (z. B. SS Gem u. TT Oph) geht zeitweilig durch eine Vertiefung der Neben-Minima und gleichzeitige Verflachung der Haupt-Minima der Unterschied zwischen den beiden Phasen ganz verloren, wodurch für längere Zeit das Vorhandensein einer Periode von 45 Tagen vorgetäuscht wird. Dieser Zustand hat in den Jahren 1923 und 1927—29 bestanden, für die eine Periode von $P = 45\overset{d}{.}2$ abgeleitet wurde. Daß die später festgestellte Doppelperiode aber auch in früheren Zeiten aufgetreten ist, beweisen die Beobachtungsergebnisse von C. HOFFMEISTER, der in den Jahren 1914—16 eine Periode von $P = 89^d$ gefunden hat.

Die im folgenden mitgeteilten 441 Beobachtungen aus der Zeit 1930 Aug. 7 bis 1939 Sept. 12 bilden die Fortsetzung der in Erg.-Heft z. d. AN 8, C 44 veröffentlichten Reihe.

Vergleichsterne s. daselbst.

Die aus den Beobachtungen gezeichnete Lichtkurve zeigt in ihrem ersten Teil von J.D. 242 6190 bis 7900 die bereits beschriebene periodische Folge von Doppelwellen, die mit ihrem regelmäßigen Wechsel von tiefen und flachen Minima sowie in ihrem unsymmetrischen Aufbau (Lichtanstieg steiler als Abstieg) eine große Ähnlichkeit mit den Kurven der RV Tauri-Sterne besitzen. Der Lichtwechsel dieses Abschnitts wird durch die folgenden Elemente: Haupt-Min. $m_1 =$ J.D. 242 5133 + $90^d \cdot E$; $M_1 - m_1 = 20^d$; $m_2 - m_1 = 40^d$; $M_2 - m_1 = 52^d$ bestimmt, denen auch die in Erg.-Heft z. d. AN 8, C 46 aufgeführten 6 Maxima und 8 Minima aus der Zeit J.D. 242 5160—5790 genügen, obgleich seinerzeit die wechselnde Tiefe der Minima noch nicht ausgeprägt war. Somit umfaßt dieser Abschnitt von J.D. 242 5160—7900 (1927 Okt. bis 1935 April) 30 Epochen mit einer Periode von 90^d. Nach einem kurzen Übergang mit unregelmäßigen Schwankungen und einem kurzen Zeitabschnitt mit fast konstanter Helligkeit (J.D. 242 8024 bis 8086: $8\overset{m}{.}80$) setzt J.D. 242 8086 der 72tägige Lichtwechsel ein. Die Lichtkurve besteht nunmehr aus einer periodischen Folge von ziemlich flachen Wellen, die durch einen steileren Anstieg

[1]) AN 248.33 (1933) und 251.271 (1934).

Beobachtungen

J.D.242...	Gr.	J.D.242...	Gr.	J.D.242...	Gr.	J.D.242...	Gr.	J.D.242...	Gr.	J.D.242...	Gr.
	m		m		m		m		m		m
6196.39	8.86	7152.47	8.72	7559.40	9.02	7919.46	8.58	8408.36	8.53	8998.40	8.72
209.35	9.01	153.41	8.68	562.41	9.06	924.38	8.67	409.37	8.54	9008.40	8.88
214.35	8.97	154.39	8.72	564.52	9.08	926.45	8.67	410.35	8.54	015.37	8.93
215.35	8.98	155.44	8.77	567.46	9.04	928.36	8.63	414.45	8.55	018.43	9.05
217.33	8.95	156.48	8.72	569.45	8.98	931.39	8.58	415.34	8.58	020.40	9.01
235.35	8.83	158.51	8.78	571.38	8.67	934.38	8.72	419.31	8.58	026.43	8.97
237.32	8.88	161.50	8.72	572.40	8.63	941.43	8.67	420.40	8.57	030.41	8.88
246.32	8.85	171.43	8.72	574.38	8.58	945.44	8.72	422.46	8.63	038.44	8.67
250.30	8.84	175.44	8.81	575.44	8.59	948.41	8.77	424.47	8.62	041.41	8.57
251.31	8.82	177.46	8.79	576.43	8.55	952.46	8.79	427.36	8.65	045.42	8.58
264.29	8.67	180.45	8.77	578.44	8.57	960.42	8.86	428.38	8.59	053.44	8.54
275.29	8.82	181.41	8.75	582.44	8.55	963.42	8.85	429.38	8.59	054.42	8.58
440.42	8.64	185.53	8.73	588.41	8.50	970.46	8.82	435.45	8.72	062.43	8.62
447.41	8.67	187.44	8.76	589.42	8.53	975.44	8.67	450.37	8.82	087.42	8.83
456.37	8.67	190.39	8.76	592.46	8.58	982.47	8.58:	453.27	8.91	155.34	8.59
467.42	8.90	195.40	8.88	593.43	8.59	984.46	8.55	462.31	8.90	160.32	8.72
475.42	9.10	204.37	9.13	599.42	8.77	987.43	8.57	471.34	8.83	166.39	8.72
478.53	9.09	207.40	9.19	600.47	8.80	8001.38	8.87:	505.26	8.82	169.31	8.73
485.44	8.95	213.38	8.92	602.43	8.83	017.42	8.82	506.27	8.82	174.33	8.77
580.36	8.89	214.42	8.91	604.42	8.83	020.58	8.82	522.24	8.92	186.25	8.82
582.40	8.77	259.46	8.82	605.47	8.86	023.44	8.77	524.24	8.90	191.34	8.94
595.35	8.67	261.53	8.80	611.43	8.57	032.40	8.79	542.56	8.88	192.32	8.96
609.32	8.71	263.48	8.83	612.43	8.55	036.36	8.77	571.51	8.79	195.25	8.96
626.28	8.48	273.42	8.62	617.42	8.67	044.33	8.80	578.53	8.82	205.34	9.03
628.26	8.55	274.47	8.67	618.44	8.75	048.40	8.77	601.45	9.01	223.20	8.55
641.24	8.82	277.45	8.77	623.43	8.80	055.33	8.79	603.50	9.04	230.24	8.54
929.44	9.09	279.40	8.77	625.53	8.79	060.39	8.75	607.45	9.02	232.19	8.54
938.39	9.07	281.43	8.86	628.42	8.83	068.31	8.82	622.50	8.57	243.21	8.83
944.38	8.88	282.46	8.96	653.39	9.04	072.36	8.79	623.53	8.51	249.20	8.83
946.42	8.83	295.38	9.06	655.42	9.01	081.29	8.79	626.41	8.51	258.20	8.80
948.41	8.69	297.45	9.08	658.43	8.85	083.31	8.82	635.51	8.54	261.21	8.82
951.41	8.56	298.39	9.09	661.42	8.67	085.26	8.82	637.47	8.53	293.51	8.84
956.36	8.46	305.43	8.83	664.43	8.60	094.32	8.89	653.53	8.78	308.56	8.54
960.39	8.46	307.38	8.67	669.36	8.77	099.23	8.82	655.36	8.88	322.47	8.80
967.34	8.53	309.37	8.58	676.35	8.62	111.25	8.72	666.54	8.88	332.39	8.93
970.39	8.53	319.33	8.50	677.35	8.65	122.21	8.77	678.41	8.90	333.41	8.98
972.33	8.67	320.34	8.51	681.43	8.58	138.22	8.62	680.45	8.91	334.59	9.01
976.36	8.82	321.33	8.55	684.36	8.65	145.24	8.77	682.42	8.93	338.39	9.02
979.35	8.84	324.36	8.59	687.42	8.59	180.53	8.79	690.51	8.55	340.41	9.09
980.34	8.89	325.34	8.67	688.50	8.67	187.57	8.82	694.42	8.54	341.39	9.08
984.33	8.88	333.32	8.82	689.42	8.80	203.49	8.67	702.50	8.57	346.46	9.05
988.29	8.82	335.31	8.84	691.34	8.88	204.53	8.67	711.52	8.77	354.44	8.83
998.26	8.93	340.31	8.86	692.37	8.87	205.48	8.65	712.49	8.69	355.43	8.73
7000.25	8.84	342.28	8.79	694.31	8.83	213.53	8.72	718.52	8.77	361.35	8.53:
005.27	8.77	343.29	8.72	696.34	8.77	228.44	8.83	728.38	8.77	363.50	8.51
007.23	8.75	344.30	8.65	698.36	8.79	244.39	8.90	730.50	8.86	364.49	8.48
008.26	8.69	345.28	8.58	699.31	8.77	247.42	8.88	750.48	8.85	366.40	8.48
026.25	9.26	352.32	8.70	706.30	8.77	248.48	8.90	755.51	8.54	371.37	8.55
030.21	9.14	355.27	8.69	708.28	8.77	254.43	8.84	756.53	8.59	374.46	8.53
034.21	8.84	356.25	8.72	710.36	8.79	263.60	8.84	758.51	8.55	379.46	8.55
039.22	8.76	358.33	8.77	714.29	8.81	267.42	8.67	764.43	8.62	381.41	8.67
040.22	8.54	359.27	8.82	717.29	8.73	268.39	8.72	768.41	8.65	386.44	8.67
041.20	8.55	365.27	8.85	724.26	8.89	271.52	8.67	770.39	8.58	389.39	8.72
042.21	8.53	368.32	8.90	725.26	8.88	278.40	8.67	777.48	8.59	391.48	8.72
043.23	8.51	372.25	8.98	736.22	8.98	282.36	8.67	782.45	8.62	396.43	8.67
052.20	8.53	384.22	9.11	739.22	9.03	290.39	8.77	785.40	8.67	397.44	8.67
054.24	8.58	399.22	8.73	740.24	9.02	300.38	8.75	793.38	8.69	400.44	8.72
055.20	8.57	483.46	8.55	750.24	8.77	303.49	8.77	798.34	8.80	404.46	8.72
060.20	8.69	484.43	8.51	755.20	8.57	305.56	8.79	807.32	8.95	410.42	8.77
061.19	8.67	506.44	8.79	765.25	8.67	320.55	8.84	817.30	8.92	412.42	8.72
062.21	8.67	512.39	8.86	840.57	8.57	325.47	8.83	819.32	8.96	414.43	8.72
063.19	8.76	526.51	8.63	841.46	8.55	328.53	8.79	834.24	8.44	416.44	8.75
070.59	8.78	529.38	8.75	858.46	8.88	333.47	8.79	852.22	8.67	417.45	8.82
072.20	8.81	530.42	8.77	865.44	8.92	338.50	8.65	854.22	8.67	420.46	8.80
080.20	8.79	531.43	8.82	866.48	8.91	347.53	8.62	923.54	8.61	422.50	8.84
087.22	8.82	532.46	8.82	870.47	8.86	353.45	8.59	926.56	8.51	425.43	8.72
093.62	8.85	533.40	8.82	872.48	8.85	356.42	8.67	935.56	8.72	428.49	8.92
097.48	8.83	534.37	8.86	875.46	8.82	361.45	8.77	946.54	8.91	429.48	8.97
118.48	9.00	535.44	8.84	889.42	8.72	367.48	8.72	955.59	8.90	436.45	8.96
124.48	8.72	536.41	8.77	899.48	8.83	377.48	8.84	969.48	8.80	492.40	8.84
132.48	8.46	543.46	8.86	906.40	8.82	389.39	8.77	978.43	8.46	519.33	9.24
133.49	8.46	546.37	8.82	913.39	8.75	396.53	8.89	980.49	8.48		
144.43	8.62	553.51	8.90	916.44	8.73	403.38	8.72	990.45	8.55		
145.43	8.59	554.42	8.94	918.49	8.62	405.38	8.65	993.44	8.67		

zum Maximum charakterisiert sind. Innerhalb dieses 15 Epochen umfassenden Abschnitts J.D. 242 8086 bis 9100 (1935 Okt. bis 1938 Juli) gelten die Elemente: Min. = J.D. 242 7962 + $71^d \cdot E$; $M - m = 26^d$. Die mittlere Periode ist in diesem Abschnitt um einen Tag kleiner als früher. Von J.D. 242 9150 ab ist deutlich eine Überleitung zur alten 90tägigen Periode zu erkennen. Leider ist nur ein kurzer Teil dieses Abschnitts erfaßt, der mit etwa J.D. 242 9320 (1939 Febr.) beginnt. Die durch zahlreiche Beobachtungen gut gesicherten Kurven weisen infolge einer Verkümmerung des Neben-Minimums und des damit verbundenen Fehlens des 2. Maximums einen längeren Stillstand der Helligkeitsabnahme im Lichtabstieg auf.

Zusammenstellung der beobachteten Hauptphasen

(Fortsetzung von Erg. Heft z. d. AN Bd. 8, C 46).

Lichtwechsel mit Periode $P = 90^d$.

Elemente: m_1 = J. D. 242 5133 + $90^d \cdot E$; $M_1 - m_1 = 20^d$; $m_2 - m_1 = 40^d$; $M_2 - m_1 = 52^d$.

E	Haupt-Min. m_1			1. Max. M_1			Neben-Min. m_2			2. Max. M_2		
	J.D. 242..	Gr.	B—R	J.D. 242..	Gr.	B—R	J.D. 242..	Gr.	B—R	J.D. 242..	Gr.	B—R
		m			m			m			m	
12	6210	9.00	-3^d	6228	8.79	-5^d	6242	8.87	-11^d	6265	8.67	0^d
14	—	—	—	—	—	—	—	—	—	447	8.64	−2
15	478	9.11	−5	—	—	—	—	—	—	—	—	—
16	574	9.2	+1	590	8.62	−3	604	8.75	−9	622	8.45	−3
20	934	9.13	+1	961	8.42	+8	988	8.90	+15	7007	8.73	+22
21	7025	9.28	+2	7046	8.45	+3	unentwickelt, langer Stillstand im Lichtanstieg					
22	113	9.14	0	135	8.45	+2	"		"	"	"	"
23	207	9.18	+4	—	—	—	—	—	—	7272	8.61	+17
24	295	9.10	+2	315	8.44	+2	7338	8.88	+5	348	8.58	+3
25	386	9.11	+3	405:	8.5	+2:	—	—	—	—	—	—
26	—	—	—	489	8.45	−4	512	8.85	−1	523	8.58	−2
27	564	9.07	+1	584	8.50	+1	604	8.85	+1	613	8.58	−2
28	650	9.10	−3	668	8.57	−5	694	8.88	+1	708	8.73	+3
29	740	9.02	−3	759	8.54	−4	—	—	—	—	—	—
30	—	—	—	—	—	—	865	8.92	−8	886	8.71	+1

Lichtwechsel mit Periode $P = 71^d$.

Elemente: Min. = J. D. 2427962 + $71^d \cdot E$; $M - m = 26^d$.

E	Max. M				Min. m		
	J.D. 242..	Gr.	B—R		J.D. 242..	Gr.	B—R
		m				m	
—	7929	8.59	—	Übergang	7903	8.84	—
0	984	8.55	-4^d	zur Periode $P = 71^d$	962	8.86	0^d
1	8055:	8.78	−4:		8008	8.90	—
2	134	8.64	+4		097	8.85	−7
3	205	8.66	+4		169	8.84	−6
4	277	8.66	+5		244	8.90	−2
5	348	8.59	+5		321	8.85	+4
6	411	8.53	−3		391	8.90	+3
7	488	8.70	+3		462	8.91	+3
8	561	8.78	+5		531	8.92	+1
9	630	8.46	+3		605	9.04	+4
10	696	8.50	−2		672	8.95	0
11	760	8.55	−9		743	8.97	0
12	836	8.44	−4		814	9.00	0
14	983	8.41	+1		956	8.94	0
15	9050	8.52	−3		9021	9.03	−6
—	227	8.48	—	Übergang mit	9203	9.03	—
—	307	8.54	—	unregelm. Wellen	284	9.00	—

Lichtwechsel mit Periode $P = 90^d$.

Elemente: m_1 = J. D. 2429343 + $90^d \cdot E$.

E	Haupt-Min. m_1			1. Max. M_1			Neben-Min. m_2 2. Max. M_2
	J.D. 242..	Gr.	B—R	J.D. 242..	Gr.	B—R	
		m			m		
0	9343	9.08	0^d	9367	8.46	$+4^d$	unentwickelt, langer Stillstand im Lichtabstieg
1	434	8.99	+1	—	—	—	" " " " "
2	520:	9.24	−3:	—	—	—	" " " " "

Grenzen der Helligkeitsänderungen (vis.) $8^m\!.4$—$9^m\!.3$; mittlere visuelle Amplitude für $P = 90^d$: $0^m\!.65$ ($0^m\!.3$—$0^m\!.8$), für $P = 71^d$: $0^m\!.40$ ($0^m\!.2$—$0^m\!.6$).

Spektrum: cF8; galaktische Breite: $+42^d$.

V Lyncis

Dieser gleichfalls zur Gruppe der sehr seltenen Veränderlichen mit mehreren, nebeneinander bestehenden Perioden gehörende Stern ist hier in der Zeit 1923 Sept. 17 bis 1929 Okt. 15 und 1932 Nov. 28 bis 1939 Sept. 12 beobachtet worden. Von den insgesamt 734 Helligkeitsschätzungen sind 382 Beobachtungen aus den Jahren 1923—29 sowie die daraus abgeleiteten Ergebnisse bereits in Erg.-Heft z. d. AN **8**, C 46 (1930) veröffentlicht. Die seinerzeit erhaltene Lichtkurve zeigt einen wenig regelmäßigen Aufbau. Lebhafte Schwankungen zwischen den Grenzen $8^m\!.6$ und $9^m\!.8$ sind von sekundären Wellen überlagert, die zeitweilig die Oberhand gewinnen und das Bild der Kurve entstellen. Daneben ist auch die mittlere Helligkeit des Veränderlichen geringen Schwankungen von längerer Dauer unterworfen. Trotz dieser Unregelmäßigkeiten tritt aber der periodische Ablauf des Haupt-Lichtwechsels überall unverkennbar hervor. Für den ersten Zeitabschnitt 1923 Sept. bis 1926 Mai (J.D. 242 3680—4650) konnten 9 Maxima und 8 Minima neben mehreren Nebenphasen bestimmt werden, die sich sehr gut durch eine Periode von $P = 87^d\!.1$ darstellen lassen. Wesentlich unklarer liegen die Verhältnisse im restlichen Teil der Lichtkurve. Die Untersuchung der für diesen Zeitabschnitt (1926 Aug. bis 1929 Okt.) bestimmten 14 Maxima und 14 Minima ergaben 1930 das Vorhandensein von 2 oder 3 nebeneinander laufenden Zyklen mit einer Periode von $P = 54^d\!.2$. Eine erneute Bearbeitung der Beobachtungen zeigt jedoch, daß die am Schluß dieses Abschnitts aufgetretenen 5 Maximum-Epochen zwischen 1928 Okt. und 1929 Okt. zwanglos durch eine Periode von 87 Tagen darzustellen sind (Elemente: Max. = J.D. 242 5522 + 87 $\cdot E$). Für die restlichen 9 Maxima und 9 Minima aus dem Zeitraum 1926 Okt. bis 1928 Sept. kann das Bestehen der 1930 gefundenen Zyklen mit einer Periode von 54.2 Tagen möglich sein. Man erhält aber auch eine leidlich befriedigende Darstellung mit den Elementen Max. = J.D. 242 4847 + 78 $\cdot E$; $M - m = 26^d$. Da die Frage nach der Zugehörigkeit dieses Sterns zum Typus UU Herculis zunächst noch zweifelhaft war und eine Bestätigung der vorstehenden Periodenwerte wünschenswert erschien, wurde V Lyncis im Jahre 1932 abermals auf das Beobachtungsprogramm gesetzt. In der Zeit von 1932 Nov. 28 bis 1939 Sept. 12 wurden weitere 352 Beobachtungen des Veränderlichen erhalten.

Vergleichsterne s. Erg. Heft z. d. AN **8**, C 47 (1930).

Beobachtungen

J.D.242...	Gr.	J.D.242...	Gr.	J.D.242...	Gr.	J.D.242...	Gr.	J.D.242...	Gr.	J.D.242...	Gr.
	m		m		m		m		m		m
7040.22	9.30	7153.46	9.10	7352.44	9.27	7578.43	9.27	7715.34	9.15	7945.42	8.90
041.27	9.31	154.38	9.16	358.35	9.35	582.43	9.18	717.46	9.10	948.42	8.79
042.23	9.31	155.43	9.08	359.35	9.31	588.43	8.87	724.33	9.21	951.44	8.72
043.25	9.32	156.46	9.04	363.42	9.42	589.42	8.87	728.34	9.27	953.42	8.65
052.40	9.54	159.47	8.95	368.46	9.53	593.45	8.81	736.29	9.21	962.42	8.68
055.25	9.53	161.49	8.90	372.32	9.56	599.45	8.65	739.24	9.29	970.44	8.87
059.27	9.61	171.43	8.90	384.41	9.69	600.45	8.68	740.37	9.26	977.44	8.94
060.36	9.51	177.39	8.83	460.27	8.95	602.44	8.62	743.41	9.29	985.44	9.10
061.26	9.61	180.40	8.83	470.27	9.18	604.45	8.66	755.29	9.29	8020.51	9.33
062.37	9.64	181.37	8.87	482.41	9.31	612.46	8.65	765.33	9.05	023.55	9.33
063.24	9.62	185.51	8.87	483.27	9.33	617.45	8.71	781.25	8.89	032.43	8.95
065.29	9.64	189.51	8.88	484.45	9.34	618.51	8.69	832.46	9.49	033.48	8.95
068.29	9.59	195.40	8.95	506.36	8.95	623.51	8.79	840.56	9.52	036.44	8.87
070.58	9.62	204.38	9.05	512.36	8.90	627.43	8.90	841.42	9.49	044.43	8.87
072.30	9.63	213.41	9.33	513.43	8.95	653.40	9.27	843.40	9.44	047.51	8.95
075.33	9.65	260.51	9.44	529.39	9.33	657.53	9.29	855.36	9.33	051.42	8.95
078.27	9.67	262.48	9.44	530.39	9.38	658.52	9.29	858.37	9.29	053.50	8.95
083.25	9.61	273.51	9.39	531.46	9.38	664.46	9.33	860.50	9.27	055.49	9.02
087.37	9.53	277.49	9.33	532.47	9.44	669.41	9.15	865.36	9.25	060.41	8.95
093.61	9.44	281.53	9.40	533.38	9.44	676.38	8.98	867.45	9.21	066.45	9.00
094.29	9.39	297.48	9.34	534.40	9.44	677.36	8.90	870.41	9.10	069.53	9.00
095.27	9.40	299.53	9.34	535.37	9.49	681.45	8.90	872.47	9.16	075.39	8.98
098.25	9.27	305.46	9.29	543.47	9.58	683.52	8.92	875.46	9.10	077.49	9.08
118.47	9.33	307.52	9.35	546.37	9.60	684.47	8.90	889.43	8.98	081.54	9.15
123.46	9.32	320.39	9.34	553.49	9.56	687.54	8.90	899.36	9.10	083.40	9.24
131.41	9.44	325.44	9.37	554.38	9.56	689.50	8.80	906.36	9.22	086.40	9.34
132.44	9.36	332.59	9.29	559.39	9.55	692.39	8.80	916.36	9.21	088.50	9.32
133.48	9.34	335.50	9.22	562.39	9.56	694.42	8.82	919.41	9.21	095.33	9.32
137.34	9.39	336.37	9.25	567.41	9.55	696.52	8.80	924.39	9.25	108.33	9.23
144.41	9.34	339.50	9.25	569.45	9.44	706.36	8.83	926.40	9.25	111.45	9.16
145.38	9.36	342.36	9.27	572.45	9.36	708.45	8.90	931.40	9.22	121.36	8.85
152.45	9.21	348.54	9.32	575.43	9.33	710.44	8.96	934.38	9.10	140.27	9.08

Beobachtungen (Forts.)

J.D.242...	Gr.	J.D.242...	Gr.	J.D.242...	Gr.	J.D.242...	Gr.	J.D.242...	Gr.	J.D.242...	Gr.
	m		m		m		m		m		m
8145.27	9.00	8389.54	8.83	8551.26	8.90	8865.46	9.15	9186.40	9.34	9330.35	9.21
163.46	9.31	391.53	8.82	571.42	8.92	876.29	9.53	191.35	9.36	332.32	9.08
171.26	9.31	396.54	8.88	578.41	8.95	890.26	9.59	205.35	9.36	338.38	8.87
180.39	9.29	403.49	8.89	590.40	9.22	905.32	9.52	222.40	9.26	340.36	8.87
182.23	9.27	409.46	8.94	601.36	9.21	923.32	9.10	234.44	9.33	344.37	8.75
187.52	9.29	415.39	8.94	622.50	8.83	935.27	8.98	235.36	9.32	346.44	8.79
203.44	8.85	422.48	9.05	624.32	8.84	946.44	9.29	243.26	9.21	354.37	8.83
204.45	8.87	423.44	9.10	637.43	8.76	949.40	9.36	245.21	9.10	355.33	8.87
205.47	8.89	425.36	8.95	654.37	9.00	965.35	9.53	249.39	9.05	361.33	9.16
228.40	8.92	426.46	9.02	677.41	8.95	978.42	9.52	250.35	9.00	366.38	9.21
237.31	9.16	427.52	9.10	686.49	8.98	990.47	9.55	261.33	8.88	371.36	9.25
244.35	9.20	435.43	9.00	691.44	9.02	998.36	9.55	274.23	8.91	374.46	9.29
247.36	9.25	440.46	8.95	750.48	9.27	9008.39	9.23	279.24	8.93	379.43	9.34
254.34	9.38	449.43	8.92	756.55	9.27	013.38	9.08	289.50	9.24	381.43	9.34
266.53	9.31	462.36	8.98	765.48	9.21	018.36	9.05	293.44	9.48	388.40	9.44
267.39	9.34	474.47	9.20	770.46	9.12	020.37	8.98	301.29	9.84	397.42	9.27
271.34	9.33	479.41	9.21	777.53	9.18	026.41	9.02	308.49	9.81	400.42	9.27
278.39	9.21	489.40	9.21	782.45	9.16	038.43	9.55	311.36	9.91	410.43	9.05
282.36	9.21	493.37	9.10	784.55	9.24	045.43	9.60	315.39	9.66	412.41	8.94
290.42	9.23	505.34	8.95	798.41	9.24	054.41	9.62	317.39	9.60	414.43	8.91
304.51	9.33	506.30	8.98	807.45	9.27	062.42	9.60	321.37	9.49	420.42	8.85
306.41	9.39	512.34	8.95	816.55	9.27	155.39	9.49	322.42	9.49	422.44	8.80
321.43	9.39	517.41	8.95	822.48	9.31	157.42	9.39	325.36	9.42	425.42	8.80
328.50	9.25	522.35	8.98	830.46	9.29	160.48	9.44	326.39	9.33	430.42	8.81
337.49	9.27	524.26	8.98	840.52	9.10	166.45	9.33	327.35	9.32	519.46	9.19
355.45	8.92	528.26	9.10	854.52	9.05	169.44	9.29	328.33	9.29		
362.48	9.33	534.22	9.10	859.28	9.05	174.34	9.29	329.38	9.25		

Die graphische Darstellung der vorstehenden neuen Beobachtungen ergibt sehr glatte Wellen, die aber in Gestalt und Amplitude stark voneinander abweichen. Die früher häufig vorhandenen sekundären Wellen und Aufspaltungen der Hauptphasen treten nur noch vereinzelt und zu den Zeiten des Periodenwechsels auf. Dagegen sind die langsamen Schwankungen der mittleren Helligkeit des Veränderlichen in vollem Umfange erhalten geblieben. Sie verlaufen unregelmäßig in langgestreckten Wellen von 300—800 Tagen zwischen den Grenzen $8^{m}9$ und $9^{m}5$. Die Maxima und Minima der mittleren Helligkeit traten ungefähr zu folgenden Zeiten ein:

Änderungen der mittleren Helligkeit

Maxima	Gr.	Minima	Gr.
	m		m
J.D. 242 7190	9.1	7050	9.4
650	9.0	370	9.4
960	8.9	860	9.3
8630	8.9	8300	9.3
—	—	9130	9.5

Im Abschnitt 1932 Nov. bis 1936 März (J.D. 242 7040 bis 8260) verläuft der Haupt-Lichtwechsel mit einer Periode von 86 Tagen, wobei die einzelnen Abstände der Hauptphasen zwischen 62 und 105 Tagen schwanken. Die Amplituden wechseln von $0^{m}1$ bis $1^{m}0$ und betragen im Mittel etwa $0^{m}6$. Zuweilen ist ein regelmäßiger Wechsel von flachen und tiefen Minima vorhanden, der aber nur für kürzere Abschnitte erhalten bleibt. Es ist nicht ausgeschlossen, daß die zeitweilig auftretende, starke Verflachung einzelner Minima unter diesen Umständen eine Verdopplung der Periodenlänge vortäuschen kann. Hierauf sind vielleicht die abweichenden Ergebnisse von M. Luizet zurückzuführen, der aus Beobachtungen in den Jahren 1908—13 eine Periode von $P = 163^{d}4$ abgeleitet hat.

Mit dem Minimum der Epoche 14 (J.D. 242 8259) setzt im April 1936 sprunghaft ein andersgearteter Lichtwechsel mit ziemlich glatten, RV Tauri-ähnlichen Wellen und einer Periode von $P = 55^{d}$ (Länge der Einzelwellen) ein, der bis 1937 März (J.D. 242 8600) fortgeführt wird. Die Amplitude ist in diesem Abschnitt mit dem mittleren Betrag von $0^{m}35$ (Schwankungen zwischen $0^{m}2$ und $0^{m}5$) wesentlich geringer als vorher. Die Zwischenzeiten der aufeinander folgenden Hauptphasen weichen nur wenig von der Periode ab. In der Zeit J. D. 242 8600—8750 (1937 März bis Aug.) treten Störungen des Lichtwechsels auf, die wahrscheinlich durch eine Überlagerung mit der neu auflebenden längeren Periode von $P = 86^{d}$ verursacht werden. Jedenfalls ragen aus der sehr flachen Lichtkurve einige Höcker hervor, die als Maxima der wiederkehrenden 86tägigen Periode zu deuten sind. Von J.D. 242 8750 (1937 Aug.) ab verlaufen die Helligkeitsänderungen wieder in der oben beschriebenen Weise mit einer Periode von

$P = 86^d$. Eine Unregelmäßigkeit tritt in der 2. Hälfte des Jahres 1938 (J.D. 242 9070—9230) in der Gestalt von kurzen, flachen Wellen auf, die eine Verkümmerung des Maximums J.D. 242 9175 hervorrufen und einen Epochensprung von -20^d zur Folge haben. Am Schluß der Beobachtungsreihe J.D. 242 9230—9430) im Jahre 1939 verläuft der Lichtwechsel äußerst lebhaft und erreicht bei einer Periode von 86 Tagen eine Amplitude von 1^m15.

Zusammenstellung der beobachteten Hauptphasen

(Fortsetzung v. Erg. Heft z. d. AN Bd. 8, C 49).

Lichtwechsel mit Periode $P = 86^d$.

Elemente: Max. = J. D. 242 7095 + $86^d \cdot E$; $M-m = 38^d$.

E	Maxima J.D. 242..	Gr.	B—R		Minima J.D. 242..	Gr.	B—R
		m				m	
0	7108	9.16	$+13^d$		7074	9.67	$+17^d$
1	176	8.82	− 5		136	9.40	− 7
2	—	—	—		235:	9.6	+ 6:
3	342	9.24	−11		318	9.37	+ 3
4	—	—	—	$P = 86^d$	388	9.7	−13
5	511	8.92	−14		485	9.33	− 2
6	607	8.61	− 4		553	9.60	−20
7	696	8.78	− 1		658	9.31	− 1
8	787	8.85	+ 4		743	9.29	− 2
9	887	8.95	+18		838	9.50	+ 7
10	957	8.63	+ 2		923	9.26	+ 6
11	8040	8.85	− 1		8008	9.56	+ 5
12	128	8.74	+ 1		096	9.37	+ 7
13	216	8.77	+ 3		174	9.34	− 1
14	—	—	—		259	9.40	− 2

Sprunghafter Wechsel der Periode von $P = 86^d$ auf $P = 55^d$.

Elemente: Max. = J. D. 242 8343 + $55^d \cdot E$; $M-m = 26^d$.

E	Maxima J.D. 242..	Gr.	B—R		Minima J.D. 242..	Gr.	B—R
0	8287	9^m19	-1^d		—	—	—
1	347:	9.05	+4:		8315	9^m47	-2^d
2	395	8.83	−3		369:	9.30	−3:
3	451	8.91	−2	$P = 55^d$	428	9.04	+1
4	512	8.93	+4		484	9.25	+2
5	562	8.86	−1		536	9.12	−1
6	—	—	—		596	9.27	+4
	Übergang zur Periode $P = 86^d$.						
—	8634	8.76	—		8661	9.05	—

Lichtwechsel mit Periode $P = 86^d$.

Elemente: Max. = J.D. 242 8680 + $86^d \cdot E$; $M-m = 43^d$.

E	Maxima J.D. 242..	Gr.	B—R		Minima J.D. 242..	Gr.	B—R
0	8681	8^m94	$+1^d$		—	—	—
1	774	9.14	+8		8738:	9^m3	-13^d:
2	853	8.98	+1		817	9.30	+10
3	932	8.93	−6	$P = 86^d$	892	9.60	− 1
4	9021	8.99	−3		982	9.56	+ 3
	flache Wellen mit Epochensprung -20^d						
6	175	9.29	−1		—	—	—
7	268	8.85	+6		9216	9.38	− 1
8	348	8.74	0		306	9.90	+ 3
9	429:	8.79	−5:		389	9.42	0

Die Wiederkehr einer Periode von 55 Tagen im Zeitabschnitt 1936 März bis 1937 März bestätigt die Richtigkeit des früher für den Abschnitt 1926 Okt. bis 1928 Sept. abgeleiteten Werts von $P = 54^d2$. Im Gegensatz zu den früheren Beobachtungen wurde die Periode diesmal gut innegehalten. Daneben war ein regelmäßiger Wechsel von flachen und tiefen Minima vorhanden, der einen RV Tauri-ähnlichen Lichtwechsel ergab. Die aus den einzelnen kurzen Beobachtungs-Abschnitten abgeleiteten Periodenwerte können in Anbetracht der zuweilen auftretenden Unregelmäßigkeiten des Lichtwechsels nur als Mittelwerte betrachtet werden, die innerhalb gewisser Grenzen unsicher sind. Man kann daher aus den geringen Abweichungen der Ergebnisse keine Schlüsse auf eine möglicherweise vorhandene Veränderlichkeit der einzelnen Perioden ziehen. Die bisher erhaltenen Beobachtungen ergeben das folgende Bild:

Zeitabschnitt	Periode	mittl. Ampl.	Zahl der Epochen
	d	m	
1923 Sept. bis 1926 Aug.	87.1	0.6	>13
1926 Okt. ,, 1928 Sept.	54.2	0.45	10
1928 Okt. ,, 1929 Okt.	87	0.6	> 5
1932 Nov. ,, 1936 März	86	0.60	>14
1936 März ,, 1937 März	55	0.35	6
1937 Mai ,, 1939 Sept.	86	0.70	> 9

Legt man für die Abschnitte mit RV Tauri-ähnlichen Wellen — wie bei UU Herculis — den doppelten Periodenwert zugrunde, so bestehen bei V Lyncis die folgenden mittleren Perioden:

lange Abschnitte mit $P = 86^{d}6$

kurze RV Tauri-ähnliche Abschnitte mit $2P = 109.2$

Das Verhältnis der Periodenlängen 4 : 5 stimmt mit dem bei UU Herculis gefundenen genau überein.

Grenzen des visuellen Lichtwechsels: $8^{m}6$–$9^{m}9$; Spektrum: unbekannt; Farbenklasse: k5; galaktische Breite: +20°.

3. halbperiodisch; unregelmäßige Lichtkurven (AF Cygni-Art)

FK Lyrae

Bei dem von C. HOFFMEISTER[1]) auf Sonneberger Platten entdeckten Veränderlichen hat M. ZVEREV[2]) das Vorhandensein eines halbregelmäßigen Lichtwechsels mit einer Periode von etwa 43 Tagen festgestellt. In der Zeit von 1938 Sept. 24 bis 1939 Juni 21 wurden hier die folgenden 27 Beobachtungen erhalten.

Vergleichsterne

Bez.	Ort 1855.0		angen. Gr.*)
FK Lyr	$19^{h}\ 4^{m}\ 42^{s}$	+27° 24'.3	var.
a	19 4.9	+27 28	$11^{m}32$
b	19 4.5	+27 20	11.41
c	19 4.7	+27 21	12.02

*) durch Schätzung an HA 70 angeschlossen.

Beobachtungen

J.D. 242...	Gr.	J.D. 242...	Gr.	J.D. 242...	Gr.
	m		m		m
9166.41	11.41	9250.27	11.80	9403.47	11.58
169.45	11.57	258.22	11.82	407.42	11.74
186.41	12.11	333.58	11.61	412.45	11.83
192.38	12.25	342.58	11.66	414.46	12.00
193.42	12.02	354.50	11.61	417.44	11.91
222.37	11.75	363.53	11.58	420.45	11.91
223.30	12.02	371.46	11.70	424.51	11.83
243.24	11.74	391.46	11.66	429.45	11.89
249.28	11.82	397.45	11.58	436.52	11.64

Die Lichtkurve ist nur an einzelnen Stellen durch eine hinreichende Zahl von Beobachtungen gesichert. Sie besteht aus einer Folge von ungleich geformten und verschieden hohen Wellen. Die in der folgenden Tabelle zusammengestellten, z. T. sehr unsicheren Phasenepochen deuten eine Periode von 38 Tagen an.

E	Maxima			Minima		
	J.D. 242..	Gr.	B—R	J.D. 242..	Gr.	B—R
0	9167	$11^{m}46$	$+4^{d}$	—	—	—
1	210	11.55	+1	9190	$12^{m}18$	-1^{d}
2	250	11.71	+3	232	12.16	+3
5	360	11.56	−2	344	11.68	0
6	399	11.56	−1	381	11.83	−1
7	442:	11.57:	+3:	419	11.94	−1

Durch Ausgleichung erhält man die Elemente:

$$\text{Max.} = \text{J. D. } 242\,9170.6 + 38^{d}3 \cdot E; \quad M\text{–}m = 18^{d}3,$$

die wegen der geringen Anzahl von Beobachtungen und des wenig regelmäßigen Verlaufs der einzelnen Schwankungen ziemlich unsicher sind. Die Amplitude schwankt zwischen $0^{m}1$ und $0^{m}7$. Spektrum: unbekannt; galaktische Breite: +9°.

[1]) AN 234.33 (1928). — [2]) NNVS 5.110.

SS Draconis

Der von Miss H. LEAVITT im Jahre 1907 auf Harvard-Platten entdeckte Veränderliche soll nach L. PRAČKA[1]) einen visuellen Lichtwechsel zwischen $8^{\mathrm{m}}.6$ und $9^{\mathrm{m}}.4$ mit einer kurzen Periode von weniger als 30 Tagen zeigen. Spätere Beobachtungen von C. HOFFMEISTER[2]) aus dem Jahre 1916 ergaben nur geringe Helligkeitsänderungen und ließen keine Regelmäßigkeit erkennen. Aus einer längeren Beobachtungsreihe des Zeitabschnitts 1913—17 glaubte M. LUIZET[3]) auf einen RV Tauri-Lichtwechsel mit der Doppelperiode $2\,P = 96^{\mathrm{d}}.4$ (Elemente: Max. = J.D. 241 9837 + $48^{\mathrm{d}}.2 \cdot E$; $M—m = 23^{\mathrm{d}}$) schließen zu dürfen. Nach den geschilderten Merkmalen des Lichtwechsels, von denen besonders ein stärkerer Wechsel der Helligkeit der Maxima von $8^{\mathrm{m}}.6$ bis $9^{\mathrm{m}}.1$, ein geringerer der Minima von $9^{\mathrm{m}}.3$ bis $9^{\mathrm{m}}.5$ sowie größere Abweichungen zwischen Beobachtung und Rechnung (bis zu 10^{d}) hervorgehoben sind, scheint jedoch auch im Hinblick auf das vorhandene Spektrum Mb und die hohe galaktische Breite die Zugehörigkeit zur RV Tauri-Gruppe zweifelhaft zu sein. In der Zeit von 1934 Juni 12 bis 1939 Juni 6 wurden hier die folgenden 161 Beobachtungen erhalten.

Vergleichsterne

Bez.	BD-Nr. bzw. Ort 1855.0	Gr. phm.
SS Dra	+69° 663	var.
a	+69 665	$9^{\mathrm{m}}.37$
b	+69 660	9.78
c	$12^{\mathrm{h}}\ 17^{\mathrm{m}}.6$ +69° 29′	10.08

Beobachtungen

J.D.242...	Gr.	J.D.242...	Gr.	J.D.242...	Gr.	J.D.242...	Gr.	J.D.242...	Gr.	J.D.242...	Gr.
	m		m		m		m		m		m
7601.51	9.59	7728.50	9.59	7987.44	9.66	8291.41	9.49	8528.27	9.66	9174.35	9.64
603.49	9.47	739.30	9.68	8020.52	9.52	303.57	9.52	571.47	9.59	191.32	9.54
604.53	9.66	740.35	9.78	023.53	9.55	306.45	9.52	578.54	9.55	193.43	9.47
617.45	9.62	743.41	9.68	032.42	9.57	321.52	9.57	601.46	9.54	235.34	9.49
623.49	9.65	755.29	9.84	036.39	9.61	328.52	9.57	622.51	9.60	249.48	9.51
625.53	9.69	765.35	9.66	044.49	9.63	336.52	9.47	637.49	9.57	251.44	9.55
628.53	9.67	781.29	9.78	056.37	9.64	355.45	9.58	654.48	9.52	261.35	9.51
657.51	9.44	832.39	9.71	060.40	9.66	389.56	9.52	677.45	9.54	274.52	9.50
658.43	9.50	840.58	9.82	066.49	9.62	397.51	9.43	695.44	9.44	289.54	9.54
664.46	9.32	841.43	9.78	072.34	9.60	403.51	9.51	751.49	9.53	302.38	9.34
669.46	9.29	843.37	9.78	077.54	9.54	409.37	9.55	768.44	9.52	315.38	9.37
676.38	9.42	858.42	9.57	081.55	9.52	415.38	9.59	770.47	9.50	317.40	9.42
677.36	9.51	865.37	9.65	086.38	9.61	420.44	9.78 :	777.56	9.51	321.39	9.43
684.46	9.65	870.42	9.54	094.38	9.64	422.54	9.68	798.33	9.53	325.37	9.50
685.45	9.68	876.38	9.63	121.43	9.54	424.51	9.78	806.56	9.59	327.33	9.50
689.44	9.87	891.59	9.68	140.32	9.57	428.38	9.68	817.55	9.52	328.30	9.57
691.39	9.86	899.51	9.68	180.47	9.55	429.38	9.69	840.60	9.47	332.38	9.54
692.40	9.98	906.51	9.83	183.26	9.51	435.44	9.64	854.61	9.53	340.40	9.51
693.34	9.92	913.40	9.72	190.38	9.63	450.45	9.51	926.56	9.58	354.43	9.52
695.33	9.90	919.53	9.60	203.45	9.54	474.46	9.59	938.45	9.50	355.34	9.55
696.51	9.85	926.51	9.64	205.35	9.54	489.48	9.62	947.47	9.37	371.38	9.51
708.43	9.66	952.41	9.72	229.30	9.46	493.41	9.63	979.43	9.51	388.43	9.57
709.35	9.69	960.50	9.62	237.31	9.45	505.38	9.63	998.40	9.47	404.43	9.60
710.44	9.66	962.53	9.62	247.38	9.52	512.35	9.64	9018.40	9.52	413.48	9.52
715.46	9.55	970.48	9.51	268.37	9.37	517.44	9.64	054.52	9.62	417.47	9.55
717.34	9.57	975.53	9.42	272.36	9.32	518.47	9.64	160.44	9.61	421.51	9.55
724.35	9.56	984.46	9.62	282.40	9.43	522.42	9.64	166.50	9.65		

Die Lichtkurve zeigt ein ziemlich unregelmäßiges Aussehen. Der von LUIZET angenommene RV Tauri-Lichtwechsel ist bestimmt nicht vorhanden und auch an keiner Stelle angedeutet. Im ersten Teil (Zeitabschnitt 1934 Juni bis 1936 Okt.) schwankt die Kurve in kurzen und unregelmäßig geformten Wellen mit Längen von ungefähr 52 Tagen zwischen den Grenzen $9^{\mathrm{m}}.3$ und $9^{\mathrm{m}}.9$. Die Amplitude dieser Helligkeitsänderungen ist sehr gering und beträgt im Mittel kaum $0^{\mathrm{m}}.25$. Im anschließenden Teil (1936 Okt. bis 1937 Nov.) verlaufen die Wellen langgestreckt und noch flacher als vorher, so daß Maxima und Minima nur noch vereinzelt bestimmt werden können. Von 1938 Jan. ab bis zum Schluß der Beobachtung 1939 Juni treten die 52tägigen Schwankungen infolge einer geringen Zunahme der Helligkeitsamplitude wieder deutlicher hervor. Neben diesen rasch verlaufenden Wellen sind noch langsame und unregelmäßige Änderungen der mittleren Helligkeit im Betrage von etwa $0^{\mathrm{m}}.3$ vorhanden. Trotz der geringen Streuung der Einzelbeobachtungen um die Lichtkurve ist die Bestimmung der Phasenepochen

[1]) AN 177.287 (1908). — [2]) G. u. L. I, 1.333. — [3]) Journal des Observateurs 2.13.

infolge der kleinen Amplitude etwas willkürlich und unsicher. Die Zwischenzeiten der aufeinanderfolgenden Maxima bzw. Minima schwanken zwischen 35 und 71 Tagen.

E	Maxima			Minima		
	J.D. 242..	Gr.	B—R	J.D. 242..	Gr.	B—R
		m			m	
0	7669	9.28	+ 2ᵈ	—	—	—
1	721	9.55	+ 2	7696	9.91	+ 2ᵈ
2	771	9.60	+ 1	754	9.84	+ 9
4	872	9.57	— 1	841	9.79	— 7
5	922	9.60	— 3	907	9.80	+ 7
6	975	9.44	— 1	942	9.77	— 9
7	8021	9.53	— 7	996	9.72	— 7
8	081	9.53	+ 2	8056	9.65	+ 2
9	129	9.50	— 2	103	9.68	— 3
11	231	9.43	— 3	—	—	—
12	273	9.33	—12	254	9.54	— 6
13	344	9.40	+ 7	322	9.58	+10
14	400	9.44	+12	372	9.75	+ 9
15	449	9.50	+ 9	425	9.74	+10
18	591	9.50	— 3	—	—	—
20	705	9.38	+ 8	—	—	—
23	845	9.46	— 7	811	9.59	—16
25	957	9.31	+ 2	—	—	—
26	9006	9.44	0	983	9.52	+ 2
27	—	—	—	9043	9.68	+10
30	212	9.34	0	172	9.66	—15
32	308	9.30	— 7	—	—	—
33	368	9.50	+ 1	341	9.56	— 1
34	—	—	—	402	9.60	+ 9

Elemente: Max. = J. D. 242 7667 + $51^{d}.5 \cdot E$; $M-m = 24^{d}.5$. Grenzen des beobachteten visuellen Lichtwechsels: $9^{m}.3$—$9^{m}.9$; mittlere visuelle Amplitude: $0^{m}.25$; Spektrum: Mb; galaktische Breite: +46°. Wegen der großen Abweichungen zwischen den beobachteten und gerechneten Epochen ist SS Draconis zu den Halbperiodischen zu zählen.

RR Coronae Borealis

Die von zahlreichen Beobachtern, insbesondere von R. Rajchl[1]), A. Kopal[2]), L. Jacchia[3]), E. Loreta[4]) und G. Miczaika[5]) durchgeführten Untersuchungen des Lichtwechsels haben zu etwas abweichenden Ergebnissen geführt. Übereinstimmend wurde das Vorhandensein von nahezu periodisch verlaufenden Helligkeitsänderungen im Umfange von $0^{m}.3$ bis $1^{m}.0$ festgestellt, wobei jedoch von allen Beobachtern die großen Ungleichheiten in den Zwischenzeiten der Hauptphasen hervorgehoben werden. Die Ergebnisse für die mittlere Periode weichen indessen erheblich voneinander ab und liegen zwischen $54^{d}.3$ und $64^{d}.9$. Aus Beobachtungen in den Jahren 1928—30 glaubte Kopal auf einen RV Tauri-Lichtwechsel schließen zu dürfen. Nach G. u. L. II, 1.311 hat der Stern in den folgenden Jahren 1931—33 einen sehr unregelmäßigen Lichtwechsel gezeigt. In diese Zeit fällt der Beginn der im folgenden mitgeteilten Reihe von 235 Beobachtungen zwischen 1932 Nov. 29 und 1939 Aug. 17.

Vergleichsterne

Bez.	BD-Nr.	$Gr._{phm.}$
RR CrB	+39° 2901	var.
g	+38 2683	$7^{m}.56$
a	+39 2898	7.87
b	+38 2688	8.14
c	+39 2906	8.63

Die Lichtkurve zeigt in ihrem weitaus größten Teil eine periodische Folge von ziemlich glatten Wellen mit wechselnden Amplituden zwischen $0^{m}.2$ und $0^{m}.7$. Die Zwischenzeiten der Hauptphasen betragen etwa 56^{d}. Zeitweilig treten kurze Abschnitte mit unregelmäßigen und sehr geringen Schwankungen auf,

[1]) Lyon Bull. 12.68. — [2]) Bull. Ass. Française 1.80. — [3]) AN 241.287 (1931). — [4]) Bull. Ass. Française 1.14. — [5]) AN 251.287 (1934).

Beobachtungen

J.D.242...	Gr.	J.D.242...	Gr.	J.D.242...	Gr.	J.D.242...	Gr.	J.D.242...	Gr.	J.D.242...	Gr.
	m		m		m		m		m		m
7041.21	7.99	7333.31	7.67	7684.36	8.03	8036.35	7.67	8419.31	7.79	9062.42	7.94
042.22	7.87	343.30	7.75	691.33	8.00	044.34	7.72	421.35	7.78	087.42	7.79
043.23	7.79	344.30	7.82	693.33	8.05	055.33	7.92	427.29	7.79	155.34	7.77
054.24	7.85	358.33	8.00	706.29	7.77	069.29	7.97	453.27	7.87	162.31	7.75
055.20	7.77	359.27	8.00	710.32	7.82	083.28	7.69	571.51	7.87	167.28	7.69
060.19	7.99	372.26	8.00	715.29	7.92	097.24	7.72	578.53	8.02	170.28	7.77
061.19	7.96	384.23	7.74	717.26	7.87	099.27	7.72	601.45	8.09	175.27	7.92
063.19	8.02	399.21	7.77	724.25	7.75	114.21	7.98	622.51	7.72	178.29	8.02
068.19	8.02	484.46	8.00	739.23	7.87	180.53	8.09	636.50	7.82	186.25	8.05
070,59	8,25	506.45	7.62	750.23	7.99	187.56	7.87	654.46	7.99	192.26	8.07
072.19	8.24	512.44	7.79	841.46	8.07	203.49	7.67	655.36	8.19	223.24	7.86
093.63	8.33	530.43	8.14	858.45	8.02	204.52	7.72	676.44	7.87	230.20	8.00
097.47	8.27	531.43	8.14	860.49	8.00	206.54	7.75	680.45	7.79	249.20	7.85
118.49	8.35	532.47	8.14	866.48	8.05	228.44	7.96	691.42	7.75	293.50	8.03
124.49	8.24	533.40	8.14	870.49	7.96	244.38	8.04	694.42	7.77	308.59	8.00
132.49	8.25	535.36	8.03	875.46	7.96	247.42	7.85	711.53	8.04	322.46	7.87
144.43	8.19	543.41	8.00	899.51	8.32	254.44	7.72	728.43	7.82	332.40	7.82
153.45	8.25	546.36	7.75	906.40	8.25	267.41	8.00	730.50	7.79	338.39	7.82
154.40	8.25	554.40	7.82	913.40	8.06	271.53	8.05	752.46	8.03	341.40	7.87
157.48	8.30	559.45	7.62	918.47	7.98	273.36	8.14	768.42	7.87	346.46	8.07
161.51	8.32	562.41	7.72	924.41	7.87	278.40	8.21	770.40	7.87	354.44	8.18
177.46	8.23	567.45	7.92	927.43	7.97	282.35	8.19	778.34	7.79	355.43	8.14
180.42	8.21	572.40	7.82	931.41	8.00	290.38	8.29	785.38	7.87	361.35	7.94:
181.40	8.19	575.44	7.82	945.44	8.04	303.57	8.06	801.31	7.92	364.46	7.87
185.53	8.21	578.44	7.87	948.54	8.14	306.56	7.87	817.32	8.00	366.40	7.77
195.45	8.21	588.42	7.94	952.46	8.25	309.46	7.72	854.21	7.92	371.36	7.71
204.40	8.07	599.44	7.84	960.42	8.24	325.47	7.94	926.55	7.96	374.47	7.73
213.44	8.06	603.45	7.82	963.43	8.09	328.53	7.87	946.55	8.02	379.45	8.00
261.45	7.88	605.52	7.67	970.42	7.69	333.46	8.27	955.61	7.96	381.42	7.97
262.43	7.82	606.43	7.67	984.47	7.72	336.43	8.32	969.49	7.75	387.40	7.97
274.44	7.92	611.43	7.72	993.38	7.77	338.50	8.24	978.43	7.77	389.39	7.98
277.42	7.75	612.43	7.69	996.38	7.77	353.46	7.72	990.46	7.89	397.44	7.96
281.43	7.77	617.42	7.57	997.37	7.75	356.42	7.67	998.42	7.87	403.44	8.03
295.43	8.00	623.48	7.52	999.38	7.77	362.45	7.72	9008.41	7.87	410.44	7.98
298.38	7.92	625.41	7.61	8001.38	7.82	377.49	7.77	015.38	7.87	416.47	7.95
307.37	7.94	628.42	7.69	017.41	8.07	389.40	7.87	020.41	7.85	420.47	7.87
320.34	7.72	653.39	7.87	023.40	7.72	403.38	8.09	038.44	7.77	424.41	7.95
321.33	7.72	661.43	7.75	025.38	7.72	408.35	7.77	045.44	7.75	430.42	7.82
325.34	7.68	677.34	7.87	032.40	7.67	415.35	7.72	054.41	7.75	436.45	7.82
										493.41	7.94

nach deren Ablauf der ursprüngliche Lichtwechsel mit versetzter Epoche und einer etwas veränderten mittleren Periodenlänge fortgeführt wird. Die einzelnen Wellen sind zumeist ziemlich symmetrisch geformt. Ein Kurvenverlauf nach Art der RV Tauri-Sterne, wie ihn KOPAL in den Jahren 1928—30 beobachtet hat, ist nur selten angedeutet. Der in G. u. L. II, 1.311 erwähnte Abschnitt 1931—33 mit unregelmäßigem Lichtwechsel ist in seinem letzten Teil von der vorliegenden Reihe erfaßt worden. Innerhalb dieses Abschnitts beginnt die Lichtkurve J.D. 242 7041 mit einer normal geformten Welle von $0^m.7$ Amplitude. Es folgt dann von J.D. 242 7100 bis 7250 eine Zeit mit kaum merklichen Schwankungen von $0^m.1$ bis $0^m.2$ um die langsam ansteigende mittlere Helligkeit des Sterns, die ihrerseits in sehr langgestreckten und unregelmäßigen Wellen zwischen den Grenzen $7^m.8$ und $8^m.2$ pendelt.

E	Maxima J.D. 242..	Gr.	B—R		Minima J.D. 242..	Gr.	B—R
−4	7050	$7^m.75$	-3^d		7084	$8^m.41$	$+4^d$
				sehr geringe und unregelmäßige Schwankungen			
0	7275	7.76	− 2		—	—	—
1	331	7.65	− 3	Elemente:	7300	8.00	− 5
2	392	7.66	+ 2	Max. = J.D. 242 7277.4 + $56^d.2 \cdot E$;	366	8.05	+ 5
4	502	7.58	0	$M - m = 28^d.7$	—	—	—
5	561	7.71	+ 3		530	8.15	0
6	621	7.54	+ 6		590	7.95	+ 4
7	667	7.71	− 4		646	7.93	+ 4
8	725	7.75	− 2		690	8.05	− 8
				Epochensprung -21^d			

E	Maxima J.D. 242 ...	Gr.	B—R		Minima J.D. 242 ...	Gr.	B—R
0	7872	7^m95	0^d		7849	8^m15	0^d
1	931	7.90	+ 4		900	8.33	— 3
2	980	7.65	— 2	Elemente:	957	8.32	— 1
3	8033	7.66	— 3	Max. = J.D. 242 7872.2 + $54^d7 \cdot E$;	8013	8.18	0
4	090	7.66	— 1	$M - m = 23^d6$	064	8.08	— 3
6	202	7.69	+ 2		—	—	—
7	255	7.72	0		238	8.32	+ 6
8	315	7.60	+ 5		290	8.30	+ 4
9	363	7.68	— 1		337	8.31	— 4
10	416	7.72	— 3		400	8.22	+ 4
11	—	—	—		446	7.92	— 4
				Epochensprung -18^d			
0	8627	7.70	+ 3		8592	8.16	— 1
1	688	7.71	+ 6		659	8.15	+ 7
2	735	7.77	— 6		713	8.05	+ 2
3	780	7.80	—19	Elemente:	757	8.06	—12
4:	—	—	—	Max. = J.D. 242 8623.6 + $58^d5 \cdot E$;	816:	8.00	—11:
6	974	7.73	— 1	$M - m = 30^d1$	947	8.02	+ 2
7	9045	7.74	+12		9003	7.90	0
8	—	—	—		073	8.07	+11
9	164	7.69	+14		—	—	—
10	214	7.75	+ 5		188	8.10	+ 9
11	265	7.63	— 2		239	8.10	+ 2
12	334	7.80	+ 8		300	8.06	+ 4
13	372	7.70	—12		352	8.23	— 2
14	434	7.81	— 9		402	8.03	—10

Die nähere Untersuchung der vorstehenden Epochen zeigt, daß der Lichtwechsel abschnittsweise periodisch verläuft. Nach Ablauf der bereits erwähnten unregelmäßigen Schwankungen des Abschnitts J.D. 242 7100—7250 setzen periodische Helligkeitsänderungen mit $P = 56^d2$ ein. Um J.D. 242 7800 nimmt gleichzeitig mit einer sprunghaften Epochen-Versetzung von -21^d die Periode den Wert $P = 54^d7$ an, der bis J.D. 242 8500 erhalten bleibt. Die am Ende dieses Abschnitts auftretenden Veränderungen in der Gestalt der Einzelwellen leiten eine abermalige Epochen-Versetzung und eine Verlängerung des Periodenwerts auf $P = 58^d5$ ein. In diesem Abschnitt (J.D. 242 8600—9450) kommen zeitweilig RV Tauri-ähnliche Kurven mit einer Doppelperiode von $2\,P = 117$ vor. Die Abweichungen zwischen Beobachtung und Rechnung sind hier wesentlich größer als vorher.

1933—39: Grenzen des beobachteten visuellen Lichtwechsels: 7^m5—8^m4; mittlere visuelle Amplitude: 0^m4; Spektrum: Mb; galaktische Breite: +52°; langsame und unregelmäßige Schwankungen der mittleren Helligkeit: 7^m8—8^m2.

TX Persei

Die ausgedehnten Beobachtungen dieses im Jahre 1911 entdeckten Sterns, die von M. Luizet (1911—15), S. Enebo (1911—18) und von C. Hoffmeister (1915—16) durchgeführt wurden[1]), ergaben das Vorhandensein von periodisch verlaufenden Helligkeitsänderungen. Von allen Beobachtern wurde aber das zeitweilige Auftreten von Unregelmäßigkeiten bemerkt, die den periodischen Lichtwechsel während kurzer Zeitabschnitte erheblich stören. Die Schwierigkeit einer sauberen Trennung der periodischen Wellen von den störenden Gliedern verursachte anfangs eine gewisse Unsicherheit in der Bestimmung des Periodenwerts. So erhielt Luizet für 1911—15 eine Periode von $P = 104^d$, während Enebo innerhalb des gleichen Zeitraums zunächst $P = 121^d$, später dann auch $P = 104^d$ fand. Die anschließenden Beobachtungen von Hoffmeister ergaben für die Zeit 1915—16 eine Periode von $P = 94^d$, die 1917—18 von Enebo[2]) bestätigt werden konnte. Da die neueren Beobachtungen aus den Jahren 1932—39

Vergleichsterne

Bez.	BD-Nr. bzw. Ort 1855.0	$Gr._{phm.}$
TX Per	$2^h\ 39^m\ 0^s$ +36° 21'.4	var.
m	+36° 558	9^m72
a	$2^h\ 38^m\ 7^s$ +36° 29'	9.97
b	+36° 560	10.43
c	$2^h\ 38^m\ 44^s$ +36° 16'	10.94
d	2 39 20 +36 26	11.36
e	2 38 47 +36 22	12.20

[1]) G. u. L. I, 1.75. — [2]) AN 217.442 (1923).

eine Periode von $P = 76^d$ liefern, darf wohl mit Sicherheit auf eine starke Veränderlichkeit der Periode geschlossen werden. In der Zeit von 1932 Aug. 26 bis 1939 Sept. 12 wurden hier die folgenden 358 Beobachtungen erhalten.

Beobachtungen

J.D.242...	Gr.	J.D.242...	Gr.	J.D.242...	Gr.	J.D.242...	Gr.	J.D.242...	Gr.	J.D.242...	Gr.
	m		m		m		m		m		m
6946.46	10.25	7152.38	10.64	7569.41	10.33	8066.37	10.65	8506.31	11.22	8998.33	10.31
948.44	10.37	153.37	10.64	677.48	10.38	069.48	10.68	507.22	11.21	9087.51	10.25
951.44	10.35	154.29	10.71	684.39	10.59	072.39	10.67	512.33	10.79	155.39	10.23
956.42	10.35	157.36	10.68	685.40	10.62	077.44	10.63	516.24	10.53:	157.31	10.25
960.47	10.55	176.36	10.60	687.54	10.71	081.46	10.61	517.39	10.52	160.39	10.23
972.41	11.13	177.37	10.62	688.58	10.63	086.38	10.63	518.28	10.33	166.44	10.28
976.38	11.24	180.34	10.60	689.52	10.60	094.32	10.58	521.38	10.38	167.46	10.28
978.43	11.22	181.35	10.60	692.43	10.60	108.32	10.53	522.34	10.33	175.35	10.33
979.46	11.21	273.50	10.43	695.36	10.48	111.44	10.72	523.37	10.33	178.43	10.53
980.36	11.17	274.49	10.43	696.42	10.38	121.40	10.94	524.24	10.38	186.33	10.80
984.44	11.36	277.48	10.46	698.37	10.33	122.41	10.99	526.24	10.38	191.33	10.99
985.37	11.29	281.52	10.63	699.35	10.37	138.26	11.01	528.26	10.43	192.45	11.06
986.61	11.29	282.48	10.63	706.37	10.58	140.43	10.97	534.22	10.31	193.38	11.05
991.39	11.22	295.47	10.63	708.41	10.63	163.45	10.58	542.31	10.33	195.39	11.04
998.30	11.04:	298.46	10.65	709.36	10.65	180.38	10.79	551.27	10.43	205.37	10.80
7005.26	10.28	305.45	10.46	710.39	10.80	183.49	10.79	557.24	10.62	222.39	10.13
007.25	10.34	307.45	10.55	715.34	10.82	188.35	10.63	571.26	11.12	232.23	9.84
008.28	10.32	309.40	10.51	717.37	11.04	203.41	10.53	574.42	11.27	235.37	9.90
026.34	10.33:	319.36	10.43	724.32	11.06	204.41	10.48	578.34	11.18	243.25	10.04
030.27	10.35	320.38	10.48	727.31	11.20	206.26	10.38	590.26	10.38	245.22	10.10
034.30	10.31	321.37	10.48	728.39	11.15	209.37	10.43	601.35	10.33	249.44	10.33
037.23	10.31	325.41	10.38	730.32	11.12	228.38	10.53	624.32	10.25	250.36	10.43
039.23	10.33	326.37	10.43	736.27	10.86:	237.27	10.28	750.48	10.48	258.44	11.02
040.21	10.35	327.45	10.43	739.23	10.75	244.30	10.28	752.54	10.38	261.22	11.11
041.26	10.39	332.52	10.45	740.27	10.74	247.33	10.28	756.54	10.31	262.23	11.20
042.23	10.45	333.46	10.43	743.37	10.68	248.33	10.31	758.52	10.38	274.22	11.25
043.26	10.45	335.48	10.43	745.53	10.70	254.29	10.28	765.48	10.23	277.35	11.23
049.32	10.74	336.42	10.38	755.30	10.81	267.33	10.63	770.40	10.31	279.21	11.26
052.29	10.82	339.48	10.41	765.33	10.71	268.33	10.72	772.44	10.28	280.41	11.22
054.25	10.73:	342.36	10.48	781.24	10.25	280.34	10.80	777.49	10.23	289.50	10.89:
059.25	11.02	343.36	10.48	832.36	10.85	389.58	10.18	782.45	10.23	293.43	10.80
060.27	10.89	345.54	10.51	840.49	10.80	391.50	10.18	784.57	10.28	301.30	10.43
061.23	10.89	348.53	10.53	841.38	10.80	395.48	10.13	790.31	10.53	302.37	10.33
062.23	11.02	352.42	10.63:	843.29	10.85	396.51	10.18	798.51	11.04	311.28	10.25
063.24	11.02	356.27	10.84	855.27	10.23	403.50	10.43	807.31	11.51	315.34	10.09
065.28	10.94	358.31	10.89	858.33	10.19	407.57	10.55	816.55	12.32	317.41	10.c8
068.27	11.02	359.33	11.01	865.35	10.28	408.54	10.62	817.55	12.40	321.29	10.08
070.44	11.02	363.42	11.06	866.41	10.23	409.45	10.72	822.41	12.26	322.28	10.08
072.27	11.08	368.46	11.04	870.32	10.33	420.43	11.19	830.46	10.84	325.28	10.21
073.22	11.02	369.33	11.08	871.42	10.33	421.41	11.21	834.27	10.33	326.29	10.25
075.34	11.02	372.32	11.08	875.36	10.38	422.50	11.20	840.49	10.33	327.29	10.38
078.26	10.94:	384.30	10.72	876.39	10.48	423.50	11.20	853.57	10.31	328.30	10.45
080.22	10.94:	399.24	10.43	889.42	10.53	424.50	11.18	854.65	10.31	329.30	10.56
082.41	10.89	460.27	10.43	899.35	10.77	425.35	11.21	859.27	10.31	330.29	10.65
083.25	11.02	470.26	10.41	906.34	10.86	426.45	11.21	866.24	10.43	332.30	10.79
087.25	10.97	479.26	10.43	907.33	10.86	428.43	11.21	876.30	10.35	338.40	11.15
094.29	10.72	481.35	10.35	8020.50	10.62	429.41	11.21	890.25	10.76	340.34	11.22
095.35	10.74	483.34	10.38	023.48	10.63	433.42	11.15	905.30	10.48	341.33	11.25
097.39	10.71	488.28	10.43	025.50	10.58	435.45	11.21	923.35	10.28	342.31	11.36
098.43	10.68	505.28	10.39	032.43	10.61	440.46	11.09	926.39	10.33	344.30	11.48
110.25	10.74	506.31	10.37	036.43	10.63	449.43	10.68	929.44	10.33	354.32	11.36
120.26	10.62	512.30	10.43	037.42	10.63	462.36	10.23	935.37	10.35	355.32	11.31
123.43	10.58	529.31	10.48	038.47	10.68	471.36	10.23	946.43	10.71	361.32	10.74
124.29	10.43	530.35	10.51	039.47	10.68	474.46	10.25	947.41	10.71	363.34	10.63
131.31	10.51	533.34	10.48	044.43	10.68	479.41	10.21	948.39	10.70	365.34	10.54
132.39	10.55	535.34	10.43	047.50	10.63	481.54	10.33	949.40	10.70	371.35	10.23
133.29	10.57	543.34	10.48	049.44	10.72	484.41	10.53	965.33	11.51	372.34	10.13
137.31	10.55	655.49	10.63	053.50	10.74	489.41	10.79	978.41	10.89	519.43	10.38
144.32	10.63	658.51	10.58	055.42	10.75	493.36	10.99	980.31	10.81		
145.28	10.63	661.44	10.60	060.39	10.74	505.29	11.26	993.38	10.58		

Die aus den Beobachtungen bestimmte Lichtkurve zeigt abschnittsweise ein sehr verschiedenartiges Aussehen. Der zumeist deutlich ausgeprägte periodische Verlauf der Schwankungen ist an einigen Stellen durch eine Überlagerung von sekundären Wellen bis zur Unkenntlichkeit entstellt. Im ersten Beobachtungsabschnitt (J.D. 242 6946—7400) verläuft die Lichtkurve mit verschieden geformten Wellen von stark wechselnder Amplitude. Im allgemeinen sind die Minima etwas besser ausgebildet als die Maxima, die entweder flach verlaufen oder in zwei Teilphasen aufgespalten sind. In der Zeit J.D. 242 7450 bis 7550 scheint der Lichtwechsel fast ganz zu ruhen. Von J.D. 242 7650 ab sind wieder sehr lebhafte Helligkeitsänderungen vorhanden, die z. T. in kurzen und scheinbar regellosen Wellen erfolgen. Eine nähere Untersuchung dieses Abschnitts zeigt aber, daß auch hier nur eine Störung des deutlich nachweisbaren Haupt-Lichtwechsels durch sekundäre Helligkeitsänderungen vorliegt. Nachdem schon J.D. 242 8150 ein etwas gleichmäßigerer Verlauf der Lichtkurve begonnen hat, trägt der letzte große Abschnitt zwischen J.D. 242 8390 und 9375 wieder einen klaren periodischen Aufbau. Die Gestalt der einzelnen Wellen bleibt zwar sehr verschieden, sie sind aber normal entwickelt und glatt geformt. Die Helligkeitsamplitude nimmt in den letzten Jahren langsam zu und beträgt am Schluß der Beobachtung im Mittel $1^{\mathrm{m}}5$. Besonders auffällig ist das Herausspringen des Minimums J.D. 242 8819.5, das mit der Helligkeit $12^{\mathrm{m}}50$ mehr als eine Größenklasse unter der mittleren Tiefe der übrigen Minima liegt. Diesem abnorm tiefen Minimum folgt ein ungewöhnlich flaches mit der Helligkeit $10^{\mathrm{m}}75$ (J.D. 242 8891).

In der folgenden Zusammenstellung der Maxima und Minima sind die Teilphasen der Doppel-Maxima durch eine Klammer verbunden und mit einem D versehen. Die Nebenphasen sind durch Einklammerung gekennzeichnet.

E		Maxima J.D. 242 ..	Gr.	B—R		Minima J.D. 242 ..	Gr.	B—R
0	D [	7012.5	$10^{\mathrm{m}}25$	—		6987	$11^{\mathrm{m}}30$	0^{d}
		036.5	10.29	—				
1	D [	101	10.68	—		7072	11.05	+ 8
		128.5	10.51	—				
2		—	—	—		154	10.68	+14
4		329	10.41	-1^{d}		289.5	10.73	− 2
5		—	—	—		368.5	11.10	0
6		483	10.38	0		—	—	—
9	D [	673	10.29	—		—	—	—
		699	10.37	—				
10		788	10.19	+ 1		727	11.20	−21
11		859	10.19	− 4		835:	10.88	+10:
12		—	—	—		906:	10.86	+ 5:
14		8102	10.54	+11	] Lichtwechsel stark gestört [	8058.5	10.73	+ 6
15		162	10.58	− 5		132.5	11.07	+ 3
		(208)	10.42	—		(180.5)	10.79	—
16		248	10.25	+ 4		224.5	10.53	+19
17		—	—	—		278:	10.80	− 3:
18		393.5	10.14	− 2		—	—	—
19		469	10.18	− 3		426	11.21	− 7
20	D [	523	10.34	—		503	11.32	− 6
		540.5	10.30	—				
21	D [	598	10.31	—		575.5	11.26	−10
		624:	10.25	—				
23		779.5	10.22	+ 3		—	—	—
24		848	10.28	− 4		819.5	12.50	+ 6
25		926	10.29	− 2		891	10.75	+ 1
26		—	—	—		965	11.50	− 1
28		9156:	10.22	− 1:		—	—	—
29		235	9.85	+ 2		9195	11.06	+ 1
30		319.5	10.05	+10		271	11.37	0
31		—	—	—		349	11.58	+ 2

Bei der Ableitung der Elemente des Lichtwechsels wurden die stark gestörten Hauptphasen der Epochen +14 bis +16 sowie alle Doppel-Maxima ausgeschlossen. Die strenge Ausgleichung aller übrigen Werte liefert die Periode $P = 76^{\mathrm{d}}1$, mit der die Beobachtungen bis auf die in den Spalten B—R aufgeführten Abweichungen dargestellt werden.

Elemente für 1932—39: Max. $=$ J. D. 242 7026 $+ 76^{\mathrm{d}}1 \cdot E$; $M\text{-}m = 38^{\mathrm{d}}5$; Grenzen des beobachteten visuellen Lichtwechsels: $9^{\mathrm{m}}8$—$12^{\mathrm{m}}5$; mittlere visuelle Amplitude: $0^{\mathrm{m}}9$ ($0^{\mathrm{m}}1$—$2^{\mathrm{m}}3$); Spektrum: Mp; galaktische Breite: —20°; stark veränderliche Periode.

CH Cygni

Die Veränderlichkeit des bereits früher von Müller und Kempf verdächtigten Sterns BD +49° 2999 wurde im Jahre 1924 von K. Graff[1]) bestätigt. In BZ 6.46 veröffentlichte I. Yamamoto die aus Harvard-Aufnahmen abgeleiteten Elemente: Max. $=$ J.D. 242 2991 $+ 100^{\mathrm{d}}6 \cdot E$, die allen Beobachtungen bis 1930 genügen. Von 1931 ab weichen die gerechneten Maximum-Epochen um etwa eine halbe Perioden-

[1]) BZ 6.5 (1924).

länge von den beobachteten Werten ab. YAMAMOTO[1]) glaubt daraus auf eine Verkürzung des Periodenwerts auf $P = 90^d$ schließen zu dürfen. In Kat. u. Eph. für 1943 ist neuerdings eine Periode von $P = 104^d.6$ gegeben, mit der jedoch die älteren Beobachtungen nicht befriedigend darzustellen sind. Im folgenden sind 202 Helligkeitsschätzungen des Veränderlichen zwischen 1932 Dez. 10 und 1939 Aug. 17 mitgeteilt, die mit einem 54 mm-Nachtglas erhalten worden sind. Die sichere Auffassung der Helligkeit wurde durch die Nachbarschaft von mehreren hellen Sternen und den ungünstigen Stand der in Frage kommenden Vergleichsterne erschwert.

Vergleichsterne

Bez.	BD-Nr.	HA 54 u. 70	angen. Gr.
CH Cyg	+49° 2999	—	var.
a	+50 2784	$7^m.52$	$7^m.56$
b	+50 2793	—	8.04
d	+49 3012	$7^m.32$ $7^m.38$	7.08

Beobachtungen

J.D.242...	Gr.	J.D.242...	Gr.	J.D.242...	Gr.	J.D.242...	Gr.	J.D.242...	Gr.	J.D.242...	Gr.
	m		m		m		m		m		m
7052.27	7.66	7262.45	7.44	7569.47	7.40	7934.39	7.71	8325.52	7.81	8857.35	7.71
054.28	7.62	273.54	7.48	577.50	7.39	948.41	7.71	333.50	7.73	905.26	7.78
060.33	7.75	274.47	7.44	589.41	7.39	949.48	7.67	356.45	7.76	937.25	7.64
061.25	7.73	277.41	7.41	600.42	7.41	953.43	7.71	358.45	7.76	947.54	7.56
062.22	7.74	280.50	7.41	602.42	7.46	960.48	7.78	377.48	7.56	955.61	7.74
063.28	7.70	282.41	7.38	605.43	7.36	971.43	7.66	391.50	7.56	998.46	7.44
065.27	7.74	298.39	7.36	611.46	7.36	987.45	7.71	405.42	7.61	9018.41	7.56
068.24	7.69	299.54	7.34	623.42	7.56	993.38	7.66	409.52	7.48	038.51	7.56
072.25	7.74	307.51	7.27	625.42	7.56	996.38	7.66	421.36	7.51	054.45	7.71
073.19	7.68	319.37	7.32	628.53	7.46	999.38	7.66	424.49	7.56	160.48	7.56
075.30	7.73	321.43	7.30	663.47	7.71	8001.38	7.66	428.41	7.61	166.48	7.44
078.31	7.66	325.44	7.33	664.49	7.69	023.55	7.66	435.48	7.64	193.35	7.76
083.20	7.56	333.31	7.44	676.44	7.51	032.45	7.71	474.39	7.31	234.46	7.31
087.29	7.50	335.48	7.40	683.53	7.51	041.36	7.81	484.37	7.38	235.33	7.24
093.27	7.41	339.49	7.48	689.48	7.56	055.45	7.64	505.35	7.51	243.28	7.31
094.24	7.36	342.34	7.66	692.48	7.44	064.49	7.48	517.38	7.56	249.31	7.36
095.26	7.29	348.52	7.44	695.42	7.41	069.46	7.64	522.27	7 68	261.22	7.34
097.22	7.25	352.44	7.46	709.41	7.51	077.53	7.51	526.27	7.51	274.24	7.51
118.49	6.58:	359.33	7.56	715.50	7.61	081.47	7.51	542.28	7.61	308.58	7.66
124.52	6.86	368.45	7.46	717.52	7.68	086.42	7.44	557.25	7.66	322.51	7.56
132.50	7.20	372.29	7.42	728.52	7.56	097.48	7.76	571.24	7.46	333.43	7.46
153.48	7.61	384.31	7.29	739.46	7.68	111.41	7.76	601.53	7.66	342.55	7.58
154.49	7.68	483.26	7.36	755.35	7.67	122.42	7.41	623.56	7.41	354.46	7.51
155.53	7.72	506.48	7.46	765.33	7.56	164.30	7.56	637.48	7.61	364.51	7.68
157.48	7.70	512.43	7.51	781.28	7.68	182.29	7.68	654.46	7.76	374.48	7.71
158.53	7.69	530.43	7.56	840.60	7.69	204.56	7.51	677.44	7.56	389.44	7.76
161.51	7.71	531.34	7.51	841.29	7.66	205.53	7.41	695.45	7.56	404.49	7.81
177.45	7.72	532.46	7.64	860.49	7.36	244.49	7.41	752.49	7.76	410.44	7.86
180.49	7.72	535.44	7.66	866.49	7.56	248.51	7.56	764.44	7.44	417.47	7.88
187.47	7.62	543.51	7.67	870.50	7.48	268.45	7.68	769.37	7.51	425.51	7.84
195.49	7.41	546.40	7.72	906.44	7.41	271.53	7.71	787.38	7.44	430.43	7.81
204.48	7.34	554.42	7.56	919.43	7.41	282.42	7.71	798.43	7.44	493.41	7.71
213.44	7.29	555.37	7.44	926.37	7.31	291.44	7.71	816.50	7.66		
259.50	7.46	567.45	7.39	927.41	7.36	306.50	7.78	822.48	7.68		

Die Lichtkurve verläuft im großen und ganzen sehr flach und hat ein unregelmäßiges Aussehen. Die einzelnen Wellen zeigen einen starken Wechsel in ihrer Gestalt und Höhe und werden häufig durch sekundäre Schwankungen von kurzer Dauer gestört. Zuweilen scheint der Lichtwechsel einige Monate hindurch fast ganz zu ruhen (z. B. J.D. 242 8270—8360), wobei die fälligen Hauptphasen völlig ausbleiben. Um J.D. 242 8100 tritt plötzlich eine Verschiebung der Epochen um etwa $+43^d$ ein, die aber nur etwa 300 Tage andauert. Von J.D. 242 8420 ab verläuft der Lichtwechsel wieder in der alten Weise.

Die strenge Ausgleichung der nachstehenden Phasenepochen ergibt den Periodenwert $P = 97^d.4$. Die in den Spalten B—R zusammengestellten Abweichungen zwischen Beobachtung und Rechnung sind sehr groß und zeigen, daß die gewonnene Periode lediglich als Mittelwert eines stark veränderlichen Zyklus anzusehen ist. Für den Zeitabschnitt 1932 Dez. bis 1939 Aug. gelten die Elemente:

$$\text{Max.} = \text{J. D. } 242\,7116 + 97^d.4 \cdot E; \quad M\text{-}m = 44^d.$$

Grenzen des beobachteten visuellen Lichtwechsels: $6^m.6$—$7^m.9$; mittlere visuelle Amplitude: $0^m.35$; Spektrum: M4; galaktische Breite: +16°; Periode veränderlich; Epochensprünge.

[1]) Kyoto Bull. 285.

E	Maxima J.D. 242 . .	Gr.	B—R		Minima J.D. 242 . .	Gr.	B—R
		m				m	
0	7116	6.60	0d		7067	7.74	− 5d
1	220	7.28	+ 7		171	7.76	+ 2
2	313	7.28	+ 2		267	7.46	0
3	—	—	—		353	7.58	−11
5	592	7.34	−11		543	7.70	−16
6	699	7.44	− 1		653	7.76	− 3
7	797	7.56	− 1		745	7.70	− 9
8	898	7.42	+ 3		841	—	−10
9	8008	7.63	+15		962	7.75	+13
10	079	7.44	−11		8044	7.81	− 2
—	139	—	—	Lichtwechsel mit einer	105	7.88	—
—	226	7.22	—	um +43d verschobenen	183	7.71	—
—	409	7.47	—	Epoche	—	—	—
14	474	7.30	− 6		440	7.65	+ 4
15	578	7.40	+ 1		548	7.65	+15
—	620	7.39	—		600	7.66	—
16	687	7.47	+13		657	7.76	+27
17	784	7.38	+12		730	7.92	+ 2
18	879:	—	+10:		841	7.75	+16
22	9242	7.26	−17		9196	7.76	−19
23	342	7.49	−14		298	7.70	−14
24	—	—	—		416	7.87	+ 6

SS Cephei

Der Lichtwechsel des im Jahre 1910 entdeckten Veränderlichen ist bereits sehr gründlich von W. HASSENSTEIN[1]) untersucht worden. Auf Grund einer Bearbeitung aller aus den Jahren 1910—31 bekannt gewordenen Beobachtungen findet HASSENSTEIN das Vorhandensein eines halbregelmäßigen Lichtwechsels mit einer Periode, die zwischen 94 und 103 Tagen schwankt. In Abständen von etwa 4 bis 6 Jahren treten Epochenverschiebungen auf, die gewöhnlich mit Änderungen der mittleren Periodenlänge verbunden sind.

Die im folgenden mitgeteilten 249 Beobachtungen verteilen sich über den Zeitraum 1932 Dez. 10 bis 1939 Sept. 12 und beginnen somit ein Jahr nach dem Ende des von W. HASSENSTEIN behandelten Zeitabschnitts.

Vergleichsterne

Bez.	BD-Nr.	Gr. (HA 54)
SS Cep	+79° 110	var.
g	+80 127	6m63
a	+79 125	7.80

Beobachtungen

J.D.242 . . .	Gr.	J.D.242 . . .	Gr.	J.D.242 . . .	Gr.	J.D.242 . . .	Gr.	J.D.242 . . .	Gr.	J.D.242 . . .	Gr.
	m		m		m		m		m		m
7052.43	7.60	7137.30	7.21	7263.41	7.16	7512.36	7.29	7663.47	7.31	7870.34	7.31
054.26	7.55	144.36	7.19	274.47	7.09	530.41	7.37	669.45	7.24	875.47	7.31
060.35	7.10	153.36	7.12	277.41	7.09	531.36	7.36	677.45	7.51	899.52	7.35
061.30	7.28	154.37	7.07	279.50	7.30	533.33	7.34	684.51	7.51	906.45	7.53
062.38	7.29	155.41	7.11	281.42	7.36	535.35	7.36	689.48	7.41	919.43	7.68
063.27	7.30	157.39	7.17	298.48	7.41	543.42	7.36	692.48	7.47	926.39	7.70
068.35	7.21	158.38	7.08	307.51	7.38	554.41	7.27	698.35	7.41	927.44	7.90
070.47	7.18	163.38	7.11	321.43	7.45	559.38	7.26	709.28	7.36	928.42	7.85
078.33	7.24	176.37	7.12	325.44	7.47	562.44	7.21	710.48	7.37	934.42	8.00
082.39	7.21	180.34	7.05	326.34	7.43	567.45	7.19	717.52	7.29	945.43	7.60
083.20	7.33	181.33	7.05	333.47	7.44	572.38	7.26	728.52	7.21	952.46	7.61
087.30	7.16	187.47	7.07	335.50	7.44	578.47	7.17	736.29	7.28	954.46	7.56
094.41	7.13	189.34	7.07	342.34	7.44	589.41	7.27	739.45	7.38	960.50	7.47
095.43	7.27	195.44	7.10	343.46	7.44	600.43	7.36	765.39	7.57	963.42	7.47
097.43	7.13	204.48	7.17	359.32	7.47	601.48	7.28	841.40	7.53	975.48	7.47
118.48	7.19	213.39	7.32	384.43	7.47	605.44	7.41	843.29	7.57	987.44	7.44
124.45	7.19	214.48	7.31	483.30	7.38	611.46	7.41	855.27	7.51	992.37	7.44
131.36	7.19	259.56	7.34	484.46	7.33	627.52	7.57	858.41	7.35	997.38	7.40
132.41	7.17	262.50	7.29	506.41	7.35	657.51	7.35	865.41	7.35	8001.39	7.42

[1]) Potsd. Publ. Nr. 87 (1932).

Beobachtungen (Forts.)

J.D. 242...	Gr.	J.D. 242...	Gr.	J.D. 242...	Gr.	J.D. 242...	Gr.	J.D. 242...	Gr.	J.D. 242...	Gr.
	m		m		m		m		m		m
8020.56	7.51	8205.33	6.97	8409.47	7.35	8601.42	7.59	9015.42	7.62	9321.34	7.80
025.53	7.49	229.31	7.48	415.36	7.41	622.57	7.61	018.39	7.62	322.30	7.85
032.49	7.65	237.33	7.48	420.42	7.41	637.43	7.59	038.49	7.55	325.33	7,80
037.43	7.62	244.49	7.27	421.32	7.36	655.37	7.47	057.52	7.43	327.31	7.85
041.35	7.61	246.49	7.16	422.52	7.26	677.44	7.61	087.53	7.29	329.38	7.80
044.51	7.47	247.35	7.04	424.49	7.31	691.43	7.61	157.42	7.36	330.35	7.80
055.44	7.29	248.34	7.14	427.45	7.34	718.52	7.58	160.48	7.29	340.29	7.88
062.46	7.30	254.43	6.91	429.43	7.30	728.43	7.45	166.47	7.21	346.45	7.80
066.49	7.13	267.40	7.00	435.44	7.26	751.44	7.34	169.46	7.24	354.38	7.68
072.42	7.13	272.37	7.21	449.45	7.07	752.50	7.33	175.34	7.31	355.34	7.60
077.49	7.05	278.34	7.27	474.46	7.45	765.50	7.29	191.43	7.29	364.42	7.60
081.47	7.02	290.42	7.35	484.41	7.31	770.47	7.33	193.42	7.29	366.39	7.59
083.30	7.05	303.57	7.69	489.47	7.30	778.36	7.30	235.33	7.39	379.46	7.57
086.35	7.12	304.53	7.52	493.41	7.35	798.47	7.51	249.44	7.31	381.40	7.55
096.56	7.19	306.50	7.51	505.36	7.53	817.52	7.51	250.56	7.26	388.41	7.57
111.46	7.51	325.48	7.35	506.33	7.44	822.46	7.51	251.38	7.29	403.44	7.59
121.42	7.42	336.44	7.38	512.34	7.47	840.56	7.47	261.34	7.36	410.44	7.61
140.40	7.48	353.46	7.28	517.44	7.47	854.55	7.46	274.48	7.50	413.43	7.66
163.48	7.12	358.44	7.31	522.37	7.60	923.42	7.75	280.40	7.62	421.51	7.72
180.40	6.96	389.57	7.32	526.27	7.55	938.35	7.61	293.48	7.70	519.47	7.59
183.21	6.92	396.53	7.31	545.54	7.66	947.47	7.61	302.37	7.75		
187.58	6.88	403.51	7.41	551.28	7.55	979.40	7.41	312.27	7.88		
203.45	7.05	407.36	7.33	571.41	7.45	993.45	7.45	315.38	7.75		

Die Lichtkurve zeigt abschnittsweise einen sehr verschiedenen Aufbau. Im ersten Teil (J.D. 242 7050 bis 7750) wechselt die Helligkeit anscheinend unregelmäßig zwischen den Grenzen $7^{\mathrm{m}}.0$ und $7^{\mathrm{m}}.6$. Abschnitte mit fast konstanter Helligkeit werden von Zeiten mit lebhaften Schwankungen von verschiedener Art und Größe abgelöst. Im allgemeinen treten in diesem Teil gut ausgeprägte Minima in Abständen von etwa 200 Tagen deutlich hervor. Von J.D. 242 7750 ab gewinnt die Kurve mit einer Folge von nahezu periodischen Wellen von rund 100 Tagen Länge ein wesentlich regelmäßigeres Aussehen. Zunächst stehen noch spitze Minima schlecht entwickelten, flachen Maxima gegenüber. Nach einem anfänglichen Ansteigen der Helligkeitsamplitude von $0^{\mathrm{m}}.4$ auf $0^{\mathrm{m}}.6$ setzt mit einer neuerlichen Verringerung ein langsames Abflachen der Minima ein. Die Amplitude erreicht um J.D. 242 8650 mit $0^{\mathrm{m}}.2$ ihren geringsten Betrag, wächst dann aber bis zum Schluß der Beobachtungsreihe J.D. 242 9519 wieder auf $0^{\mathrm{m}}.3$ an. Neben diesen Schwankungen von etwa 100 Tagen sind auch erhebliche Änderungen der mittleren Helligkeit des Sterns vorhanden, die innerhalb des dargestellten Zeitraums in sehr langgestreckten Wellen mit Längen von 300 bis 700 Tagen zwischen den Grenzen $7^{\mathrm{m}}.2$ und $7^{\mathrm{m}}.7$ verlaufen. Betrachtet man die Tiefe der Minima des 100tägigen Lichtwechsels, so zeigen die aufeinander folgenden Phasen einen den RV Tauri-Sternen ähnlichen Wechsel von tiefen und flachen Minima. Zwischen J.D. 242 7670 und 7800 vertauschen die Minima ihre Rolle. Der regelmäßige Wechsel bleibt dann aber bis zum Schluß der Reihe erhalten. Die großen Abweichungen der Zwischenzeiten mit Werten von 71 bis zu 144 Tagen (im Mittel bei den Maxima $\pm 18^{\mathrm{d}}$, bei den Minima $\pm 10^{\mathrm{d}}$) sowie die sonstigen erheblichen Unregelmäßigkeiten des Lichtwechsels sprechen jedoch entschieden gegen eine Zugehörigkeit zur Gruppe der RV Tauri- oder RV Tauri-ähnlichen Veränderlichen. Nach W. Hassenstein ist SS Cephei als eine Übergangsform zwischen den μ Cephei- und Mira-Sternen anzusehen (vgl. Potsd. Publ. Nr. 87).

E	Maxima J.D. 242..	Maxima Gr.	Maxima B—R	E	Minima J.D. 242..	Minima Gr.	Minima B—R
		m				m	
0	7095	7.14	0^{d}	0	7050	7.61	$+5^{\mathrm{d}}$
1	184	7.04	− 9	1	137	7.21	− 7
—	(271)	7.00	—	2	242	7.65	6
2	307	7.40	+15	—	(290)	7.43	—
4	505	7.[illegible]0	+16	—	—	—	—
5	579	7.20	− 9	5	538	7.37	− 1
6	666	7.24	−21	6	635	7.60	− 2
—	(728)	7.24	—	—	(681)	7.50	—
7	810	7.24	+25	7	752	7.67	+16
8	877	7.28	− 7	8	848	7.65	+13
9	991	7.42	+ 8	9	935	8.00	+ 2
10	8080	7.05	− 1	10	8035	7.68	+ 3
11	187	6.89	+ 7	11	129	7.54	− 2
12	258	6.88	−21	12	233	7.51	+ 3
13	357	7.28	−21	13	309	7.60	−19
—	(451)	7.06	—	14	411	7.38	−16
14	487	7.30	+11	—	(473)	7.45	—
15	570	7.44	− 5	15	538	7.70	+12
16	662	7.44	−12	16	619	7.65	− 5
17	764	7.29	− 8	17	702	7.68	−21
18	856	7.45	−15	18	810	7.55	−12
19	984	7.40	+14	19	919	7.76	− 1
20	9084	7.28	+15	20	9023	7.64	+ 4
21	177	7.24	+10	21	129	7.52	+11
22	251	7.28	−18	22	220	7.50	+ 3
23	386	7.53	+21	23	329	7.85	+14

Zur Ableitung des Periodenwerts wurden nur die Minima herangezogen, da diese durchweg besser entwickelt sind als die flachen und oft gestörten Maxima. Für den Zeitabschnitt 1932 Dez. bis 1939 Sept. gelten die folgenden Elemente:

$$\text{Min.} = \text{J. D. } 242\,7045 + 98\overset{d}{.}7 \cdot E;\quad M-m = 49^{d}.$$

Grenzen des beobachteten visuellen Lichtwechsels: $6\overset{m}{.}9$—$7\overset{m}{.}9$; mittlere visuelle Amplitude: $0\overset{m}{.}35$; Spektrum: Mb; galaktische Breite: +19°.

4. halbperiodisch; unregelmäßige Lichtkurven; langsame periodische Schwankungen der mittleren Helligkeit (TW Pegasi-Art)

TW Pegasi

Die Veränderlichkeit des im Jahre 1907 von Miss H. LEAVITT auf Harvard-Platten entdeckten Sterns wurde im gleichen Jahre von W. MÜNCH photometrisch mit Helligkeitsschwankungen zwischen $7\overset{m}{.}08$ und $7\overset{m}{.}62$ bestätigt. E. ZINNER[1]) glaubte einen periodischen Lichtwechsel nachweisen zu können und veröffentlichte 1911 die ersten Elemente: Max. = J.D. 242 0028 + $74^{d} \cdot E$, $M—m = 37$. Eine eingehende Untersuchung des Lichtwechsels konnte von B. P. GERASIMOVIČ[2]) im Jahre 1929 auf Grund von 357 Helligkeitsbeobachtungen vorgenommen werden, die MISS EVANS auf Harvard-Platten aus den Jahren 1904—16 erhalten hatte. Nach GERASIMOVIČ zeigt der Veränderliche eine große Ähnlichkeit mit UZ Persei. Die Helligkeit wechselt in unregelmäßig aufgebauten Wellen mit veränderlicher, zumeist sehr kleiner Amplitude. Zeitweilig scheint der Lichtwechsel ganz zu verlöschen. Eine Periode ist infolge der großen Unregelmäßigkeiten schwer zu bestimmen. Sie dürfte im Mittel etwa 90 Tage betragen. Neben diesen kurzen Wellen zeigt die mittlere Helligkeit des Sterns erhebliche Schwankungen von langer Dauer, deren Periode von B. P. GERASIMOVIČ zu $P = 934^{d}$ bestimmt wurde. Die Amplituden dieser langsamen Änderungen liegen zwischen $0\overset{m}{.}6$ und $1\overset{m}{.}2$. Da die entsprechenden Perioden für UZ Persei $P = 90^{d}$ und $P = 920^{d}$ betragen, ist die Ähnlichkeit der beiden Sterne auch in diesem Punkte überraschend groß. Spätere Beobachtungen von F. LAUSE[3]) verlangen eine geringe Vergrößerung der langen Periode auf $P = 956^{d}$, stehen im übrigen aber in guter Übereinstimmung mit den Ergebnissen von GERASIMOVIČ. Die folgenden 103 Beobachtungen wurden hier in der Zeit 1932 Nov. 28 bis 1939 Sept. 12 gewonnen.

Vergleichsterne

Bez.	BD-Nr.	$Gr._{phm.}$
TW Peg	+27° 4243	var.
g	+28 4309	$7\overset{m}{.}44$
a	+27 4252	7.92
w	+27 4241	8.53
b	+27 4255	8.60

Beobachtungen

J.D.242 ...	Gr.	J.D. 242 ...	Gr.	J.D.242 ...	Gr.	J.D.242 ...	Gr.	J.D.242 ...	Gr.	J.D.242 ...	Gr.
	m		m		m		m		m		m
7040.34	8.23	7094.26	8.29	7343.47	7.97	7709.41	7.78	8182.30	8.07	8905.28	8.49
041.24	8.25	097.28	8.27	359.39	8.11	715.50	7.94	205.28	8.08	937.28	8.16
042.25	8.22	098.24	8.30	372.43	8.26	728.52	8.11	303.56	8.11	9022.56	7.99
043.25	8.17	214.49	8.18	384.38	8.20	755.36	8.42	306.52	8.03	054.53	7.77
052.30	8.23	260.48	8.08	483.28	8.10	765.40	8.33	409.41	8.02	057.51	7.74
054.25	8.22	262.52	7.87	567.56	8.18	841.28	8.38	422.51	7.84	166.48	8.08
059.30	8.30	273.54	8.13	578.52	7.72	948.51	8.20	428.47	8.07	193.36	8.17
060.43	8.26	274.47	8.18	589.51	7.67	960.48	8.36	505.36	7.77	235.38	8.14
061.29	8.22	277.50	8.20	602.49	7.70	985.51	8.24	506.33	7.77	245.21	8.11
063.25	8.18	281.53	8.20	605.53	7.62	8023.50	8.36	517.29	7.64	250.32	7.93
065.29	8.19	299.51	8.15	623.51	7.67	037.41	8.41	522.29	7.62	251.29	7.92
068.25	8.22	307.54	8.14	661.49	7.72	049.47	8.19	542.31	7.62	262.24	7.82
072.26	8.22	321.36	8.03	677.47	7.72	072.32	8.23	752.52	8.25	280.31	7.80
078.30	8.24	325.40	8.11	685.47	7.67	077.51	8.21	772.43	8.26	412.54	7.62
082.40	8.25	333.38	7.90	691.37	7.56	088.48	8.20	784.59	8.26	420.52	7.57
083.24	8.29	335.51	7.92	695.32	7.60	122.43	8.13	798.48	8.48	429.52	7.62
093.26	8.30	342.38	7.82	708.44	7.77	164.31	8.23	817.51	8.37	493.43	8.08
										519.51	8.18

Aus den vorstehenden, z. T. weit auseinanderliegenden Beobachtungen lassen sich nur einige kurze Abschnitte der Lichtkurve mit Sicherheit festlegen. In diesen Abschnitten ist ein ziemlich regelloser Ver-

[1]) AN 190.377 (1912). — [2]) Harv. Bull. 867. — [3]) AN 266.121 (1938).

lauf von niedrigen Wellen vorhanden, deren Längen sehr verschieden sind, aber deutlich Werte von etwa 90 Tagen bevorzugen. Von einer Periodizität kann in diesem Fall nicht mehr die Rede sein. Auch die langsamen Schwankungen der mittleren Helligkeit verlaufen ungleichartig, lassen aber deutlich eine Periode von etwa 950 Tagen erkennen.

Maxima		Minima	
J. D. 242 ...	Gr.	J. D. 242 ...	Gr.
7250	7^m84	—	—
340	7.87	7290	8^m22
—	—	376	8.26
612:	7.63	—	—
696	7.55	658	7.76
792	7.85	756	8.41
—	—	843	8.38
8000	8.14	966	8.38
057	8.12	8032	8.43
117	8.10	078	8.22
194	8.03	153	8.30
420:	7.83	—	—
532	7.58	—	—
768:	8.20	—	—
—	—	804	8.49
955:	7.95	—	—
9044::	7.61	997	8.27
176:	8.02	—	—
272	7.75	9217	8.31
422	7.57	—	—

Maximum der mittleren Helligkeit ($P = 956^d$): J. D. 242 8530.

Grenzen des beobachteten visuellen Lichtwechsels: 7^m0—9^m2; Spektrum: M8; galaktische Breite: —22°.

III. Veränderliche mit zyklisch verlaufenden Helligkeitsänderungen

1. zyklisch; unregelmäßige Lichtkurven (VY Cassiopeiae-Art)

RU Aquarii

Über den im Jahre 1901 von W. P. Fleming auf Draper-Memorial-Platten der Harvard-Sternwarte entdeckten Veränderlichen liegen bereits Untersuchungen von B. P. Gerasimovič[1]) und P. Ryves[2]) vor. Gerasimovič bestimmte aus 430 Helligkeitsschätzungen auf Harvard-Platten aus den Jahren 1901—23 einen periodischen Lichtwechsel, dessen Maxima in Abständen von abwechselnd 65 oder 105 Tagen aufeinander folgen. Die einzelnen Schwankungen verlaufen sehr verschiedenartig. Neben einem starken Wechsel der Amplitude von 0^m3 bis 0^m7 tritt auch eine Veränderlichkeit der mittleren Helligkeit zwischen 10^m4 und 10^m7 hervor. Überdies soll 1913 ein Phasensprung von -54^d erfolgt sein. Ryves kam zu wesentlich anderen Ergebnissen. Die von ihm aus der Gesamtheit aller veröffentlichten Beobachtungen abgeleiteten Elemente: Max. = J.D. 242 5601 + $68^d7 \cdot E$ stellen die Hauptphasen des Lichtwechsels bis zum Jahre 1919 befriedigend dar. In späteren Zeiten scheinen aber größere Störungen im periodischen Ablauf der Erscheinungen eingetreten zu sein, da die von M. Esch beobachteten 5 Maxima aus den Jahren 1921—26 beträchtliche Abweichungen von den berechneten Epochen aufweisen. In der Zeit von 1928 Sept. 8 bis 1939 Sept. 12 wurden hier die folgenden 54 Helligkeitsschätzungen erhalten. Infolge seiner südlichen Lage ($\delta = -18°$) konnte der Stern nur in den Herbstmonaten in geringer Höhe über dem Horizont beobachtet werden.

Vergleichsterne

Bez.	BD-Nr.	angen. Gr.
RU Aqr	—18° 6299	var.
a	—18 6297	8^m50
b	—17 6742	8.70
g	—17 6741	9.30
f	—17 6747	9.56

[1]) Harv. Bull. 848 (1927). — [2]) MN 92.134.

Beobachtungen

J.D.242 ...	Gr.	J.D.242 ...	Gr.	J.D.242 ...	Gr.	J.D.242 ...	Gr.	J.D.242 ...	Gr.	J.D.242 ...	Gr.
	m		m		m		m		m		m
5116.50	8.70	5154.36	8.75	7061.22	9.23	7687.44	8.81	8025.48	9.02	9166.43	8.80
119.43	8.60	204.34	8.83	063.21	9.19	689.46	8.93	069.38	9.02	186.40	8.93
122.45	8.60	504.50	8.87	068.23	9.12	694.40	8.95	391.54	8.92	191.37	8.97
123.44	8.60	506.51	8.94	277.52	9.38	696.50	8.87	409.53	8.83	192.36	8.94
125.43	8.60	507.37	8.95	279.52	9.25:	710.35	8.98	423.40	8.80	193.38	8.92
130.47	8.55	510.53	8.85	307.44	9.13	715.40	9.01	428.48	8.77	230.29	8.81
147.45	8.72	512.49	8.78	325.45	8.99	717.43	8.98	429.40	8.77	249.25	8.80
148.40	8.75	7052.24	9.31	333.41	8.94	740.29	8.75	435.38	8.77	251.28	8.83
150.39	8.65	060.23	9.23	359.44	8.92	8020.58	9.02	450.43	9.02	519.50	8.98

Die vorstehenden Beobachtungen liefern nur kurze Bruchstücke einer Lichtkurve, aus der die folgenden, nicht sehr sicheren Hauptphasen abgelesen wurden.

	J.D. 242				
Maxima:	5132	$8^m.55$	Minima: J.D. 242	7715	$9^m.00$
	7348	8.88		9207	9.00
	8431	8.75			
	9169:	8.79			
	9241	8.75			

Die von Ryves gefundene Periode von 69 Tagen tritt an verschiedenen Stellen klar hervor, bleibt aber gewöhnlich für nur wenige Epochen bestehen, um von Abschnitten völliger Regellosigkeit abgelöst zu werden. Damit ist auch eine Darstellung der obigen Epochen durch die Elemente von Ryves nicht mehr möglich.

Zyklisch verlaufender Lichtwechsel mit $P = 68^d.7$; Grenzen der beobachteten visuellen Helligkeitsänderungen: $8^m.5$—$9^m.4$; mittlere visuelle Amplitude: $0^m.4$; Spektrum: M5e; galaktische Breite: —68°.

BE Pegasi

Der Lichtwechsel wurde im Jahre 1931 von C. Hoffmeister auf Sonneberger Platten entdeckt und in AN **242**.129 (1931) angezeigt. Auf Grund von 45 visuellen Beobachtungen zwischen 1931 Aug. 7 und Nov. 12 stellte N. Florja[1]) langsam verlaufende Helligkeitsänderungen im Betrage von $0^m.7$ fest. Zu einem ähnlichen Ergebnis kam S. Böhme[2]) im Jahre 1938, der auf 83 Bamberger Ernostar-Platten aus der Zeit 1929 Jan. 11 bis 1937 Nov. 21 einen langsamen und unregelmäßigen Lichtwechsel zwischen den photogr. Grenzen $10^m.1$ und $11^m.4$ fand. In der Zeit 1933 Jan. 14 bis 1939 Sept. 12 wurden hier die folgenden 76 Beobachtungen gewonnen.

Vergleichsterne

Bez.	BD-Nr. bzw. Ort 1855.0	$Gr._{phm.}$
BE Peg	+22° 4701	var.
a	+22 4702	$9^m.51$
b	+22 4700	9.71
c	22^h $37^m.2$ +22° 17′	10.14

Beobachtungen

J.D.242 ...	Gr.	J.D.242 ...	Gr.	J.D.242 ...	Gr.	J.D.242 ...	Gr.	J.D.242 ...	Gr.	J.D.242 ...	Gr.
	m		m		m		m		m		m
7087.30	9.63	7326.39	9.61	7708.43	9.41	8081.56	9.61	8484.37	9.84	9160.40	9.51
094.26	9.60	333.38	9.63	710.46	9.43	086.37	9.58	506.33	9.90	166.55	9.56
097.29	9.71	336.43	9.58	717.52	9.51	111.41	9.79	522.29	9.78	193.35	9.85
261.48	9.61	342.38	9.66	739.46	9.59	122.40	9.96	528.27	9.69	235.38	9.36
263.49	9.61	359.37	9.71	755.41	9.56	164.25	9.59	752.51	9.87	249.37	9.65
273:49	9.39	384.32	9.64	765.39	9.51	182.27	9.81	775.46	9.76	251.29	9.59
277.53	9.29	483.27	9.59	841.27	9.56	205.27	9.76	784.59	9.81	280.30	9.51
279.49	9.31	601.51	9.66	949.52	9.62	305.53	9.61	798.45	9.74	413.52	10.14
281.50	9.29	618.49	9.61	8020.55	9.56	390.37	9.73	817.50	9.80	420.51	10.26
298.43	9.66	625.48	9.76	026.41	9.58	398.40	9.84	859.35	9.97	429.48	10.26
307.53	9.64	658.47	9.63	037.44	9.93	409.41	9.82	905.29	9.66	519.50	9.95
324.35	9.64	684.32	9.41	044.44	9.84	420.46	9.88	937.27	9.91		
325.39	9.61	691.37	9.40	069.40	9.56	428.45	9.74	9057.53	9.58		

1) NNVS 4.24 (1932). — 2) AN **266**.172 (1938).

Die Lichtkurve besteht aus einer Folge von zumeist sehr flachen Wellen von wechselnder Gestalt und Länge. Die Zwischenzeiten der Maxima bzw. Minima schwanken unregelmäßig von 53 bis zu 105 Tagen. Sie gruppieren sich um den festen Mittelwert $P = 78^d$; $M—m = 39^d$, der für längere Zeitabschnitte (bis zu 12 Epochen = $2^1/_2$ Jahre) den Gang der Helligkeitsänderungen bestimmt. Von Zeit zu Zeit treten Epochen-Verschiebungen oder Abschnitte mit einem völlig regellosen Lichtwechsel auf.

E	Maxima J.D. 242..	Gr.	B—R		Minima J.D. 242..	Gr.	B—R
		m					
—	7280	9.29	—		—	—	—
—	333	9.59	—	unregelmäßig	7310	9^m67	—
—	—	—	—		364	9.70	—
0	7609	9.63	-1^d		—	—	—
1	696	9.39	+ 8		7639	9.75	-10^d
2	—	—	—		744	9.60	+17
6	8080	9.54	+ 2	$P = 78^d$	8045	9.90	+ 6
7	160	9.57	+ 4		128	9.96	+11
8	—	—	—		193	9.84	− 2
11	455:	9.60:	−13:		413	9.87	−16
12	—	—	—		502	9.91	− 5
—	8803	9.75	—	unregelmäßig	—	—	—
				Epochen-Verschiebung -21^d			
17	8908	9.65	− 7		8865	9.96	−11
21	9233	9.36	+ 6	$P = 78^d$	9195	9.87	+ 7
22	—	—	—		263	9.75	− 3
24	—	—	—		429	10.26	+ 7

Zyklischer Lichtwechsel mit $P = 78^d$; $M—m = 39^d$. Grenzen der beobachteten visuellen Helligkeitsänderungen: $9^m3—10^m3$; mittlere visuelle Amplitude: 0^m3; Spektrum: unbekannt; galaktische Breite: $-32°$.

LU Aquilae

Der Lichtwechsel des Sterns BD +15° 3891 wurde im Jahre 1932 von D. HOFFLEIT auf Harvard-Platten entdeckt und in Harv. Bull. 887 (1932) angezeigt. Die ersten Beobachtungen aus dem Jahre 1930 deuteten eine Periode von 50 bis 60 Tagen an. E. ZINNER[1]) fand auf 102 Aufnahmen zwischen 1929 März 16 und 1937 Sept. 4 Helligkeitsänderungen zwischen den Grenzen 9^m5 und 11^m5 (phot.). Der Stern war während dieser Zeitspanne meistens lichtschwach. Gelegentlich waren größere Schwankungen innerhalb einer Nacht zu bemerken. Die im folgenden mitgeteilten 120 Beobachtungen erstrecken sich über den Zeitraum 1932 Dez. 10 bis Aug. 17.

Beobachtungen

J.D. 242...	Gr.	J.D. 242...	Gr.	J.D. 242...	Gr.	J.D. 242...	Gr.	J.D. 242...	Gr.	J.D. 242...	Gr.
	m		m		m		m		m		m
7052.22	9.12	7320.36	9.35	7599.50	9.71	7927.47	9.43	8427.40	8.90	9045.52	8.96
055.21	9.12	324.39	9.20	602.46	9.69	948.45	9.27	435.43	8.92	054.47	9.10
061.21	9.20	325.37	9.19	606.47	9.69	952.51	9.17	450.40	9.21	062.48	9.22
062.22	9.20	326.41	9.22	612.45	9.70	975.52	9.18	462.35	9.19	087.52	9.36
063.21	9.18	333.35	9.20	618.42	9.51	8020.45	9.21	505.28	9.22	157.40	9.07
068.21	9.29	335.33	9.20	623.45	9.70	032.52	9.31	522.23	9.38	167.38	9.17
072.22	9.27	342.35	9.27	627.45	9.51	056.37	9.54	526.25	9.46	175.32	9.30
083.21	9.34	344.34	9.17	653.41	9.47	060.34	9.60	623.57	9.22	192.35	9.61
180.55	9.16	359.26	9.24	661.42	9.54	069.36	9.63	654.51	9.79	230.26	9.14
188.53	9.16	372.30	9.39	677.42	9.46	083.38	9.57	677.47	9.47	249.24	9.06
195.49	9.05	384.25	9.34	685.39	9.43	095.33	9.54	694.45	9.10	251.22	9.02
214.45	9.17	535.57	9.42	689.45	9.64	111.29	9.46	751.54	9.52	364.55	8.73
260.46	9.18	546.51	9.64	692.41	9.66	247.64	9.08	769.41	9.37	372.58	8.86
274.41	8.96	564.50	9.66	695.42	9.66	268.52	9.37	778.33	9.36	391.50	9.34
277.52	9.17	567.52	9.76	706.38	9.66	303.55	9.02	798.41	9.08	410.42	9.46
279.51	9.14	569.47	9.86	715.41	9.39	325.51	9.35	817.45	8.98	412.45	9.46
281.48	9.14	574.44	9.81	728.41	9.43	389.48	9.38	854.23	9.21	420.52	9.27
295.40	9.29	577.49	9.81	740.29	9.35	408.42	9.31	9020.47	8.91	422.49	9.06
298.49	9.22	588.50	9.76	755.27	9.20	420.41	8.96	022.58	8.92	429.51	8.80
307.42	9.31	591.47	9.72	919.50	9.38	422.52	8.93	038.49	8.88	493.42	9.07

[1]) AN 265.346 (1938).

Vergleichsterne

Bez.	BD-Nr.	Gr. phm.
LU Aql	+15° 3891	var.
a	+15 3895	9^m10
b	+15 3894	9.27
c	+15 3886	9.51

Die Helligkeit schwankt in sehr unregelmäßig geformten Wellen zwischen den Grenzen 8^m5 und 9^m8. Die Haupt-Wellen mit Längen von 55 bis 121 Tagen sind von zahlreichen sekundären Wellen von kurzer Dauer überlagert. In der Aufeinanderfolge der Maxima scheint zeitweilig ein Zyklus von 106 Tagen hervorzutreten. Von einer Periodizität des Lichtwechsels kann jedoch nicht die Rede sein, da mehrere voll entwickelte Maxima ganz aus der Reihe herausfallen. Die in der Spalte B—R der folgenden Tabelle aufgeführten Abweichungen zwischen Beobachtung und Rechnung beziehen sich auf die Elemente: Max. = J.D. 242 7344 + $105^d7 \cdot E$.

Maxima			Minima	
J.D. 242 ..	Gr.	B—R	J.D. 242 ..	Gr.
7052	9^m11	(+25^d)	—	—
199	9.05	(+66)	—	—
274	9.06	(+36)	7239	9.35
340	9.16	− 4	311	9.32
—	—	—	376	9.41
656	9.40	− 5	578	9.80
756	9.20	−11	699	9.66
990	9.1	+12	—	—
—	—	—	8078	9.62
8305	9.03	+10	273	9.37
429	8.90	+28	397	9.41
501	9.20	− 6	474	9.28
600:	9.0	−12:	548:	9.7
705	9.04	−13	658	9.80
819	8.97	− 5	753	9.52
9031	8.84	− 4	—	—
147:	9.0	+ 6:	9095	9.38
247	9.02	0	200	9.73
356:	8.7	+ 4:	—	—
455:	8.5	− 3:	405	9.48

Zyklischer Lichtwechsel mit $P = 105^d7$; Grenzen der beobachteten visuellen Helligkeitsänderungen: 8^m5—9^m8; mittlere visuelle Amplitude: 0^m5; Spektrum: M1; galaktische Breite: —2°.

2.1935 Leonis

Über den Lichtwechsel des im Jahre 1934 von C. Hoffmeister auf Sonneberger Platten entdeckten Veränderlichen ist bislang noch nichts Näheres bekannt geworden. In der Zeit 1935 Febr. 9 bis 1939 Juni 9 wurden die folgenden 61 Beobachtungen erhalten.

Vergleichsterne

Bez.	BD-Nr.	Gr. phm.
2.1935 Leo	+15° 2334	var.
a	+15 2333	9^m90
b	+16 2257	10.11
c	+16 2260	10.50

Beobachtungen

J.D.242...	Gr.	J.D.242...	Gr.	J.D.242...	Gr.	J.D.242...	Gr.	J.D.242...	Gr.	J.D.242...	Gr.
	m		m		m		m		m		m
7843.38	10.04	7907.42	10.28	8187.51	9.96	8571.48	10.13	8979.46	9.87	9325.39	10.03
858.44	10.06	916.42	10.37	204.49	9.79	601.43	10.24	998.44	9.92	332.39	9.95
860.44	10.06	926.41	10.25	228.43	9.83	623.48	10.06	9008.43	9.96	341.38	9.90
865.44	10.03	928.43	10.24	244.44	10.00	637.44	10.02	018.38	10.02	354.42	9.84
866.45	10.15	945.39	10.06	247.40	9.98	676.43	10.26	026.42	10.06	364.45	9.92
870.44	10.14	951.40	10.00	267.42	10.04	854.63	9.78	038.40	10.03	371.40	9.90
871.45	10.06	960.44	10.00	305.49	10.30	923.53	10.03	249.54	10.02	379.44	10.00
875.43	10.13	970.43	9.97	325.43	10.13	938.49	9.88	289.51	10.04	389.43	10.06
899.49	10.28	8180.51	9.89	518.51	10.06	949.46	9.77	315.42	10.11	404.41	10.04
906.38	10.30	183.44	9.82	523.51	10.00	971.47	9.81	322.43	10.03	414.41	10.08
										424.42	9.98

Die Helligkeitsänderungen vollziehen sich in unregelmäßigen, langsamen Schwankungen im Betrage von etwa einer halben Größenklasse. Die Längen der einzelnen Wellen betragen im Mittel etwa 107 Tage.

E	Maxima J.D. 242..	Gr.	B—R	E	Minima J.D. 242..	Gr.	B—R
0	7852:	10ᵐ02	−24ᵈ:	1	7913	10ᵐ32	−24ᵈ
1	966	9.96	−17	4	8295	10.32	+37
3	8212	9.77	+15	7	597	10.25	+18
6	540	9.92	+22	11	9028	10.07	+21
7	637	10.02	+12	14	310:	10.12	−18:
10	959	9.75	+13	15	403	10.07	−32
14	9354	9.85	−20	—	—	—	—

Die vorstehenden Phasenepochen liefern die Elemente:

$$\text{Max.} = \text{J. D. } 242\,7876 + 107^d \cdot E; \quad M{-}m = 46^d.$$

Nach den beträchtlichen Abweichungen zwischen den beobachteten und gerechneten Epochen (vgl. Spalten B—R) liegt ein periodischer Lichtwechsel sicherlich nicht vor. Der Stern ist deshalb zu den Veränderlichen mit zyklisch verlaufenden Helligkeitsschwankungen zu zählen.

Grenzen des beobachteten visuellen Lichtwechsels: $9^m\!.7$—$10^m\!.3$; mittlere visuelle Amplitude: $0^m\!.3$; Spektrum: unbekannt; galaktische Breite: +68°.

BC Pegasi

Der Lichtwechsel wurde im Jahre 1931 von C. Hoffmeister auf Sonneberger Platten erkannt und in AN **242**.129 (1931) angezeigt. Aus 45 visuellen Helligkeitsschätzungen zwischen 1931 Aug. 7 und Nov. 12 bestimmte N. Florja[1]) das Maximum J.D. 242 6650 und eine Periode von etwa 100ᵈ. Im folgenden sind die hier erhaltenen 76 Beobachtungen aus der Zeit 1933 Jan. 14 bis 1939 Sept. 12 mitgeteilt.

Vergleichsterne

Bez.	BD-Nr.	Gr.phm.
BC Peg	+20° 5207	var.
e	+20 5210	9ᵐ03
g	+20 5202	9.49
a	+20 5204	9.88
b	+20 5212	10.14

Beobachtungen

J.D.242...	Gr.	J.D.242...	Gr.	J.D.242...	Gr.	J.D.242...	Gr.	J.D.242...	Gr.	J.D.242...	Gr.
	m		m		m		m		m		m
7087.30	10.09	7326.38	9.86	7708.44	9.82	8081.56	9.69	8484.37	10.01	9160.40	9.65
094.26	10.15	333.38	9.88	710.46	9.77	086.37	9.69	506.33	10.07	166.55	9.70
097.29	10.14	336.43	9.88	717.52	9.66	111.41	9.70	522.29	10.05	193.35	9.73
261.48	9.95	342.38	9.93	739.46	9.64	122.40	9.80	528.26	10.15	235.38	9.98
263.49	9.98	359.37	9.88	755.40	9.37	164.24	9.83	752.51	10.05	249.37	9.93
273.49	9.78	384.32	9.88	765.39	9.34	182.27	9.76	775.46	10.29	251.29	9.98
277.53	9.69	483.27	9.78	841.27	9.30	205.27	9.77	784.59	10.24	280.30	9.72
279.49	9.73	601.51	9.77	949.52	9.73	305.53	9.93	798.45	10.14	413.52	9.69
281.50	9.71	618.49	9.90	8020.55	9.64	390.37	10.03	817.50	9.93	420.51	9.69
298.43	9.77	625.48	9.70	026.41	9.73	398.40	10.08	859.35	10.13	429.48	9.57
307.53	9.75	658.48	9.32	037.44	9.69	409.41	10.01	905.29	9.77	519.50	9.71
324.35	9.84	684.32	9.77	044.45	9.55	420.45	9.97	937.27	9.79		
325.39	9.75	691.37	9.75	069.40	9.70	428.45	9.95	9057.53	10.01		

Die Lichtkurve besteht aus ziemlich flachen Wellen von wechselnder Gestalt und Höhe. Die Zwischenzeiten der z. T. nur unsicher bestimmbaren Extrema liegen zwischen 88 und 139 Tagen. Sie streuen damit erheblich um den Mittelwert $P = 125^d$, mit dem sich der Lichtwechsel abschnittsweise leidlich darstellen läßt. Die großen Abweichungen zwischen den beobachteten und berechneten Epochen (Spalten B—R), die bis zu 23ᵈ oder 18% der Periode anwachsen, sowie die häufigen Phasen-Verschiebungen reihen den Stern in die Gruppe der Veränderlichen mit zyklischem Lichtwechsel ein.

[1]) NNVS 4.24 (1932).

E	Maxima J.D. 242 . .	Gr.	B—R	Minima J.D. 242 . .	Gr.	B—R
0	7283	$9^{\mathrm{m}}69$	$+11^{\mathrm{d}}$	—	—	—
1	—	—	—	7348	$9^{\mathrm{m}}91$	$-\ 1^{\mathrm{d}}$
3	649	9.27	+ 2	613	9.95	+14
4	766:	9.34	− 6:	701	9.85	−23
	Epochen-Verschiebung $+49^{\mathrm{d}}$					
6	8052	9.49	−19	8031	9.75	+ 8
—	(099)	9.64	—	(080)	9.71	—
7	191	9.72	− 5	145	9.92	− 3
9	452:	9.8:	+ 6:	401	10.07	+ 3
12	827	9.89	+ 6	779	10.28	+ 3
	Epochen-Verschiebung -30^{d}					
13	920	9.67	+ 4	869	10.15	+ 1
15	9169	9.66	+ 3	—	—	—
16	295:	9.65:	+ 4:	9239	9.97	− 4
17	434:	9.6:	−10:	—	—	—

Zyklischer Lichtwechsel mit $P = 125^{\mathrm{d}}$; $M{-}m = 48^{\mathrm{d}}$. Grenzen der beobachteten visuellen Helligkeitsänderungen: $9^{\mathrm{m}}3$—$10^{\mathrm{m}}3$; mittlere visuelle Amplitude: $0^{\mathrm{m}}35$; Spektrum: unbekannt; galaktische Breite: —33°.

2. zyklisch; unregelmäßige Lichtkurven (UW Pegasi-Art)

TW Delphini

Der Lichtwechsel wurde im Jahre 1934 von S. Beljawsky[1]) auf Simeïser Platten entdeckt und im Jahre 1935 unabhängig von C. Hoffmeister[2]) auf Sonneberger Platten aufgefunden. Während Beljawsky und Seliwanow[3]) den Stern für einen Langperiodischen halten, glaubt G. Miczaika[4]) einen „halbregelmäßigen" Lichtwechsel mit den Elementen: Max. = J.D. 242 5526 + $86^{\mathrm{d}}0 \cdot E$ nachweisen zu können. Die im folgenden mitgeteilten 13 Beobachtungen zwischen 1938 Okt. 3 und 1939 Juni 21 stehen im Widerspruch zu den vorstehenden Ergebnissen.

Vergleichsterne

Bez.	BD-Nr. bzw. Ort 1855.0	angen. Gr.*)
TW Del	+7° 4499	var.
e	+7 4502	$9^{\mathrm{m}}78$
d	+7 4496	9.93
c	$20^{\mathrm{h}}\ 29^{\mathrm{m}}2$ +7° 45′	10.41

*) durch Schätzung an Sterne aus HA 70 angeschlossen.

Beobachtungen

J.D. 242 . . .	Gr.	J.D. 242 . . .	Gr.	J.D. 242 . . .	Gr.
	m		m		m
9175.40	10.29	9230.27	10.32	9413.48	10.12
191.38	9.85	250.21	9.90	417.45	10.19
192.41	9.86	410.47	10.17	421.47	10.09
193.30	9.86	412.49	9.99	428.51	10.09
				436.53	10.05

Die infolge der spärlichen Beobachtungen sehr unsicheren Phasenepochen

Maxima: J. D. 242 9198 $9^{\mathrm{m}}81$ Minima: J. D. 242 9169 $10^{\mathrm{m}}34$
258 9.83 227 10.35
423 10.15

deuten auf einen Zyklus mit $P = 63^{\mathrm{d}}$ hin. Nach der Gesamtheit der Ergebnisse scheint der Lichtwechsel meistens unperiodisch zu verlaufen. Nur zeitweilig treten Abschnitte mit zyklischen Helligkeitsänderungen auf. Spektrum: unbekannt; galaktische Breite: —19°.

Grundlagen für die Einteilung der Veränderlichen mit $P = 30$ bis 150^{d}

Aus dem bunten Gemisch von verschiedenartigen Lichtkurven treten die Darstellungen für die in unseren Periodenbereich fallenden normalen δ Cephei- und Mira-Sterne durch ihre charakteristischen

[1]) NNVS 4.254 (1934) und NNVS 4.374 (1935). — [2]) AN 255.407 (1935). — [3]) Tashkent Circ. 50 (1935). — [4]) AN 258.349 (1936).

Formen hervor. Auch die RV Tauri-Sterne bilden mit ihren eigentümlichen Kurven noch eine in sich geschlossene, selbständige Gruppe, obgleich zwischen ihnen und den weniger regelmäßigen Veränderlichen bereits fließende Übergänge bestehen. Bei allen übrigen Lichtkurven ist die Auffindung der ihnen eigentümlichen Merkmale und damit die Gewinnung von Grundlagen für eine Einordnung erheblich schwieriger. Im Gegensatz zu den normalen δ Cephei- und Mira-Sternen wechselt der Charakter des Lichtwechsels bei diesen Sternen oft sehr rasch. Zeiten mit regelmäßigen und periodischen Helligkeitsschwankungen werden durch Abschnitte mit unregelmäßigen Änderungen oder völliger Ruhe unterbrochen. Daneben können Phasenverschiebungen, sekundäre Wellen und Änderungen der Periodenlänge die Lichtkurven derartig entstellen, daß von einem periodischen Verlauf kaum noch die Rede sein kann. Bei einer näheren Untersuchung dieser Kurven lassen sich aber trotzdem gewisse Übereinstimmungen und Ähnlichkeiten nachweisen, die Zusammenfassungen zu Gruppen ermöglichen. Zu diesem Zwecke ist die Periodizität als wichtigstes Merkmal in den Vordergrund der Betrachtungen gestellt. Im vorliegenden Fall sind dafür sämtliche Wahrnehmungen von gesetzmäßigen Erscheinungen im zeitlichen Ablauf des Lichtwechsels herangezogen, selbst wenn diese nur zeitweilig oder in verschleierter Form auftreten. Unter dieser Voraussetzung muß jedoch der Grad des periodischen Verhaltens besonders hervorgehoben werden. Die bisher für die Charakteristik des Lichtwechsels gebräuchlichen Abstufungen: „regelmäßig", „halbregelmäßig" und „unregelmäßig" sind so allgemein für die verschiedensten Eigenschaften herangezogen worden, daß sie kein klares Bild der jeweils vorliegenden Verhältnisse bieten können. So geht z. B. aus der Bezeichnung „halbregelmäßig" nicht hervor, ob diese sich auf die Periodizität, die Amplitude, die Gestalt der Einzelwellen oder auf den Gesamtverlauf der Helligkeitsänderungen beziehen soll. In der Mehrzahl der Fälle wird zwar ein völlig unperiodischer Lichtwechsel auch unregelmäßig entwickelte Schwankungen aufweisen. Es gibt indessen zahlreiche Lichtkurven, die aus sehr glatten und regelmäßig geformten Wellen aufgebaut sind, ohne dabei die Spur einer Gesetzmäßigkeit im zeitlichen Ablauf der Erscheinungen erkennen zu lassen. Umgekehrt können sehr unregelmäßig geformte Wellen von verschiedener Höhe sehr wohl einer unverkennbaren Periodizität unterliegen. Aus diesem Grunde ist eine schärfere Abgrenzung in der Anwendung der allgemein üblichen Bezeichnungen erforderlich.

Die in Betracht kommenden Sterne sind nach ihrem periodischen Verhalten zunächst in die drei Hauptgruppen der „periodisch", „halbperiodisch" und „zyklisch" veränderlichen eingeteilt. Dabei sind in der Gruppe der „periodisch" veränderlichen noch die Abstufungen: „streng periodisch", „periodisch" und „fast periodisch" unterschieden. Die auf die Periodizität Bezug nehmenden Bemerkungen sind somit folgendermaßen abgestuft:

I. periodischer Lichtwechsel:

streng periodisch: Die Zeiten der Maxima und Minima werden mit einer innerhalb der Beobachtungsgenauigkeit liegenden Pünktlichkeit innegehalten. Gesetzmäßige Änderungen der Periodenlänge sind zugelassen. Beispiel: δ Cephei.

periodisch: Die Zwischenzeiten der Hauptphasen sind abgesehen von kleinen Abweichungen konstant. Langsame Schwankungen der Periodenlänge sowie vereinzelt vorkommende Epochensprünge sind zulässig. Beispiel: Mira Ceti.

fast periodisch: Der Lichtwechsel verläuft in seiner Gesamtheit periodisch. Die Zeiten der Maxima und Minima werden aber schlecht innegehalten. Vereinzelt treten geringe Störungen auf, die unter Umständen das Ausfallen von einzelnen Hauptphasen zur Folge haben können. Beispiel: UV Draconis.

II. halbperiodischer Lichtwechsel:

Der periodische Lichtwechsel wird oftmals durch kürzere oder längere Abschnitte mit unregelmäßigen Helligkeitsänderungen unterbrochen, nach denen der ursprüngliche Lichtwechsel — zuweilen mit verschobener Phase — fortgeführt wird. Daneben treten aber auch sprunghafte Änderungen der Periodenlänge auf. Beispiel: AM Pegasi.

In Einzelfällen bestehen mehrere feste Perioden von sehr verschiedener Länge nebeneinander, die sich von Zeit zu Zeit ablösen. Beispiel: UU Herculis.

III. zyklischer Lichtwechsel:

In den zumeist wenig regelmäßig aufgebauten Lichtkurven treten Ketten von Maxima oder Minima hervor, die mit etwa 4 bis 8 Erscheinungen periodisch wiederkehren und nach einer kurzen Entwicklung sehr bald wieder abklingen. Sehr häufig laufen mehrere Wellen mit gleicher Periode, aber verschiedener Höhe und Phase nebeneinander her. Die Periodenlänge ist dabei ziemlich konstant. Beispiel: VY Cassiopeiae.

Nachdem durch diese Einteilung zunächst das periodische Verhalten der Helligkeitsänderungen als wichtigstes Merkmal herausgestellt ist, kann eine Unterteilung der drei Hauptgruppen nach den sonstigen Eigentümlichkeiten der Lichtkurven, insbesondere nach etwa vorhandenen Ähnlichkeiten mit den Grundformen der δ Cephei- oder Mira-Kurven vorgenommen werden. Schließlich erfolgt noch eine weitere Gliederung nach dem Grad der Regelmäßigkeit des Aufbaus der Einzelwellen sowie des Gesamtverlaufs der Lichtkurven.

Die Bemerkungen über den Verlauf der Einzelwellen beziehen sich nur auf die Regelmäßigkeit ihrer jeweiligen Form. Es sind deshalb nur „glatte" und „gestörte" Kurven unterschieden. Eine weitere Charakterisierung würde die Aufstellung einer langen Typenfolge erforderlich machen. Damit würde aber die Übersichtlichkeit verloren gehen, die durch die abgekürzte Darstellung gerade angestrebt wird.

Entscheidender ist die Beurteilung des Gesamtverlaufs der Lichtkurven, insbesondere die Feststellung, wie weit eine Ähnlichkeit der Formen in der periodischen Wiederkehr der Wellen erhalten bleibt. Diese Betrachtung kann sich jedoch nur auf die Kurvenabschnitte mit periodischen Schwankungen erstrecken, da die Unregelmäßigkeit in den gestörten Abschnitten bereits in der Charakteristik der Periodizität zum Ausdruck gebracht ist. Für die Darstellung des Gesamtverlaufs der Lichtkurven gelten danach die folgenden Abkürzungen:

regelmäßig: Strenge Ähnlichkeit aller aufeinanderfolgenden Wellen. Beispiel: δ Cephei.

halbregelmäßig: Die Wellen sind in ihrem Charakter einander ähnlich, weisen aber Unterschiede in sekundären Ausbuchtungen sowie in der Form und Breite der Maxima und Minima auf. Beispiel: Mira Ceti.

wenig regelmäßig: Die Einzelwellen lassen noch gewisse gemeinsame Merkmale einer Grundform erkennen, verlaufen aber im übrigen sehr verschieden (z. B. starker Wechsel von spitzen und breiten bzw. glatten und aufgespaltenen Maxima oder Minima). Beispiel: Z Leonis.

unregelmäßig: Eine Grundform der Einzelwellen ist nicht zu erkennen. Beispiel: AF Cygni.

Nach den vorstehend dargelegten Gesichtspunkten wurde auf Grund einer sorgfältigen Prüfung aller vorhandenen Lichtkurven das in Tabelle 5 aufgestellte Schema für die Einteilung unserer Veränderlichen entwickelt. Die in den Spalten „Zahl der Sterne", „mittlere Amplituden", „Spektra" und „mittlere reduzierte galaktische Breiten" aufgeführten Angaben sind aus den weiter unten zusammengestellten Ergebnissen abgeleitet.

Ordnung aller bis 1943 bekannten Veränderlichen mit Perioden von 30 bis 150 Tagen

Unter Zugrundelegung des in Tabelle 5 (S. 89) gegebenen Schemas wurde nunmehr eine Klassifizierung aller z. Zt. bekannten Veränderlichen mit Perioden von 30 bis 150 Tagen versucht. Nachdem es schon bei einem Teil der hier beobachteten Sterne, trotz der dafür vorliegenden, zumeist sehr zuverlässigen Lichtkurven zweifelhaft war, in welche Untergruppen die einzelnen Objekte einzureihen sind, bereitete die Einordnung der zahlreichen weniger bekannten Veränderlichen, für die nur kurze, unvollständige und zuweilen einander widersprechende Angaben zu finden waren, noch größere Schwierigkeiten. Bei vielen neueren oder sehr lichtschwachen Veränderlichen, für die außer den Mitteilungen in den „Benennungslisten der Astron. Nachr." oder in „Kat. u. Eph." keine näheren Angaben zu erlangen waren, blieb nichts anderes übrig, als die Art des Lichtwechsels aus der Periodenlänge, der Amplitude sowie aus gewissen Merkmalen in der Darstellung der Elemente zu bestimmen. Eine erhebliche Willkür ist dabei unvermeidbar, und es ist daher wahrscheinlich, daß spätere Beobachtungsergebnisse verschiedene Umstellungen erforderlich machen. Diese Verbesserungen dürften indessen das Gesamtbild der Verteilung nicht wesentlich verändern.

In der folgenden Zusammenstellung sind die Veränderlichen der einzelnen Untergruppen nach ihren Periodenlängen geordnet aufgeführt. Als Periodenwerte wurden für alle hier beobachteten Veränderlichen die aus den eigenen Beobachtungen abgeleiteten Ergebnisse, für alle anderen die Perioden aus Kat. u. Eph. für 1943 eingesetzt. In den angeführten Literaturangaben sind die für die Einordnung maßgeblichen Stellen nachgewiesen. Die photographischen Helligkeiten und Amplituden sind von den visuellen Werten durch Kursiv-Druck unterschieden. Am Kopf jeder Untergruppe ist eine kurze Zusammenfassung der gemeinsamen Merkmale des Lichtwechsels der darin untergebrachten Sterne gegeben. Die hier beobachteten Veränderlichen sind wieder mit einem * gekennzeichnet.

I. Veränderliche mit periodischen Helligkeitsänderungen

A. δ Cephei-Sterne und Veränderliche mit δ Cephei-ähnlichen Lichtkurven

1. streng periodisch; regelmäßige Lichtkurven (SV Vul-Art); normale δ Cephei-Sterne

Die in Tabelle 6 (S. 90) zusammengestellten δ Cephei-Sterne stehen mit ihren sehr langen Perioden an der äußersten Grenze ihrer Gruppe. Die Eigentümlichkeiten des Lichtwechsels dieser Veränderlichen sind von H. Ludendorff[1]) auf Grund von neueren Untersuchungen in verschiedenen Arbeiten zusammenfassend dargelegt, so daß auf diese Veröffentlichungen verwiesen werden kann. Als Mitglieder einer der beiden Hauptgruppen der periodischen physischen Veränderlichen bleiben die normalen δ Cephei-Sterne im Rahmen dieser Arbeit von untergeordnetem Interesse. Sie sind hier nur aufgenommen, weil ihre Perioden mit $P = 30$ bis 64 innerhalb der für die Untersuchung festgelegten Grenzen liegen.

[1]) AN 203.361 (1916). — Sitzungsber. d. Preuß. Akad. d. Wiss. Phys.-math. Kl. 1929, V. — Hdb. d. Astrophysik Bd. VI, 180 (1928) u. Bd. VII, 651 (1936).

Tabelle 5

Veränderliche mit Perioden von 30 bis 150 Tagen

Übersicht der Einteilung

Gruppen und Merkmale		Art	Zahl der Sterne	Spektr.	mittl. vis. Ampl.	mittl. reduz. galakt. Breite
I. Veränderliche mit periodischen Helligkeitsänderungen.						
A. δ Cephei-Sterne und Veränderliche mit δ Cephei-ähnlichen Lichtkurven.						
streng periodisch					m m	
1. regelmäßige Lichtkurven:	glatte δ Cephei-Wellen	SV Vul	19	F8—Mo	0.6—2.1	3°
periodisch						
2. fast regelmäßige „	glatte δ Cephei-artige Kurven mit geringen Unregelmäßigkeiten in Gestalt und Amplitude .	S Vul	9	G4—K6	0.4—1.6	19°
3. halbregelmäßige „	glatte, aber sehr ungleiche Wellen mit wechselndem, δ Cephei- oder RV Tauri-ähnlichem Verlauf	WY And	12	F9—Mc	0.6—2.0	11°
B. RV Tauri-Sterne und Veränderliche mit RV Tauri-ähnlichen Lichtkurven.						
periodisch						
1. halbregelmäßige Lichtkurven:	ziemlich glatte Doppelwellen; RV Tauri-Sterne	R Sge	17	F8—K5	0.5—2.5	12°
2. „ „	wie vor; periodische Schwankungen der mittleren Helligkeit $>0^m5$	DF Cyg	6	F5—M3	0.3—1.8	8°
3. wenig regelmäßige „	RV Tauri-ähnliche Doppelwellen mit sehr verschiedenem und oft gestörtem Verlauf	R Sct	9	K2—K5	0.9—2.0	11°
4. „ „ „	sehr ungleich geformte Wellen, die RV Tauri-ähnliche Grundformen aufweisen (Übergang RV Tauri—μ Cephei)	RU Cep	6	K8	0.6—2.0	22°
C. Mira-Sterne und Veränderliche mit Mira-ähnlichen Lichtkurven.						
periodisch						
1. halbregelmäßige Lichtkurven:	Mira-Sterne mit Ampl. $>3^m0$; ziemlich glatte Wellen mit einzelnen Buckeln	X Cam	119	K5e—M7e	3.1—6.5	25°
2. „ „	ziemlich glatte Wellen, Mira-ähnlich	NO Aql	7	Mo	1.0—2.5	14°
3. „ „	ziemlich glatte Mira-ähnliche Kurven; eine überlagernde Welle schreitet mit anderer Periode fort	RY Cam	2	M3	1.7—3.5	13:
4. wenig regelmäßige „	Mira-Sterne mit Ampl. $>1^m5$ bis 3^m0; zumeist erheblich gestörte Wellen mit Buckeln und Höckern	S Aql	79	M2—M5	1.6—3.0	44°
5. „ „ „	sehr ungleiche und buckelige Wellen mit Mira-ähnlichen Grundformen	Z Leo	18	M1—M5	0.5—2.0	39°
D. Langperiodische mit kleiner Amplitude des Lichtwechsels (0^m3—1^m5).						
periodisch						
1. unregelmäßige Lichtkurven:	sehr verschieden geformte Wellen (0^m3—1^m5) ohne Grundform. Maxima und Minima unpünktlich	TT Dra	42	Ma—Md	0.3—1.5	44°
fast periodisch						
2. unregelmäßige „	wie vor; zuweilen fallen einzelne Maxima oder Minima aus (ohne Unterbrechung der Periodizität).	UV Dra	34	F8—Nb	0.3—1.5	36°
II. Veränderliche mit halbperiodischen Helligkeitsänderungen.						
halbperiodisch						
1. halbregelmäßige Lichtkurven:	ziemlich glatte, aber ungleiche Wellen. Es treten kurze unregelmäßige Abschnitte auf, nach deren Ablauf der Lichtwechsel mit gleicher Periode, aber verschobener Phase fortgesetzt wird	AM Peg	16	K2—N3	0.5—2.7	23°

Gruppen und Merkmale		Art	Zahl der Sterne	Spektr.	mittl. vis. Ampl.	mittl. reduz. galakt. Breite
2. wenig regelmäßige Lichtkurven:	verschieden geformte, glatte bis bucklige Wellen. Zwei feste Perioden lösen einander nach längerem Bestehen ab	UU Her	3	F8—K	m m 0.4—1.5	27°:
3. unregelmäßige „	unregelmäßige und zumeist sehr flache Wellen, deren Verlauf häufig durch Phasen-Verschiebungen gestört wird	AF Cyg	40	M2—Mb	0.3—2.9	30°
4. „ „	wie vor. Die mittlere Helligkeit ist in größerem Umfange langsam veränderlich	TW Peg	11	M3—N5	0.3—1.5	40°
III. Veränderliche mit zyklisch verlaufenden Helligkeitsänderungen.						
zyklisch						
1. unregelmäßige Lichtkurven:	Einzelwellen zumeist stark gestört. Die Maxima und Minima zeigen in kürzeren Zyklen periodische Wiederkehr	VY Cas	43	G0—N3	0.3—2.3	36°
2. „ „	sehr verschieden geformte und stark gestörte Wellen, in denen nur zeitweilig Zyklen mit einer wiederkehrenden Periode auftreten	UW Peg	10	M4—Mb	0.5—2.5	24°

Die Lichtkurven der langperiodischen δ Cephei-Sterne verlaufen alle ziemlich gleichartig. Sie zeigen einen viel steileren Lichtanstieg als Abfall. Daneben scheint die Gestalt der Kurven von Epoche zu Epoche geringfügige Unterschiede aufzuweisen, die nur bei einer sehr sorgfältigen Beobachtung zu erkennen sind und bei der üblichen Zusammenziehung von vielen zeitlich auseinanderliegenden Beobachtungen zu mittleren Lichtkurven höchstens als eine etwas auffällige Streuung der Einzelwerte um den mittleren Verlauf hervortreten. Die visuellen Amplituden der Helligkeitsänderungen betragen im Mittel $1^{m}1$. Die Spektra haben c-Charakter und zeigen eine mit dem Lichtwechsel gleichlaufende Veränderlichkeit zwischen etwa G1 im Maximum und K5 im Minimum, die eine erhebliche Vergrößerung der photographischen Helligkeitsamplitude von etwa 50% verursacht. Die galaktischen Breiten sind fast alle sehr klein.

Tabelle 6

Stern	P	$\frac{M-m}{P}$	mittl. Ampl.	Grenzen der Helligk.	Spektrum	galakt. Breite	Lit.
	d		m	m m			
DY Ori	30.1286	0.26	0.6	12.3 —12.9	—	—6°	KE 1943
CQ Sco	30.412	—	1.5	12.8 —14.3	—	— 6	„
RV CMa	30.46	0.15	0.7	10.6 —11.3	—	— 5	„
RR Mic	32.060	0.27	1.2	10.1 —11.3	—	—48	„
RV Nor	32.11	0.28	1.4	12.5 —13.9	—	— 2	GL II
AN Sct	32.8543	0.22	1.6	13.3 —14.9	—	— 3	KE 1943
V 396 Cyg	33.232	0.37	1.6	11.6 —13.2	—	+ 4	„
ST Hyi	33.32	—	1.9	12.5 —14.4	—	—42	„
KN Cen	34.02	0.21	1.3	10.5 —11.8	—	— 2	„
V 532 Sgr	34.21	0.43	1.3	13.7 —15.0	—	— 6	„
l Car	35.5323	0.37	0.8	3.4 — 4.2	F8—K0	— 7	GL II
GZ Nor	35.734	0.28	1.3	12.5 —13.8	—	— 4	KE 1943
U Car	38.798	0.22	1.19	5.85— 7.04	F9—K3	0	GL II
EV Aql	39.60	0.23	1.52	12.40—13.92	—	+ 4	„
RS Pup	41.414	0.24	2.11	7.42— 9.53	G5—K7	0	KE 1943
V 738 Sgr	43.39	0.35	0.8	13.5 —14.3	—	— 6	„
SV Vul*	45.197	0.21	1.10	6.95— 8.05	G2—M0	0	EH 8 C 7
CE Pup	49.53	0.30	1.1	12.5 —13.6	—	— 4	Ben. L. 39
II Car	64.24	0.27	0.9	14.0 —14.9	—	0	„

2. periodisch; fast regelmäßige Lichtkurven; δ Cephei-ähnlich (S Vul-Art)

Die Lichtkurven bestehen aus glatten und ziemlich gleichmäßig geformten Wellen, die mit ihrem steilen Anstieg, dem spitzen Minimum und einer sekundären Welle auf dem absteigenden Ast der δ Cephei-Art sehr ähnlich sind. Sie unterscheiden sich von den normalen Kurven durch das Fehlen der völligen Gleichheit der Einzelwellen. Die Neigung der ansteigenden Kurvenäste, die Form der Maxima, die Größe und Lage des sekundären Buckels und schließlich auch die Amplitude des Lichtwechsels zeigen von Epoche zu Epoche merkliche Unterschiede, die in diesem Umfange bei den echten δ Cephei-Sternen nicht vorkommen. Die Spektra G4—K6 sind veränderlich und haben c-Charakter. Mit ihnen weisen auch die geringen galaktischen Breiten auf eine engere Verwandtschaft mit den δ Cephei-Sternen hin.

Tabelle 7

Stern	P	$\frac{M-m}{P}$	mittl. Ampl.	Grenzen der Hellig.	Spektrum	gal. Breite	Lit.
	d		m	m m			
AE Lyr*	57.1	0.44	1.1	10.3 —11.5	—	+ 9°	S. 7
CG Sgr	64.1	0.36	*0.44*	*14.02—14.46*	—	—18	KE 1943
V 514 Sgr	66	—	*1.0*	*15.4 —16.4*	—	— 6	Ben. L. 33
S Vul*	67.77	0.36	0.75	8.5 — 9.8	cK6v	0	EH 8. C21
DN Ara	82	—	*1.3*	*13.4 —14.7*	—	—13	Ben. L. 35
DP Lyr*	85.9	0.42	0.85	11.25—12.45	—	+15	S. 8
SX Her*	103.2	0.34	1.32	7.80— 9.36	gG7ev	+45	EH 8. C23
VW CMi	109	0.37	—	*13.2 —14.3*	—	+14	GL II
UY CMa*	116.0	0.31	1.3	10.3 —11.9	G4	—15	S. 10

3. periodisch; halbregelmäßige Lichtkurven; δ Cephei- oder RV Tauri-ähnlich (WY And-Art)

Die Veränderlichen dieser Gruppe haben glatte Lichtkurven mit Einzelwellen, deren Grundformen in längeren Abschnitten abwechselnd einen δ Cephei- oder RV Tauri-ähnlichen Verlauf zeigen, wobei aber die Merkmale dieser Gruppen nicht immer vorhanden bleiben. Stellenweise ähneln die Kurven dann mehr den Mira-Sternen kurzer Periode (Kurven-Typ β—γ) oder der S Aql-Art. Die Perioden sind in geringem Umfange veränderlich. In den Spektren, die c-Charakter tragen und zwischen den Klassen G und M veränderlich sind, treten während der Maxima helle Linien auf. Bei WY And und AG Aur sind außergewöhnlich hohe Radialgeschwindigkeiten festgestellt. Die galaktischen Breiten sind in Übereinstimmung mit den δ Cephei-Sternen klein. Wahrscheinlich handelt es sich um Übergangsformen zwischen den δ Cephei-Veränderlichen und den Langperiodischen mit kleiner Amplitude.

Tabelle 8

Stern	P	mittl. Ampl.	Grenzen der Hellig.	Spektrum	gal. Breite	Lit.
	d		m m			
V 558 Sgr	64.1	—	*13.5—15.2*	—	— 6°	Ben. L. 35
BZ Sct	80	—	*13.0—14.0*	—	— 3	KE 1943
V 355 Cen	81	—	*12.0—13.1*	—	+17	Ben. L. 34
V 345 Cen	81	—	*13.5—15.1*	—	+14	Ben. L. 34
BU Cen	85.5?	—	*12.4—14.2*	—	+13	GL II
AR Sgr	88.90	—	*9.5—11.5*	K4	—14	KE 1943
AV Cyg*	89.1	$0^{m}8$	9.9—11.1	K5	+ 8	S. 11
AG Aur*	96.0	0.95	9.3—10.9	cG5e	+16	S. 13
AC Car	99	—	*8.6— 9.2*	Mc	—20	KE 1943
V 400 Sco	102.8:	—	*14.7—15.9*	—	— 5	Ben. L. 35
WY And*	107.2	0.8	8.7— 9.9	cG6e	—14	S. 14
V 411 Sco	135	—	*13.4—15.0*	—	— 5	KE 1943

B. RV Tauri-Sterne und Veränderliche mit RV Tauri-ähnlichen Lichtkurven

1. periodisch; halbregelmäßige Lichtkurven; normale RV Tauri-Sterne (R Sge-Art). Amplituden der Schwankung der mittleren Helligkeit $< 0^{m}5$

Die Lichtkurven der RV Tauri-Sterne (R Sge-Art und DF Cyg-Art) bestehen aus periodischen Folgen von ziemlich glatten Doppelwellen, die in einer dem β Lyrae-Typus ähnlichen Weise verlaufen. In Übereinstimmung mit jenen Bedeckungsveränderlichen treten auch hier neben fast gleichhohen, abgerundeten Maxima abwechselnd tiefe und flache Minima auf, so daß Haupt- und Nebenphasen entstehen, die in regelmäßigem Wechsel aufeinander folgen. Der wesentliche Unterschied gegenüber den β Lyrae-Sternen besteht in einer auffallenden Asymmetrie der Kurven sowie in größeren Ungleichheiten der aufeinanderfolgenden Doppelwellen. Diese Unregelmäßigkeiten fallen besonders stark bei den Neben-Minima auf, die unter Umständen die Tiefe der Haupt-Minima erreichen und dabei zuweilen den Anlaß zu einer fortlaufenden Vertauschung der Haupt- und Nebenphasen geben. Nach einem derartigen Wechsel erscheinen die Phasen des Lichtwechsels um den Betrag der halben Periodenlänge verschoben. Die tiefen Haupt-Minima sind fast immer sehr spitz geformt. Aus ihnen steigt die Helligkeit stets ziemlich rasch ins 1. Maximum. Das folgende Neben-Minimum ist gewöhnlich flach und weniger regelmäßig ausgebildet. Es liegt mit vereinzelten Ausnahmen etwas vor der Mitte zwischen zwei aufeinanderfolgenden Haupt-

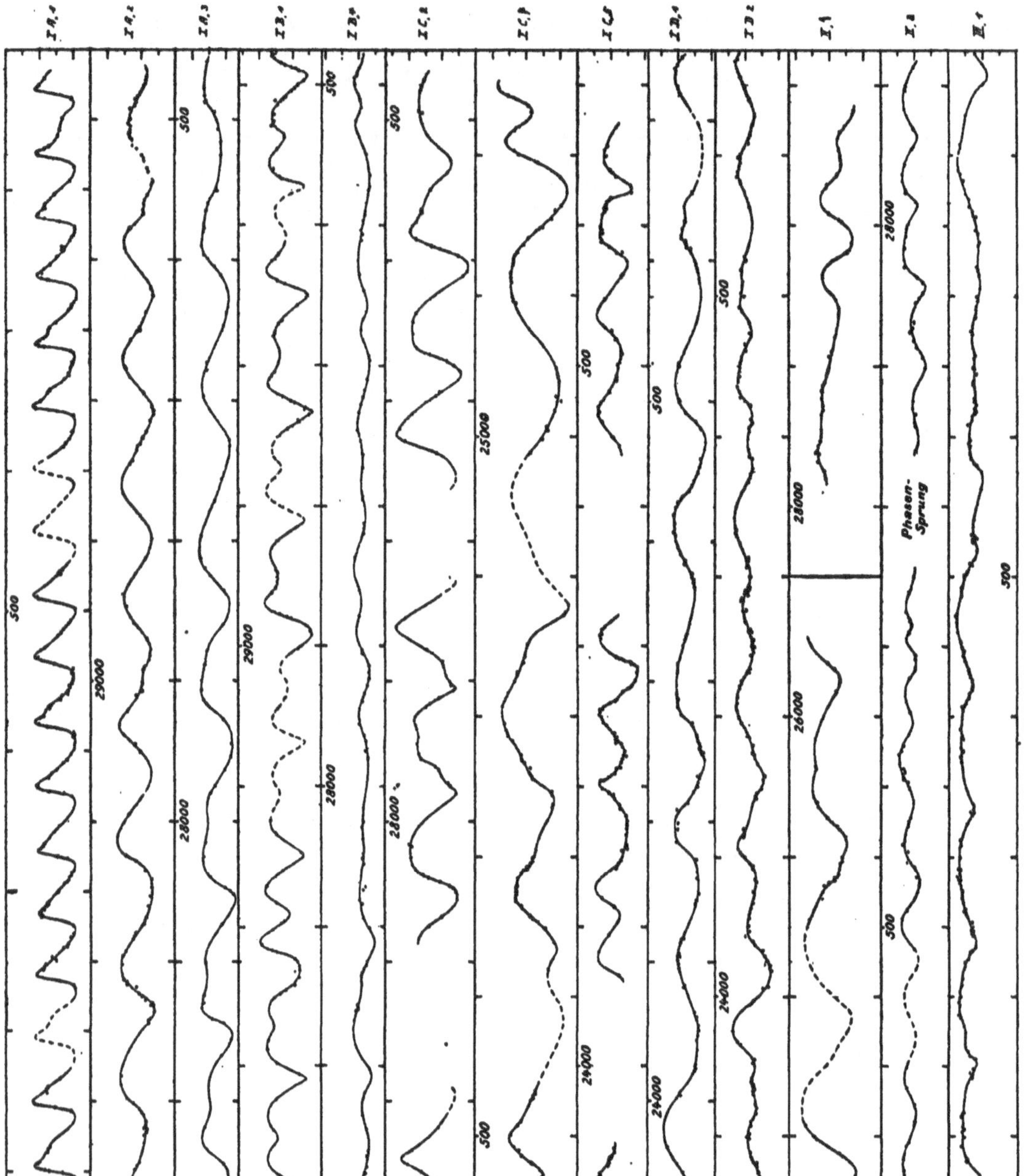

Abb. 4. Beispiele von Lichtkurven

Minima. Das 2. Maximum erreicht in der Regel nicht ganz die Höhe des ersten. Da der Helligkeitsabfall zum Haupt-Minimum weniger steil verläuft als der folgende Anstieg, gewinnt die Kurve die bereits erwähnte unsymmetrische Gestalt. Aus den Lichtkurven von 19 RV Tauri-Veränderlichen wurde das folgende Schema des Lichtwechsels bestimmt:

Phase	mittlere Lage zum Haupt-Min. in % der Periode	mittlere Helligkeits-Unterschiede gegen das Haupt-Min.
		m
Haupt-Minimum	0.0	0.00
1. Maximum	20.8 ±2.2	—1.04
Neben-Minimum	48.2 ±1.5	—0.54
2. Maximum	68.2 ±3.7	—0.95
Haupt-Minimum	100.0	0.00

Die verschiedenen RV Tauri-Sterne zeigen hinsichtlich der Regelmäßigkeit ihrer Lichtkurven erhebliche Unterschiede. Während einige Sterne einen ständigen Wechsel in der Gestalt und Amplitude der Doppelwellen aufweisen und daneben in häufiger Folge Vertauschungen von Haupt- und Nebenphasen zeigen (z. B. UZ Oph), ist bei anderen ein sehr ebenmäßig ausgebildeter β Lyrae-ähnlicher Lichtwechsel vorhanden, der trotz jahrelanger Beobachtung keine Vertauschungen erkennen läßt. Bei den letzteren kann daher die Entscheidung über ihre Zugehörigkeit zu den RV Tauri-Sternen auf Grund des Aussehens der Lichtkurven manchmal schwierig sein. Bei einigen Veränderlichen dieser Gruppe tritt zeitweilig mit einer Schrumpfung der Helligkeitsamplitude eine völlig gleichartige Entwicklung aller Minima und Maxima auf, so daß der Lichtwechsel in diesen Abschnitten den Charakter der normalen δ Cephei-Sterne annimmt (z. B. TT Oph und SS Gem).

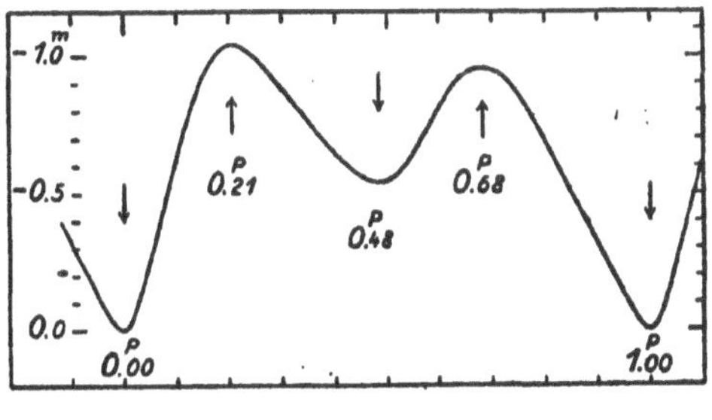

Abb. 5. Schema des Lichtwechsels der RV Tauri-Sterne.

Fast alle RV Tauri-Sterne zeigen Schwankungen der mittleren Helligkeit, die wahrscheinlich periodisch verlaufen. In der Mehrzahl der Fälle bleibt die Amplitude dieser Schwankung unter $0^{m}5$. Bei einer kleineren Gruppe, zu der auch RV Tauri selber gehört, betragen die Änderungen der mittleren Helligkeit $0^{m}6$ bis $3^{m}0$ mit Perioden zwischen 625 und 1360 Tagen. Dabei scheint eine Beziehung zwischen der Amplitude der kurzen Doppelwellen und der mittleren Helligkeit der Sterne zu bestehen, die sich in einer erheblichen Dämpfung des kurzperiodischen Lichtwechsels im Minimum der mittleren Helligkeit auswirkt.

Die abgeleiteten Periodenlängen beziehen sich auf die Abstände der aufeinanderfolgenden Haupt-Minima und sind als Mittelwerte aufzufassen. Rechnet man die Epochen mit diesen Werten, so zeigen die beobachteten Haupt-Minima geringe Verfrühungen oder Verspätungen, die im Mittel etwa 2% der Periode betragen und in Anbetracht der sicheren Bestimmung der spitzen Phasen unbedingt als reell anzusehen sind. Überdies weisen die Bearbeitungen zeitlich auseinanderliegender Abschnitte darauf hin, daß auch die mittleren Perioden innerhalb enger Grenzen veränderlich sind. Bei V Vul wurde im Jahre 1916 sogar eine sprunghafte Verlängerung der Periode von $74^{d}94$ auf $75^{d}68$ festgestellt. Ähnliche Erscheinungen wurden hier neuerdings auch bei UZ Oph beobachtet. Neben diesen Änderungen der Periodenlängen treten bei den Phasenvertauschungen oft Epochenverschiebungen auf, die vom Betrage der halben Periode etwas abweichen und wahrscheinlich auf die unsymmetrische Lage des zum Haupt-Minimum gewordenen ehemaligen Neben-Minimums zurückzuführen sind.

Tabelle 9

Stern		*P*	mittl. Ampl.	Grenzen der Hellig.	Spektr.	gal. Breite	Lit.
		d	m	m m			
CN	Cen	51.0	(*1.5*)	*12.5—14*	—	+ 2°	GL II, 1.250
GK	Car	55.6	(*1.5*)	*12.5—14*	—	+ 3	GL II, 1.207
UY	Ara	57.22	(*1.1*)	*11.1—12.2*	G	—12	HA **90**. 209
TT	Oph*	61.077	1.3	9.2—10.9	F 8 pe	+27	EH **8**, C 16
RU	Cen	64.71	(*1.5*)	*8.8—10.3*	G 7 v	+18	GL II, 1.237
AD	Aql*	65.4	0.7	10.9—12.1	—	— 5	S. 16
RX	Cap*	67.7	1.3	10.8—12.6	—	—24	S. 17
V 360	Cyg*	70.45	1.4	10.5—12.1	—	—13	S. 19
R	Sge*	70.84	1.2	8.6—10.4	c G 7 v	—11	EH **8**, C 9
AC	Her*	75.24	1.1	7.4— 8.7	G 6 e v	+14	EH **8**, C 14
V	Vul*	75.98	1.15	8.3— 9.8	c G 8 v	—10	EH **8**, C 11
GK	Cyg*	79.3	1.25	11.9—13.7	—	+ 5	S. 20
EP	Lyr*	83.429	0.53	9.8—10.7	—	+ 8	S. 21
TW	Cam*	84.4	0.7	9.2—10.3	—	+ 4	S. 23
UZ	Oph*	87.0	1.8	9.7—12.4	G 6 v	+22	S. 24
SS	Gem*	89.31	0.7	8.6— 9.3	G 5 v	+ 1	AN **234**.465 u. **262**.284
U	Mon*	92.26	1.4	5.7— 7.4	G 8 v	+ 4	S. 26

Die Spektren gehören im Maximum der Helligkeit den Klassen F5—K0 an. Sie haben c-Charakter, sind veränderlich und liegen im Minimum der Helligkeit zwischen G7 und M3. Die Radialgeschwindigkeiten sind mit dem Lichtwechsel gleichlaufend veränderlich. Mit ihren mittleren Spektren ordnen sich die RV Tauri-Sterne nur dann in die Perioden-Spektren-Beziehung der δ Cephei- und Mira-Veränderlichen ein, wenn dabei die Längen der Einzelwellen (halbe Perioden) in Ansatz gebracht werden. Die Sterne zeigen eine mäßige galaktische Konzentration.

Die Perioden für die Doppelwellen der echten Vertreter dieser Gruppe liegen zwischen 33 und 92 Tagen. Sie zeigen eine Häufung bei $P = 76^d$. Die in der Literatur als RV Tauri-Sterne bezeichneten Veränderlichen mit längeren Perioden (z. B. V UMa $P = 190^d$, S Dra $P = 342^d$ u. a.) weisen zwar auch Doppelwellen mit Haupt- und Nebenphasen auf, lassen im übrigen aber die oben beschriebenen Merkmale größtenteils oder ganz vermissen. Sie gehören deshalb nicht zu den echten RV Tauri-Sternen und mußten hier wegen ihrer langen Perioden von der Betrachtung ausgeschlossen werden.

2. periodisch; halbregelmäßige Lichtkurven; normale RV Tauri-Sterne (DF Cyg-Art). Amplituden der Schwankung der mittleren Helligkeit $0^m.5$ bis $3^m.0$

Tabelle 10

Stern	P	mittl. Ampl.	Schwankg. d. mittl. Helligk. P	Ampl.	Grenzen der Helligk.	Spektrum	gal. Breite	Lit.
	d	m m		m	m m			
SX Cen	32.9	*0.5—1.5*	625d	*2.5*	*8.6—12.3*	F5	+14°	GL II,1.239
EZ Aql	38.61	0.78	?	>3.1	*11.0—[14.5*	cK0	— 6	KE 1943
DF Cyg*	49.71	0.6—1.8	787	2.8	10.1—13.8	cK0v	+ 9	S. 28
SU Gem*	50.12	0.3—1.4	689.6	1.5	10.3—12.2	K6v	+ 5	S. 30
AI Sco	71.24	—	980	(2.0)	*10.4—12.7*	K	— 4	KE 1943
RV Tau*	78.60	0.4—1.2	1360	1.6	9.2—11.6	K5v	—12	EH 8. C18

3. periodisch; wenig regelmäßige Lichtkurven; RV Tauri-ähnlich (R Sct-Art)

Neben den bisher beschriebenen klassischen RV Tauri-Sternen gibt es eine Reihe von Veränderlichen, deren Lichtkurven zwar auch RV Tauri-ähnliche Doppelwellen aufweisen, die aber mehr oder weniger gestört verlaufen. Die oben näher dargelegten typischen Erscheinungen treten nur teilweise hervor. Dem sehr verschiedenartigen und zuweilen ziemlich unregelmäßigen Aufbau der einzelnen Kurvenzweige entsprechen größere Verschiebungen der Phasen, so daß die weniger spitz geformten Haupt-Minima oft ziemlich unpünktlich eintreffen. Der regelmäßige Wechsel von tiefen und flachen Minima bleibt gewöhnlich nur für kürzere Zeitabschnitte bestehen, und die Vertauschungen von Haupt- und Nebenphasen folgen rasch aufeinander. Zuweilen treten Abschnitte mit geringen und unregelmäßig verlaufenden Helligkeitsänderungen auf, denen dann wieder der ursprüngliche periodische RV Tauri-Lichtwechsel folgt. Der Umfang dieser Unregelmäßigkeit ist bei den einzelnen Sternen sehr verschieden, so daß eine scharfe Trennung von den normalen RV Tauri-Veränderlichen kaum vorgenommen werden kann. Im vorliegenden Fall wurden alle Sterne abgesondert, bei denen zeitweilig Störungen in der Periodizität oder größere Abweichungen im Aufbau der Doppelwellen (z. B. Entwicklung von breiten Haupt-Minima) beobachtet sind. Sowohl die Spektra und die galaktischen Breiten als auch die z. T. sehr erheblichen Schwankungen der mittleren Helligkeit bis zu $3^m.5$ lassen auf eine enge Verwandtschaft mit dem Normaltyp schließen, so daß man diese Sterne mit Sicherheit als eine Abart der echten RV Tauri-Veränderlichen bezeichnen kann.

Tabelle 11

Stern	P	mittl. Ampl.	Grenzen der Helligk.	Spektrum	gal. Breite	Lit.
	d		m m			
V 760 Sgr	45.28	—	*12.0—13.6*	—	+ 3°	KE 1943
EQ Cas	58.383	—	*12.3—14.3*	—	— 7	Ben. L. 40
V 357 Cen	63.14	—	*13.8—14.7*	—	+23	Ben. L. 34
LN Aql	65	—	*14.5—15.4*	—	— 4	Ben. L. 30
IS Aql	69.60	—	*13.2—[14.5*	—	— 4	Ben. L. 29
TX Aql*	69.68	$0^m.52$	10.0—10.8	F?	—14	AN 234.474
TX Tau*	84.0	0.4	10.5—11.5	—	—19	AN 262.285
DY Aql*	131	1.8	9.4—11.9	—	—17	AN 262.280
R Sct	142.8		4.5— 9	K5ev	— 1	AN 238.53

4. periodisch; wenig regelmäßige Lichtkurven; Übergang RV Tauri—μ Cephei (RU Cep-Art)

Wesentlich unklarer liegen die Verhältnisse bei den Veränderlichen vom Typus RU Cephei. Die Ähnlichkeit mit den RV Tauri-Sternen ist im allgemeinen nur noch durch den regelmäßigen Wechsel von tiefen und flachen Minima gegeben. Infolge der zumeist sehr kleinen Amplituden der Doppelwellen treten die Unregelmäßigkeiten besonders stark hervor. Während die Haupt-Minima noch die Form von flachen und runden Mulden haben, sind die Neben-Minima oft nur als schwache Einsenkungen angedeutet. Von Zeit zu Zeit treten kurze Abschnitte auf, in denen der Lichtwechsel ganz zu ruhen scheint oder in sehr niedrigen Wellen unregelmäßig verläuft. Das Wiederauftreten der periodischen Doppelwellen ist gewöhnlich mit einer erheblichen Phasenverschiebung, zuweilen auch mit einer geringen Veränderung der Periodenlänge verbunden. Die Perioden sind im Mittel erheblich länger als bei den echten RV Tauri-Sternen. In Übereinstimmung damit gehören auch die Spektra etwas späteren Klassen an. Die Schwankungen der mittleren Helligkeiten sind sehr gering, die galaktischen Breiten klein. Der Lichtwechsel stellt wahrscheinlich eine Übergangsform von der RV Tauri- zur μ Cephei-Art dar.

Tabelle 12

Stern	P	mittl. Ampl.	Grenzen der Helligk.	Spektrum	gal. Breite	Lit.
			m m			
CN Aur	84	—	10.0—11.1	—	+10°	Ben. L. 36
RU Cep*	118.4	0.3	8.9— 9.5	K8	+22	S. 31
V 399 Cyg	120	—	12.9—14.3	—	— 7	BZ 20.30
V 605 Oph	133	—	12.8—14.8	—	+10	Ben. L. 40
BR Tel	142	—	9.5—11.4	—	—37	„ „
BI Lac	150	—	12.9—14.3	—	—10	VM II. 103

C. Mira-Sterne und Veränderliche mit Mira-ähnlichen Lichtkurven

Von den normalen Mira-Sternen fallen nur die Veränderlichen mit den relativ kurzen Perioden von 80 bis 150 Tagen in den Rahmen der vorliegenden Arbeit. Mit 200 Vertretern stehen diese Sterne innerhalb des genannten Periodenbereichs trotzdem an der Spitze aller Veränderlichen. Das bedeutet jedoch angesichts ihrer großen Häufigkeit sehr wenig, weil mit ihnen nur 7% der z. Zt. bekannten Mira-Sterne mit Amplituden $>1^m5$ erfaßt sind. Eine umfassende Bearbeitung dieser Veränderlichen ist von H. LUDENDORFF[1]) durchgeführt und veröffentlicht worden. Dort sind auch die Lichtkurven eingehend untersucht, klassifiziert und statistisch behandelt. Ganz allgemein wurde nachgewiesen, daß die Regelmäßigkeit des Lichtwechsels mit abnehmenden Amplituden geringer wird. Da nun die Mira-Sterne mit relativ kurzen Perioden im Mittel auch kleinere Amplituden aufweisen, sind bei ihnen größere Unregelmäßigkeiten im Verlauf der Lichtkurven zu erwarten. Die deshalb vorgenommene Trennung der Langperiodischen nach ihren Amplituden in die 3 Gruppen: Mira-Sterne mit Ampl. $>3^m0$, solche mit Ampl. $>1^m5$ bis 3^m0 und Langperiodische mit kleiner Amplitude (0^m3 bis 1^m5), dürfte in der Festlegung der Grenzen zwar etwas willkürlich, nach dem Verlauf der Lichtkurven aber berechtigt sein.

1. periodisch; halbregelmäßige Lichtkurven; Mira-Sterne mit Ampl. $> 3^m0$ (X Cam-Art)

Die Lichtkurven verlaufen im allgemeinen ziemlich glatt und zeigen die Formen β—γ der LUDENDORFFschen Klassifikation. Die Periodenlängen sind wenig veränderlich, und die Zeiten der Maxima und Minima werden ziemlich gut innegehalten. Im übrigen sei auf die ausführlichen Untersuchungen von H. LUDENDORFF[1]) verwiesen. Schwache galaktische Konzentration.

Tabelle 13

Stern	P	Grenzen der Helligk.	Spektrum	gal. Breite	Lit.
	d	m m			
AL Sgr	79.10	11.4— 14.5	—	—13°	KE 1943
DL Sgr	80	13.0— 17	—	—25	AN 224.133
CE Sgr	90.4	14.0—[16.0	—	—18	AN 224.143
T Cen	90.73	5.6— 9.0	Moe	+28	GL II, 1.234
AM Sgr	95	10.3—14.0	—	—21	KE 1943
V 352 Sco	97.5	15.0—[16.5	—	— 7	Ben. L. 33
AX Mus	99	15.5—[16.0	—	— 6	Ben. L. 30
V 404 Oph	100	15.4—[16.2	—	+10	VM I. 61
V 531 Sgr	100.5	14.7—[16.5	—	— 6	Ben. L. 35
V 620 Oph	103.1	14.5— 17.5	—	+ 8	Ben. L. 40
V 369 Cyg*	104	10 — 16	—	+16	S. 33
KU Sgr	104	13 — 17	—	—13	Ben. L. 25
V 471 Aql	104.9	13.6—[14.2	—	—17	Ben. L. 39
V 358 Oph	107±	14.3—[15.0	—	+ 8	HA 90.235
UZ CrA	107	12.0—[16	—	—18	GL II, 1.302
SS Her	107.6	8.0— 13.2	M3e	+33	GL II, 2.131

[1]) Handb. d. Astrophys. Bd. VI. 89 (1928) u. Bd. VII. 627 (1936).

Tabelle 13 (Fortsetzung)

Stern	P	Grenzen der Helligk.	Spek-trum	gal. Breite	Lit.
	d	m m			
V 612 Sgr	108.7	13.7—[16.5	—	— 8°	Ben. L. 35
VW Car	109.3	13.4—[15.1	—	— 2	KE 1943
V 425 Sco	109.3	15.5—[17.0	—	— 4	Ben. L. 35
SW Cir	109.5	14.4—[16.5	—	— 8	Ben. L. 29
V 351 Oph	110±	16.0—[16.5	—	+ 8	Ben. L. 27
V 365 Aql	110	15.3—[15.9	—	— 6	VM I. 29
BQ Pav	112	10.9—[14.0	—	—31	Ben. L. 40
TX Tel	112.2	13.0— 16.0	—	—17	Ben. L. 20
HY Ara	114.1	13.8— 17.0	—	—15	Ben. L. 35
RT Tri	115	12.5—[15.5	—	—29	KE 1943
V 639 Oph	116	13.1—[17	—	+ 7	Ben. L. 40
V 611 Sgr	116.8	14.3—[16.5	—	— 8	Ben. L. 40
UX Oph	117	9.4—[13.5	—	+18	GL II, 2.296
SY Her	117.10	7.8— 12.8	—	+33	GL II, 2.133
RW Aps	117.3	13.8—[16.5	—	—10	Ben. L. 29
PY Aql	120?	11 —[12.5	—	—22	KE 1943
FN Ori	120	11 —[13	—	—17	AN 256.273
V 364 Oph	120	15.5—[16.5	—	+ 7	KE 1943
EL Her	120	13.0— 16.0	—	+24	VM I. 51
V 452 Aql	120±	14.5— 17.5	—	— 6	Ben. L. 38
W Pup	120.2	7.9— 12.8	M3e	— 9	KE 1943
HW Oph	121.2	15.4—[17.0	—	+ 8	KE 1943
V 335 Sco	122	14.8—[16.2	—	— 8	Ben. L. 33
RR Aps	124.0	13.4— 16.5	—	— 8	Ben. L. 29
AP Cep	125	12.8—[16	M2e	+13	Ben. L. 36
RU Vel	125	10.6— 15.3	M3e	+ 6	KE 1943
YY CrA	125.9	11.5— 16.0	Me	—15	Ben. L. 25
GT Ara	126.6	12.5—[16.5	—	—15	Ben. L. 35
V Crv	126.7	10 —[15.5	—	+45	KE 1943
U CMa	127	9.8—[12	—	—19	KE 1943
GR Oph	127.3	14.7—[16.5	—	+ 8	GL II, 2.321
V 627 Sgr	127.9	14.3—[16.5	—	— 7	Ben. L. 35
FG Sco	127.9	14.4—[16.5	—	+ 9	KE 1943
V 444 Sco	128.8	15.2—[16.5	—	— 6	Ben. L. 35
RX Mus	129	14.5— 18.0	—	— 9	GL II, 2.267
WZ Lup	129.0	12.6— 15.7	—	+13	KE 1943
GG CrA	129.2	12.6— 16.3	—	— 9	Ben. L. 35
TX Cap	129.7	10.9—[12.5	—	—30	Ben. L. 31
CX Cas	130	11 — 14.5	—	+ 3	Ben. L. 37
AR Eri	130	13.5—[16.5	—	—24	Ben. L. 33
V 472 Aql	130	15 —[16	—	—16	Ben. L. 39
CM Oph	131.1	13.5—[16.5	—	+11	KE 1943
BP Oph	132	14.3—[16	—	+ 9	Ben. L. 25
Z Aql	132.2	8.7— 14.0	M3e	—21	GL II, 1.42
UU Cir	132.5	13.5—[16.5	—	— 5	Ben. L. 29
BD Ser	134	13.4—[15.4	—	+12	Ben. L. 36
T Gru	135.6	7.8— 11.3	M4e	+55	KE 1943
FR CrA	136	15.0—[16.5	—	— 8	Ben. L. 35
BN Aur	136	13.6—[15.5	—	+ 2	VM I. 81
R Vul*	136.8	7.1— 13.6	M4e	—16	AN 252.288, AN 259.121
XZ TrA	136.8	15.0—[16.5	—	— 5	Ben. L. 29
HH Sco	137.1	13.5— 17.3	—	+ 9	KE 1943
NW Sco	137.5	15.5—[16.6	—	— 6	Ben. L. 33
DL Aqr	138	11.5—[12.5	—	—35	Ben. L. 36
R Mic	138.5	8.0— 13.7	M4e	—35	GL II, 2.248
TT Lup	139	12.5— 16.2	—	+13	KE 1943
FF CrA	139	13.4—[15.0	—	— 7	Ben. L. 35
BU Lup	139.9	14.0—[16.0	—	+12	Ben. L. 29
DV Cyg	140	13.0—[15.8	—	+ 8	GL II, 2.47
RW Aqr*	140.2	9.6— 13.6	M2e	—33	S. 34
TW Lib	140.4	11.6— 16.5	—	+39	GL II, 2.208
PT Sco	140.5	14.7— 16.5	—	— 7	Ben. L. 35
RT Vel	141	10.5—[12	M7e	+10	KE 1943
V 345 Sgr	141	12.0— 16.7	—	—22	KE 1943
BT Lup	141	13.9—[16.0	—	+10	Ben. L. 29
V 499 Oph	142	14.5—[16.6	—	+ 9	VM I. 66
MU Aql*	142.4	12.0— 15.5	—	— 3	S. 35
SS Cas	142.5	8.5— 13.2	M4e	— 1	KE 1943
BG Ser	143	11.5— 15	—	+41	Ben. L. 37
BE Ser	143	12.1— 15.5	—	— 5	KE 1943
V 534 Sgr	143.1	14.8—[16.5	—	— 6	Ben. L. 35

Tabelle 13 (Fortsetzung)

Stern	P	Grenzen der Helligk.	Spek-trum	gal. Breite	Lit.
	d	m m			
V 469 Sco	143.5	14.3— 17.5	—	+ 6°	Ben. L. 38
FL Cyg	143.7	12.3— 16.5	—	+ 9	VM II. 76
BL Mon	144	13.0— 16	—	+ 4	AN 256.276
VV Per	144 ?	10.6—[12.3	—	— 7	KE 1943
HP CrA	144	13.5—[16.5	—	— 9	Ben. L. 35
X Cam*	144.27	7.3— 13.8	M3e	+20	EH 8, C 29
V 592 Sgr	144.7	14.9—[16.5	—	— 7	Ben. L. 35
V 530 Sgr	145.3	15.0—[16.5	—	— 6	Ben. L. 35
ZZ Aql	145.5	13.0—[15.3	—	—10	GL II, 1.52
Y Sge	146	13.6—[16.2	—	— 5	KE 1943
CK Lup	146	13.9—[16.0	—	— 9	Ben. L. 29
BL Hya	146	12.5— 16.5	—	+31	Ben. L. 39
BC Sco	146.3	13.2— 17.0	—	+12	KE 1943
V 441 Sco	146.3	14.6—[16.5	—	— 7	Ben. L. 35
V 711 Sgr	146.5	13.7—[16.5	—	— 9	KE 1943
FP Ori	147	11 —[12.5	—	—23	Ben. L. 33
DD Cyg	147	10.5—[13	Moe	+ 9	GL II, 2.43
DF Aql	147.3	11.3— 16.0	—	—11	KE 1943
AD Cas	148	12.6—[16	—	+ 7	VM I. 16
V 372 Oph	148	12 — 16	—	+25	GL II, 2.345
EK Ori	148	13.3—[16.9	—	— 5	Ben. L. 28
V 361 Sco	148.5	12.5— 16.5	—	— 7	Ben. L. 33
DQ CrA	148.6	14.7—[16.5	—	— 9	Ben. L. 33
RY Cep*	148.8	9.5— 13.6	—	+16	AN 259.109
S Car	149.49	5.4— 9.5	Moe	— 4	GL II, 1.177
RY Oph	149.6	7.6— 13.4	M5e	+10	GL II, 2.291
R Vir	149.8	6.2— 12.0	M6e	+69	KE 1943
RW Ind	150	9.6—[13.4	—	+41	Ben. L. 30
PR Aql	150	15.2—[17	—	— 7	KE 1943
DG Peg	150	11 —[13	—	—33	Ben. L. 33
ZZ Tel	150	14.4—[15.8	—	—18	Ben. L. 38
AS Tel	150:	13.1—[16.0	—	—21	Ben. L. 38

2. periodisch; halbregelmäßige Lichtkurven; Mira-ähnlich (NO Aql-Art)

Die Lichtkurven bestehen aus glatten Wellen, die entweder dem normalen δ Cephei-Charakter oder in verkleinertem Maßstab dargestellten Mira-Kurven entsprechen. In der Regel sind die Minima spitzer geformt als die Maxima. Der Helligkeitsanstieg verläuft durchweg wesentlich steiler als der Abfall. Stark entwickelte sekundäre Buckel treten sowohl auf dem aufsteigenden Ast als auch im Lichtabstieg auf. Zeitweilig werden mehr oder weniger tief aufgespaltene Doppelmaxima nach Art der Mira-Kurven γ_3 gebildet. Die Amplituden betragen im Mittel etwa 1^m4, zeigen aber beträchtliche Schwankungen, die vorzugsweise durch eine stark wechselnde Tiefe der Minima hervorgerufen werden. Die Periodenlängen sind ziemlich konstant. Durch das Auftreten von sekundären Wellen können jedoch die Hauptphasen größere Verschiebungen erleiden. Epochensprünge sind hier nicht beobachtet worden und dürften nur sehr selten vorkommen. Während die Entwicklung von spitzen Minima mit nachfolgenden Steilanstiegen sowie das Auftreten von Buckeln auf dem absteigenden Ast eine besondere Eigentümlichkeit der δ Cephei-Sterne darstellt, weisen die unregelmäßigen Schwankungen der Amplitude, die zeitweilige Entwicklung von Doppel-Maxima und insbesondere die Übereinstimmung der photographischen und visuellen Amplituden auf eine enge Verwandtschaft mit den Mira-Veränderlichen hin. Das einzige bisher bekannte Spektrum für diese Gruppe ist für TZ Cephei mit Mo angegeben. Die Veränderlichen dürften als Zwischenglieder zwischen den δ Cephei- und Mira-Sternen mit einer größeren Verwandtschaft zur letzten Gruppe anzusehen sein. Mäßige galaktische Konzentration.

Tabelle 14

Stern	P	$\frac{M-m}{P}$	mittl. Ampl.	Grenzen der Helligk.	Spek-trum	gal. Breite	Lit.
	d			m m			
BM Pav	62	0.39	—	10.2—11.8	—	—28°	Ben. L. 40
IU Sco	69.05	0.48	—	14.8—16.3	—	+ 8	HB 868
EE Lyr	73.0	0.44	0.9	11.4—13.0	—	+10	AN 244.136
NO Aql *	74.0	0.42	1.5	9.5—12.0	—	— 9	S. 36
XY Lac	78	0.38	—	12.7—13.7	—	— 4	AN 232.153
TZ Cep*	83.0	0.45	1.3	9.2—11.0	Mo	+11	AN 262.260
KK Aql *	89.2	0.42	1.2	9.6—11.4	—	— 5	S. 37

3. periodisch; halbregelmäßige Lichtkurven; Mira-ähnlich; eine überlagernde Welle schreitet mit anderer Periode fort (RY Cam-Art)

Die Sterne sind als eine Abart der Normalgruppe C1 aufzufassen. Eine verhältnismäßig glatte Mira-Lichtkurve mit spitzem Maximum, flachem Minimum und einer ziemlich konstanten Amplitude von etwa 1^{m}6 wird von einer sekundären Welle mit einem gleichfalls spitzen Maximum überlagert, die mit einer anderen festen Periode fortschreitet. Ob es sich hier tatsächlich um die Überlagerung zweier gleichartiger Lichtwechsel mit verschiedenen Periodenlängen handelt, bleibt abzuwarten.

Tabelle 15

Stern	P	Grenzen der Helligk.	Spektrum	gal. Breite	Lit.
	d	m m			
RY Cam*	135.4 (154^d)	7.6— 9.3	M3	+12°	EH 8, C25
BF Vul*	148.2 (95.4)	10.3—12.8	—	—14	S. 39

4. periodisch; wenig regelmäßige Lichtkurven; normale Mirasterne mit Amplituden >1^{m}5 bis 3^{m}0. (S Aql-Art)

Diese Langperiodischen haben größtenteils wenig regelmäßige Lichtkurven, die zum Teil so eigenartig verlaufen, daß man die Sterne kaum noch als Mira-Veränderliche ansprechen kann. Als Musterbeispiel für diese Gruppe kann S Aquilae gelten. Die Amplitude und Gestalt der einzelnen Wellen wechseln von Epoche zu Epoche. Größere sekundäre Schwankungen verunstalten die Kurven und verursachen Verlagerungen oder Aufspaltungen der Hauptphasen. Die Perioden sind oft in geringem Umfange veränderlich. Die Beziehungen zwischen den Spektren, Lichtkurven, Perioden und Amplituden sind von H. Ludendorff statistisch untersucht und im „Handbuch der Astrophysik" Bd. VI, 112 näher dargelegt. Keine galaktische Konzentration.

Tabelle 16

Stern	P	Grenzen der Helligk.	Spektrum	gal. Breite	Lit.
		m m			
UZ Del*	85^d	11.7—14.1	—	—13°	S. 41
UZ Aps	88.3	12.1—13.9	—	—11	KE 1943
AD Del	88.6	11.3—13.3	—	—16	VM I. 43
AB Ser	93	10.5—12.5	—	+14	Ben. L. 33
WW Oph	93.6	13.3—16.0	—	+17	KE 1943
OZ Sco	95.0	13.8—16.4	—	— 7	Ben. L. 33
FU CrA	99	13.8—16.3	—	— 8	Ben. L. 35
TU Cep	101.5	13.0—15.2	—	+ 6	KE 1943
V 392 Cyg	102	12.5—14.5	—	+15	Ben. L. 36
V 428 Cen	104:	13.3—14.9	—	+14	Ben. L. 37
V 733 Sgr	104.2	11.5—14.0:	—	—10	Ben. L. 37
AM Ser*	104.3	10.6—12.2	—	+45	S. 41
UY Tuc	105.2	12.2—13.8	—	+56	Ben. L. 33
V 418 Oph	106	13.8—15.5	—	+13	VM I. 70
BX Oph	108.3	15.0—16.6	—	+10	GL II, 2.308
V 395 Oph	110	12.1—15.0	—	+14	VM I. 59
Z Aur*	110.7	9.2—11.3	M3	+14	AN 252.271
XZ Mus	111	11.2—14.0	—	— 7	KE 1943
V 455 Cen	111	12.0—14.5	—	+31	Ben. L. 39
UU Del	111	14.1—16.3	—	—12	VM I. 38
NX Sco	111.45	13.8—16.0	—	+17	Ben. L. 33
CQ Lyr	114	13.5—15.7	—	— 6	VM II. 9
FW CrA	114.2	13.8—15.6	—	— 8	Ben. L. 35
EZ Oph	114.5	14.3—16.3	—	+ 9	GL II, 2.317
DK Sco	115.3	14.0—16.5	—	+11	KE 1943
W LMi*	117.2	10.5—13.5	—	+63	S. 41
BD Hya	118	11.0—13.2	—	+29	Ben. L. 37
LN Ara	120:	13.9—16.2	—	—15	KE 1943
AG Tel	120	12.8—15.1	—	—20	Ben. L. 38
V 721 Sgr	120±	12.0—14.0	—	—10	KE 1943
RS Cir	120.2	13.5—15.7	—	— 6	Ben. L. 29
FT CrA	120.5	13.4—16.0:	—	— 8	Ben. L. 35
GX Cyg	121	13.5—15.4	—	— 5	VM II. 109
HW Cyg	124.8	13.7—16.4	—	+ 6	VM II. 80
AL Cen	126	9.8—11.7	Mb	+10	KE 1943
RR CMi	128	12.9—14.6	—	+12	GL II, 1.165
V 461 Oph	128	14.6—16.3	—	+14	VM I. 64
EG CrA	128.1	13.6—16.5	—	— 7	Ben. L. 35

Tabelle 16 (Fortsetzung)

Stern	P	Grenzen der Helligk.	Spek-trum	gal. Breite	Lit.
	d	m m			
V 458 Oph	130	13.6—15.4	—	+15°	VM I. 64
AY Her	130	10.5—12.8	—	+44	GL II, 2.147
TW Oct	132	9.9—12.2	—	+30	Ben. L. 40
V 460 Oph	132	14.3—16.2	—	+14	VM I. 72
TX Peg*	132.1	7.9—10.1	M5	—35	EH 8, C36
TT Scl	132.7	13.8—16.2	—	+82	Ben. L. 33
DM Cen	132.8	14.8—16.4	—	+ 9	GL II, 1.252
SZ Lyr	133.4	10.5—12.5	—	+24	GL II, 2.229
BL Pav	136	10.2—13.0	—	—27	Ben. L. 40
YY Lyr	136.6	12.6—15.4	—	+12	VM II. 58
Z Aqr	136.9	7.2— 9.8	M2e	—73	GL II, 1.28
AQ Oph	137	12.0—15.0	—	+18	GL II, 2.302
KN Aql	139	9.1—10.9	—	—21	Ben. L. 29
YZ Del	139.6	12.1—14.5	—	—15	VM I. 42
VV Tel	140	12.6—14.8	—	—18	Ben. L. 38
TV CMi	140	14.7—16.8	—	+13	GL II, 1.168
CI Cen	140.1	14.6—16.5	—	+13	GL II, 1.249
L_2 Pup	140.75	3.7— 5.1	M5e	—16	KE 1943
V 649 Sgr	141:	13.9—16.0	—	— 9	Ben. L. 35
AB Tau*	142.2	10.4—12.0	—	— 2	S. 43
DY Sgr	142.4	13.7—16.1	—	—10	KE 1943
CI Vel	142.5	11.0—13.5	—	+ 5	Ben. L. 40
V 550 Cen	142.9	14.2—16.8	—	+21	HB 915
FH Cyg	143	13.0—15.0	—	+ 7	VM II. 75
DR Lup	143	14.0—16.0	—	+17	Ben. L. 40
AL Per	145	12.6—15.5	—	—10	VM I. 78
RY Leo	146.1	8.7—11.5	M2	+51	KE 1943
TX Sge	146.28	13.5—16.2	—	— 6	KE 1943
WZ Sco	146.5	12.2—14.8	—	+16	KE 1943
U CrA	146.5	8.4—11.0	M2e	—15	KE 1943
V 625 Sgr	146.8	14.4—16.1	—	— 8	Ben. L. 35
GZ Sco	147	13.8—15.8	—	— 9	Ben. L. 33
WW Del	147.3	13.8—15.5	—	—13	VM I. 40
S Aql*	147.8	8.4—12.0	M3e	—11	EH 8. C27
DE Lup	149	13.4—16.0	—	+16	Ben. L. 40
V 600 Oph	149.3	14.0—16.0	—	+ 9	Ben. L. 40
CV Cen	150	14.7—16.6	—	+ 6	GL II, 1.251
BE Tel	150	13.4—16.1	—	—17	Ben. L. 39
BG Pav	150	13.7—15.4	—	—20	Ben. L. 39
KW Cyg	150	13.5—16.0	—	+ 4	VM II. 89
IT Aql	150	14.2—17.0	—	— 7	KE 1943

5. periodisch; wenig regelmäßige Lichtkurven; Mira-ähnlich. (Z Leo-Art)

Die Lichtkurven zeigen recht lebhafte Schwankungen der Helligkeit mit stark wechselnden Amplituden und unterscheiden sich von der unter C2 beschriebenen NO Aql-Art durch ihren wesentlich

Tabelle 17

Stern	P	mittl. Ampl.	Grenzen der Helligk.	Spek-trum	gal. Breite	Lit.
	d	m	m m			
Z Leo*	56.77	0.7	8.6—10.0	M1e	+51°	EH 8. C38
BU Pav	71	—	10.5—11.2	—	—39	Ben. L. 40
AU Tau*	71.0	1.1	12.8—14.2	—	— 2	S. 43
V 488 Oph	72 ?	—	13.0—14.7	—	+13	VM I. 65
V UMi*	73.7 u. 67	0.6	7.1— 8.6	M4	+43	EH 8. C50
IQ Her	75	—	7.3— 8.2	Mb	+16	Ben. L. 39
AR Pup	75	—	9.0—10.8	—	— 3	Ben. L. 34
DN Peg*	76	0.7	11.1—12.0	—	—37	S. 44
TX Dra*	76.57	0.5	6.9— 8.3	M5	+39	EH 8. C42
IK Cyg	77.3	—	13.1—14.5	—	+ 4	VM II. 81
BU Peg*	78.8	0.7	12.3—12.9	—	—21	S. 44
BQ Ara	81.1	—	11.9—13.8	—	— 9	KE 1943
DM Her*	81.6	0.5	11.8—12.2	—	+29	S. 45
II Cyg	82 u. 94	—	13.9—15.0	—	+ 5	VM II. 80
UZ CMa*	82.5	—	11.5—12.5	—	—15	S. 45
BH Eri	89.9	—	10.7—12.5:	—	—52	Tok. Bull. 463
T For	93.3	0.7	8.5— 9.6	M2	+53	GL II, 2.98
UY Cas*	103.0	1.2	9.8—12.0	—	— 3	S. 46

unregelmäßigeren Verlauf. Die Gestalt und Neigung der einzelnen Kurvenäste ändert sich fortgesetzt. Im übrigen sind aber die Wellen ziemlich glatt geformt. Sekundäre Buckel oder Knicke werden nur selten beobachtet. Während bei den normalen Mira-Sternen ganz bestimmte Grundformen der Einzelwellen vorherrschend bleiben, kommen hier alle Typen der Mira-Kurven durcheinander vor. Die starke Schwankung der Amplitude führt zuweilen dazu, daß der Lichtwechsel in kurzen Abschnitten sehr flach verläuft und dann kaum noch eine Grundform erkennen läßt. Infolge der Verschiedenheit der Einzelwellen erscheinen die Maxima und Minima oft stark verschoben, so daß die Zwischenzeiten große Unterschiede aufweisen. Die mittleren Perioden bleiben trotzdem ziemlich konstant. Sprunghafte Änderungen oder Epochenverschiebungen kommen ebenso selten vor, wie bei den normalen Mira-Veränderlichen. Die vorhandenen Spektra liegen zwischen M1 und M5 und zeigen vereinzelt helle Linien. Eine galaktische Konzentration der Sterne ist nicht vorhanden. Nach den Lichtkurven scheinen sie mit den Mira-Sternen eng verwandt zu sein.

D. Langperiodische mit kleiner Amplitude (0^m3 bis 1^m5) ohne eigentümliche Grundform

1. periodisch; unregelmäßige Lichtkurven (TT Dra-Art)

Die Helligkeit wechselt periodisch in zumeist langgestreckten und flachen Wellen mit einer Maximal-Amplitude bis zu 1^m5. Fast immer sind die mittleren Amplituden sehr viel kleiner und übersteigen nur selten 1^m0. Irgendwelche Grundformen des Lichtwechsels treten nicht hervor. Dagegen sind die an sich schon unregelmäßig aufgebauten Wellen von zahlreichen Buckeln und Höckern überlagert, deren Realität in Anbetracht der rötlichen Färbung der Sterne und der damit verbundenen Schwierigkeit der Beobachtung nicht immer gesichert ist. Da die Zwischenzeiten der zumeist schlecht bestimmbaren Maxima und Minima meistens erheblich voneinander abweichen, können für die Perioden nur mittlere Werte

Tabelle 18

Stern	P	Grenzen der Helligk.	Spektrum	gal. Breite	Lit.
	d	m m			
V 647 Sgr	82.2	15.0—16.3:	—	− 8°	Ben. L. 35
RS Cam*	88.6	8.2— 9.5	Mb	+34	S. 47
V 471 Cen	90	13.0—14.5	—	+29	Ben. L. 39
TU Del*	90:	11.5—12.3	—	−17	S. 48
DW Lyr*	94.4	11.8—12.7	—	+11	S. 49
AY Vir	100.6	9.5—11	—	+57	AN 255.401
V 583 Sgr	101.6	14.0—15.2	—	− 7	Ben. L. 35
V 429 Cen	104	14.0—15.2	—	+17	Ben. L. 37
LR Sco	104.4	10.9—12.3	—	− 5	Ben. L. 33
V 369 Cen	105	9.0— 9.9	Mb	+ 8	Ben. L. 34
CN Aqr	105.5	12.5—13.6	—	−35	Ben. L. 33
RV Col	105.7	9.3—10.3	—	−29	Ben. L. 40
CE Lac	107	14.0—14.6	—	−14	VM II. 105
TT Dra*	107.4	8.5—10.3	M6	+35	EH 8. C34
SY Del*	109	11.8—12.6	—	−15	S. 49; VM I. 38
AH Del	112	14.8—15.9	—	−16	VM I. 44
RT Mon	115.3	8.1— 9.3	Ma	+12	GL II, 2.254
V 453 Cen	118	13.0—14.0	—	+24	Ben. L. 39
BN Vel	118.5	11.1—11.7	Mb	− 7	Ben. L. 40
V 426 Aql	119	14.5—15.5	—	−11	KE 1943
V 384 Cyg	120	12.7—14.1	—	− 6	Ben. L. 34
DZ Her	122.3	10.7—12.2	—	+18	AN 258.349
WX CMa	125	14.2—15.7	—	−10	Ben. L. 39
MN Cyg	125.0	14.5—15.2	—	− 9	KE 1943
UX Del	125.3	13.5—14.7	—	−14	VM I. 39
V 429 Oph	130	15.1—16.2	—	+12	VM I. 71
CT Ori	130.3	10.9—12.2	—	− 5	KE 1943
AA Per*	130.4	9.2—10.3	Mb	−11	AN 232.41 u. 262.276
DQ Ori	133	12.3—13.6	—	− 5	Ben. L. 28
W Hor	134	9.5—10.2	Mc	+54	KE 1943
FR Her	134.2	11.0—12.5	—	+25	Ben. L. 36
BI Eri	135.6	11.1—12.2	—	−48	Ben. L. 40
EM Ori	137	13.6—14.8	—	− 5	KE 1943
V 446 Aql	137	11.4—12.8	—	− 5	Ben. L. 37
AW Lyr	137.9	12.6—14.1	—	+20	GL II, 2.240; KE 1943
UY Cap	139	13.5—14.3	—	−32	KE 1943
SW Scl	144	10.3—11.7	Md3	+79	KE 1943
U Cir	145	12.0—13.5	S	− 5	GL II, 1.289
V 516 Cen	148	12.0—13.3	—	+20	KE 1943
RS Gem	148.7	10.1—11.2	—	+15	GL II, 2.104; KE 1943
EO Oph	149.2	15.0—16.5	—	+11	GL II, 2.315
UZ Pav	149.3	14.0—15.0	—	−17	KE 1943

abgeleitet werden, die aber im allgemeinen ziemlich konstant sind. Sie liegen zwischen $P = 82^d$ und 840^d mit einer Häufung bei etwa 155^d, so daß diese Veränderlichen nur z. T. in den Rahmen dieser Arbeit fallen und für die eigentliche Periodenlücke kaum in Betracht kommen. Epochenverschiebungen wurden nicht beobachtet. Eine galaktische Konzentration ist nicht vorhanden. Die Spektra gehören meistens der Klasse M an und zeigen keine Emissionslinien.

2. fast periodisch; unregelmäßige Lichtkurven (UV Dra-Art)

Lichtkurven wie D 1 (TT Dra-Art). In größeren Abständen treten Störungen des Lichtwechsels von kurzer Dauer auf, die das Ausfallen von einzelnen Maxima oder Minima hervorrufen können. Zeitweilig kommen die Helligkeitsänderungen auch ganz zum Stillstand, um nach einer Weile mit unverschobener Epoche und der alten Periode wieder aufzuleben. Spektra: F8—Nb mit einer Häufung der späteren Typen.

Tabelle 19

Stern	P	Grenzen der Helligk.	Spek-trum	gal. Breite	Lit.
	d	m m			
UV UMa*	61.8	11.0—11.5	—	+62°	S. 50
BK Cep	62.3	*13.8—14.5*	—	+ 9	Ben. L. 39; VM II. 112
RZ For	64.6	*8.8— 9.8*	Mc	+52	KE 1943
TW Aql*	64.6	9.9—10.7	K?	— 6	S. 51
AF Peg*	65	8.8— 9.8	M4	—36	S. 52
V 396 Oph	67±	*14.0—15.0*	—	+14	VM I. 68
AC Aqr*	67.2	10.2—10.8	F8	—32	S. 53
EL Ori	70	*12.3—13.2*	—	— 5	KE 1943
BD Peg*	71.6	8.8— 9.7	M8	—27	S. 55
XY Aqr*	72.7	*9.4—10.1*	Go	—68	S. 56
UV Dra*	77.4	8.6— 9.8	M4	+53	EH **8**. C40
TW Aqr*	79	*11 —12*	—	—29	S. 56 u. Mirow. Bull. 21
BZ Lac	80.5	*14.4—15.2*	—	—12	VM II. 105
UW Lib	85	*10.0—10.8*	K	+41	KE 1943
Z Ser*	87.6	8.5—10.1	—	+49	S. 56
RW Eri*	91.4	*10.2—11.7*	—	—35	S. 58
TT Per*	91.5	8.0— 9.2	M6	— 7	EH **8**. C33
RY CrB*	96.5	9.2—10.4	—	+42	S. 58
V 472 Oph	100	*12.7—14.0*	—	+14	VM I. 74
AA Tel	110	*13.9—14.8*	—	—20	HA **90**.243
AZ Sgr	113.5	*11.1—12.4*	F9	— 8	KE 1943
WX Aql*	115	10.5—11.6	M5	—11	S. 59
V 520 Oph	117	11.2—12.6	Ko	+ 5	Ben. L. 38
VY Tel	118	*13.3—13.9*	—	—17	Ben. L. 38
V 449 Cen	120	*11.0—11.8*	—	+26	Ben. L. 39
TV Tau*	120	10.5—11.6	—	—19	AN **262**.278
RR Cam*	123.5	9.6—11.3	—	+21	AN **262**.300 u. **232**.48
SX Sco	128?	*9.6—11.1*	Nb	— 3	KE 1943
OR Cen	129	*14.0—14.8*	—	+ 1	Ben. L. 33
UY Tel	135	*15.2—16.2*	—	—18	Ben. L. 38
V 427 Cyg	143	*10.9—12.4*	—	+ 3	VM II. 93
BM Lac	146.4	*13.9—15.2*	—	— 9	VM II. 104
T Equ*	147.5	9.3—10.9	M3	—27	AN **262**.302
VY And*	149	9.5—11.0	Nb	—13	EH **8**. C37

II. Veränderliche mit halbperiodischen Helligkeitsänderungen

Der wesentliche Unterschied der „Halbperiodischen" von der Gruppe der „Periodischen" besteht darin, daß der Lichtwechsel nicht mehr fortlaufend mit einer festen oder wenig veränderlichen Periode vollzogen wird, sondern nur abschnittsweise periodisch verläuft. Zwischen den periodischen Abschnitten treten gewöhnlich kürzere Epochen mit völlig regellosen Helligkeitsänderungen auf, nach deren Ablauf der ursprüngliche periodische Lichtwechsel, zumeist mit verschobener Epoche, in selteneren Fällen aber auch mit sprunghaft veränderter Periodenlänge fortgeführt wird.

1. halbperiodisch; halbregelmäßige Lichtkurven (AM Peg-Art)

Die Lichtkurven bestehen aus glatten und z. T. recht hohen Wellen, die je nach Eigenart der Sterne vorwiegend einen δ Cephei-, RV Tauri- oder Mira-Charakter zeigen. Dabei ist auch bei den einzelnen Sternen dieser Gruppe ein großer Wechsel in der Gestalt der Lichtkurve möglich. Die Bevorzugung einer bestimmten Grundform ist aber unverkennbar. Die Amplituden entsprechen den Grundformen des Lichtwechsels und liegen zwischen 1^m0 und 2^m5. Sie zeigen auch in den periodischen Abschnitten größere Schwankungen, wobei die Minima wesentlich stärker beteiligt sind als die Maxima. Nachdem der Lichtwechsel gewöhnlich mehrere Jahre hindurch ungestört periodisch verlaufen ist, tritt in Verbindung mit einer starken Schrumpfung der Helligkeitsamplitude eine völlige Regellosigkeit oder ein Stillstand ein. Dieser Zustand dauert zumeist nur mehrere Monate. Der alte Lichtwechsel setzt dann ziemlich plötzlich mit einer stark verschobenen Phase und zuweilen auch mit stark veränderter Periodenlänge wieder ein. Die vorhandenen Spektra liegen zwischen K2 und N3; bei AM Peg konnte das Auftreten von Emissionen nachgewiesen werden. Eine schwache galaktische Konzentration ist angedeutet.

Tabelle 20

Stern	P	mittl. Ampl.	Grenzen der Helligk.	Spektrum	gal. Breite	Lit.
	d		m m			
V 564 Oph	62.2	—	10.6— 11.5	—	+17°	Ben. L. 40
CT CrA	64?	—	13.7— 15.2	—	−19	Ben. L. 31
V 574 Oph	71.5	—	9.9— 11.0	—	+12	Ben. L. 40
V 638 Sgr	73.1	—	14.2— 15.3	—	− 8	Ben. L. 35
SV UMa*	75.3	0ᵐ8	9.1— 10.6	K2	+55	EH **8**, C53
TU Aqr*	97	1ᵐ0—2ᵐ4	11.4— 13.8	—	−29	S. 60
V 428 Aql	97.6	—	13.5— 14.5	—	− 8	Ben. L. 36
MT Sco	104.4	—	14.8—[16.5	—	− 5	KE 1943
TV And*	112.3	1.2	8.9— 10.8	M4	−16	EH **8**, C59
WW Tau*	113.6 u. 138.3	0.5 —2.7	9.1— 11.9	K7	−19	AN **262**.313; S. 61
KN Her	116	—	12.8— 14.2	—	+39	Ben. L. 40
EX Aql*	117 u. 99	0.85	10.8— 12.3	—	− 5	S. 62
TT Cyg	119.4	—	7.4— 8.7	N3	+ 5	GL II, **2**.16
RY Ara	135	—	9.0— 11.5	—	− 8	KE 1943
RV Lac	137?	—	9.5— 11.4	—	− 9	GL II, **2**.173
AM Peg*	137.1	1.3 —2.0	8.9— 11.0	M1e	−17	AN **262**.306

2. halbperiodisch; wenig regelmäßige Lichtkurven; mehrere feste Perioden lösen einander ab (UU Herculis-Art)

Bei den Sternen UU Herculis und V Lyncis wurde das Vorhandensein von zwei verschiedenen konstanten Perioden festgestellt, die einander ablösen, indem immer eine von ihnen eine längere Zeit hindurch allein den Lichtwechsel bestimmt, um dann nach einem kurzen Übergang der anderen die Führung zu überlassen. Dank einer fast lückenlosen und ausgedehnten Überwachung konnten für beide Sterne auf Grund von zahlreichen Beobachtungen sichere Lichtkurven gezeichnet werden, die den eigenartigen Lichtwechsel für einen Zeitabschnitt von über 16 Jahren darstellen. Da den einzelnen Perioden ganz bestimmte Formen der Helligkeitsschwankungen zugehören, erscheinen die Kurven durch den in größeren Abständen erfolgenden Periodenwechsel in mehrere verschiedenartige Abschnitte gegliedert. Die Wellen sind im allgemeinen ziemlich glatt geformt. In den Abschnitten mit der kürzeren der beiden Perioden haben sie zumeist die Gestalt von langgestreckten δ Cephei-Kurven (Anstieg steiler als Abfall; manchmal auch Buckel auf dem absteigenden Ast). Zuweilen besteht die Neigung, abwechselnd tiefe oder flache Minima zu bilden, die aber nur selten mehrere Epochen hindurch anhält. Während der Gültigkeit der längeren Perioden verläuft der Lichtwechsel RV Tauri-ähnlich, wobei oft eine auffallende fortschreitende Gestaltsänderung der Doppelwellen hervortritt. In Übereinstimmung mit den echten RV Tauri-Sternen fällt auch hier der Unterschied der Minima zeitweilig ganz fort. Die Helligkeitsamplitude sinkt dabei gewöhnlich fast auf die Hälfte. Dieser Zustand kann während eines ganzen Abschnitts bestehen bleiben und einen Lichtwechsel mit der halben Periodenlänge vortäuschen. Zu anderen Zeiten sind wiederum die Neben-Minima und die darauffolgenden 2. Maxima der RV Tauri-ähnlichen Schwankungen so schwach entwickelt, daß sie nur noch als Buckel oder langgestreckte Stufen im Lichtabstieg der Einzelwellen nachweisbar bleiben. Die Amplitude erreicht zu diesen Zeiten ihr Maximum. Beim Wechsel der Perioden sind während einer kurzen Übergangszeit unregelmäßige Schwankungen vorhanden, die wahrscheinlich aus einer Überlagerung der beiden periodischen Helligkeitsänderungen entstehen.

Die Periodenlängen betragen für UU Her: 72^d und 90^d
V Lyn: 87 und 109

Das Verhältnis der Periodenlängen stimmt mit 4 : 5 bei beiden Sternen überein. Das Spektrum ist für UU Her mit cF8 angegeben, für V Lyn unbekannt. Die Farbenklasse k5 läßt aber bei V Lyn auf einen etwas späteren Spektraltyp schließen. Nach Kat. u. Eph. f. 1943 soll der Veränderliche KQ Cen gleichfalls zwei feste Perioden nebeneinander zeigen. Die Zugehörigkeit zur UU Her-Gruppe erscheint indessen noch zweifelhaft. Keine galaktische Konzentration.

Tabelle 21

Stern	P	Grenzen der Helligk.	Spektrum	gal. Breite	Lit.
		m m			
UU Her*	72ᵈ u. 90ᵈ	8.3— 9.3	cF8	+41°	EH **8**, C44; S. 63
V Lyn*	87 109	8.6— 9.8	(K5)	+21	EH **8**, C46; S. 67
KQ Cen	136 159	12.0—13.5	—	− 2	KE 1943

3. halbperiodisch; unregelmäßige Lichtkurven (AF Cyg-Art)

In den Lichtkurven wechseln Abschnitte mit lebhaften und zumeist unregelmäßig geformten Wellen mit solchen von fast geradlinigem Verlauf. Häufig treten auch kürzere Strecken mit sehr niedrigen und völlig regellosen Schwankungen auf. Die Amplitude des Lichtwechsels ist bei den meisten Sternen sehr klein und beträgt im Mittel etwa $0^{m}.5$. Infolge dieser Tatsache können schon verhältnismäßig niedrige sekundäre Wellen die einzelnen Kurvenäste durch Buckel, Höcker oder Stufen so entstellen, daß die Periodizität der Grundwellen kaum noch nachzuweisen ist. An anderen Stellen treten in derselben Lichtkurve dann wieder längere Ketten mit glatten und ungestörten Wellen auf. Bei allen Sternen dieser Gruppe ereignen sich in größeren, unregelmäßigen Zeitabständen sprunghafte Phasenverschiebungen, die entweder nach kurzem Bestehen wieder aufgehoben werden oder bis zum nächsten Epochensprung wirksam bleiben und damit die Lichtkurve in mehrere Abschnitte gliedern. Mit den Epochenverschiebungen, die vorzugsweise nach einem vorübergehenden Stillstand des Lichtwechsels auftreten, ist sehr häufig auch eine geringe Änderung der Periodenlänge verbunden. Die Maxima und Minima treffen ziemlich unpünktlich ein. Ihre Zeiten weichen im Mittel um etwa 8% der Periodenlänge von den gerechneten Epochen ab. Viele dieser Veränderlichen zeigen auch langsame und unregelmäßige Schwankungen ihrer mittleren Helligkeit bis zu etwa $0^{m}.5$. Die vorhandenen Spektra gehören ausnahmslos der Klasse M (2—7) an. Emissionslinien des Wasserstoffs sind nur bei AF Cyg beobachtet worden, der durch seine größere mittlere visuelle Amplitude $0^{m}.75$ etwas herausfällt. Die mittlere (reduzierte) galaktische Breite beträgt 30°. Die Periodenlängen liegen zwischen $P = 34^{d}$ und 150 . Nach den Lichtkurven ist eine Verwandtschaft mit den μ Cephei-Sternen anzunehmen.

Tabelle 22

Stern	P	mittl. Ampl.	Grenzen der Helligk.	Spektrum	gal. Breite	Lit.
	d		m m			
DV TrA	34.3	—	13.2—16.1	—	−11°	Ben. L. 29
RT Ara	38.3	—	10.5—11.8	—	−11	KE 1943
FK Lyr*	38.3	$0^{m}.4$	12.0—12.5	—	+ 9	S. 70
IM Cen	49.2	—	13.7—14.9	—	+ 6	GL II, 1.261
SS Dra*	51.5	0.25	8.6—10.0	Mb	+46	S. 71
RR CrB*	54.7—58.5	0.4	7.5— 8.4	Mb	+52	S. 72
V 381 Aql	54.8	—	13.5—14.5	—	− 9	VM I. 30
GO Her	55	—	9.9—11.2	—	+24	NNVS 5.201
T Ret	56	—	11.4—13.2	—	−45	Ben. L. 25
BP Cep	57.5	—	12.6—13.4	—	+ 8	Ben. L. 39
V 513 Oph	58±	—	10.5—11	—	+11	Ben. L. 36
DW Peg	60:	—	9.7—10.3	—	−21	NNVS 5.196
Y Pyx	60	—	13.2—14.8	—	+16	KE 1943
V 450 Aql	63.5	—	8.0— 8.5	Mb	− 6	Ben. L. 38
AI Aur*	63.9	0.3	9.2— 9.8	M3	+10	AN 262.298
RY Ant	65:	—	11.4—12.8	—	+20	Ben. L. 34
IT Cyg	67.4	—	13.0—15.2	—	+ 4	VM II, 81
V 371 Oph	68 ?	—	13 —15.5	—	+25	Ben. L. 28
TX Per*	76.1	0.9	9.8—12.5	Mp	−20	S. 74
BW Cep	83.5	—	13.9—14.8	—	+ 3	Ben. L. 39
BC Aqr	88	—	14.6—16.2	—	−56	Ben. L. 29
SU Sgr	88	—	8.3— 9.1	M7	−13	GL I, 2.172
AF Cyg*	88.6	0.3—1.4	6.4— 8.1	M4e	+12	EH 8, C55
FO Her	93±	—	10.5—12	—	+29	Ben. L. 36
GQ Oph	95	—	14.4—16.6	—	+ 9	Ben. L. 26
HY Her	96	—	12.1—13.3	—	+38	Ben. L. 39
CH Cyg*	97.4	0.35	6.4— 7.4	M4	+16	S. 76
SS Cep*	98.7	0.35	6.9— 7.9	Mb	+19	S. 78
V 510 Oph	103	—	12.3—13.2	—	+12	KE 1943
CH Cep	107	—	13.3—14.4	—	+ 3	Ben. L. 39
EX Her	109	—	14.2—16.2	—	+24	VM I. 53
CK Cep	110	—	12.4—13.1	—	+ 2	Ben. L. 39
SW Mon	112	—	9.1—10.6	M2	− 4	KE 1943
EZ Her	118	—	12.1—12.9	—	+24	VM I. 54
BF Lyr	130 u. 106	—	14.4—[16.2	—	+14	VM II. 52
EL Lup	133	—	14.1—15.1	—	+15	KE 1943
EG Lyr	136	—	11.1—13.1	—	+14	KE 1943
AB Del	137.3	—	13.8—15.2	—	−14	VM I. 43
CV Lyr	140	—	10.8—13.1	—	+18	KE 1943; VM II.51
V 469 Aql	150	—	13.5—15	—	−17	Ben. L. 39

4. halbperiodisch; unregelmäßige Lichtkurven; langsame periodische Schwankungen der mittleren Helligkeit (TW Peg-Art)

Der Lichtwechsel unterscheidet sich von dem vorher beschriebenen im wesentlichen nur durch das Vorhandensein von erheblichen periodischen Schwankungen der mittleren Helligkeit. Die Perioden dieser sehr langgestreckten Wellen liegen zwischen 470 und 1200 Tagen. Im allgemeinen verlaufen die kurzperiodischen Helligkeitsänderungen unregelmäßiger als bei den Sternen der AF Cyg-Gruppe, so daß sie oft nur noch als zyklisch gelten können. Die Spektra gehören mit M3 bis N5 etwas späteren Klassen an. In Einzelfällen (X Her) treten helle Wasserstofflinien auf. Eine bevorzugte galaktische Verteilung ist nicht vorhanden. Die Periodenlängen liegen zwischen $74^{\mathrm{d}}3$ und $>150^{\mathrm{d}}$. Auch diese Sterne dürften den μ Cephei-Veränderlichen nahe verwandt sein.

Tabelle 23

Stern	kurze Per.	lange Per.	Grenzen der Helligk.	Spektrum	gal. Breite	Lit.
	d		m m			
Z Eri	74.3	1200d	6.4— 7.8	Mb	—57°	GL II, 2.94
RV Cyg	75	470	7.1— 9.3	N5p	—12	KE 1943
TW Peg*	90	956	6.5— 9.2	M8	—22	S. 80
UZ Per	90	920	7.8— 9.5	M4	—23	KE 1943
RT Cnc	94.4	540	7.3— 8.6	Ma	+32	KE 1943
Y Hya	95	1200	6.5— 8.0	N3p	+25	BZ 21.72
S Lep	95	835	6.0— 7.4	Me	—21	AN 267.397
X Her	100.7, 400	>1000	5.8— 7.2	Me	+48	GL II, 2.127
UU Dra	120	960	9.0—10.2	M6	+20	GL II, 2.86
BQ Ori	126	795	6.9— 8.9	M3	— 2	KE 1943
X Crv	127	?	9.5—10.5	—	+43	KE 1943

III. Veränderliche mit zyklisch verlaufenden Helligkeitsänderungen

1. zyklisch; unregelmäßige Lichtkurven (VY Cas-Art)

Die Veränderlichen dieser Gruppe zeigen nur geringe Helligkeitsschwankungen mit einer mittleren visuellen Amplitude von etwa $0^{\mathrm{m}}3$ bis $0^{\mathrm{m}}5$. Ihre Lichtkurven bestehen gewöhnlich aus einer Folge von

Tabelle 24

Stern	P	mittl. Ampl.	Grenzen der Helligk.	Spektrum	gal. Breite	Lit.
	d	m	m m			
DQ Oph	35:	—	13.9— 16.0	—	+10°	HB 857
AU Eri	62±	—	10.5— 11.5	—	—42	Ben. L. 36
AQ Del	66	—	10.4— 11.9	—	—15	VM I. 45
RU Aqr*	68.7	0.4	9.0— 10.3	M5e	—68	S. 81
IN Her	70±	—	11.9— 12.7	—	+37	Ben. L. 39
V 555 Cen	72±	—	13.8— 15.3	—	+17	Ben. L. 40
BE Peg*	78	0.3	9.3— 10.3	—	—32	S. 82
BV Vul	79±	—	10.5— 11.5	—	—11	KE 1943
CX Ori	80?	—	13.0— 14.8	—	— 3	Ben. L. 27
AF Per*	89	0.5	9.5— 10.7	M2	—16	AN 262.308
WX Cas	90±	—	8.8— 10.2	—	— 2	VFPA 5.192
EQ Sco	90	—	14.7— 16.3	—	+10	Ben. L. 26
U Lup	91	—	9.7— 10.2	Go	+19	GL II, 2.209
AT Cep	94:	—	12.2— 13.7	—	+15	MN 97.541
VY Cas*	100	0.5	9.0— 10.2	M5	+ 1	EH 8, C56
AU Tel	100	—	13.3— 14.4	—	—21	Ben. L. 38; HA 90.243
BY Lyr	100±	—	14.1— 15.4	—	+ 8	VM II, 84
HK Ara	100±	—	14.0— 15.0	—	—14	Ben. L. 35
ST Del	102	—	11.2— 12.3	—	—19	Ben. L. 28
LU Aql*	106	0.5	9.5— 11.5	M1	— 2	S. 83
2.1935 Leo*	107	0.3	9.7— 10.3	—	+68	S. 84
AH Hya	110	—	13.7— 16.0	—	+24	Ben. L. 34
DN Aql	110?	—	11.6— 12.3	—	—13	KE 1943
AR Cep	116:	—	7.1— 7.8	Mb	+21	KE 1943
GZ Cyg	120±	—	13.5— 14.8	—	+ 9	VM II. 78
BO Sco	120?	—	15 — 16	—	+18	KE 1943
BC Peg*	125	0.35	9.3— 10.3	—	—33	S. 85
GV Lyr	125±	—	13.9— 15.0	—	+12	VM II. 62
X Cnc	130	0.1—1.1	5.9— 7.5	N3	+33	KE 1943
BC Car	130	—	12.8— 13.6	—	0	KE 1943
BE Pav	130	—	11.0— 12.0	—	—23	Ben. L. 38
AR Tau	130	—	14.8— 16.0	—	—10	Ben. L. 34
AX Tau	134	—	14.2— 14.9	—	— 3	VM I. 84
RU Pyx	135	—	13.9— 15.5	—	+19	Ben. L. 34
ST Peg*	136	0.4	8.3— 10.1	M6e	—29	EH 8, C58
Z CMi	140	—	14.0— 15.2	—	+10	GL II, 1.164
CX Ara	140:	—	15.0—[16.5	—	—12	Ben. L. 35
YY Ori	140?	—	11.8— 12.8	—	—20	KE 1943
AX Ser	141	—	13.6— 15.3	—	+11	VM I. 67
AD Lac	145	—	13 — 14	—	— 5	GL II, 2.182
V 541 Sgr	145±	—	12.4— 14.4	—	— 6	Ben. L. 35
FI Lyr	146	—	9.5— 10.5	—	+24	Ben. L. 35
W Tri	148	—	8.3— 9.0	M5	—30	KE 1943

unregelmäßig geformten Schwankungen, die von zahlreichen sekundären Wellen verschiedener Länge und Höhe überlagert sind. Die Hauptphasen weisen eine sehr verschiedene Höhe auf und werden von den Überlagerungen häufig in mehrere Teilphasen aufgespalten. So entstehen zuweilen 2 bis 3 gleichwertige Maxima oder Minima nebeneinander, die eine eindeutige Festlegung von Hauptphasen-Epochen unmöglich machen. Trotzdem ist aber, besonders in den weniger gestörten Abschnitten, zeitweilig das Auftreten einer Periode oder wenigstens die Bevorzugung bestimmter Zwischenzeiten zu erkennen. In der Regel besteht eine Kette von Hauptphasen nur über etwa 4 bis 8 Epochen, um dann einer inzwischen hervorgetretenen Folge von Nebenphasen die Führung zu überlassen. Zuweilen sind mehrere nebeneinander laufende Zyklen mit gleicher Periode aber verschiedener Phase vorhanden. Die Periodenlängen liegen zwischen 35^d und $>150^d$ und zeigen von $P = 60^d$ ab eine langsam zunehmende Häufung. Eine galaktische Konzentration ist nicht vorhanden. Die Spektra gehören zumeist den späten Klassen M und N an. Eine Ausnahme scheint U Lup mit $P = 91^d$ und dem Spektrum G0 zu bilden.

2. zyklisch; unregelmäßige Lichtkurven (UW Peg-Art)

Während in den Lichtkurven der vorstehend behandelten Gruppe noch Abschnitte mit periodischem Gepräge auftreten und die dort vorhandene feste Periode auch in dem übrigen, z. T. ganz unregelmäßig erscheinenden Teil der Lichtkurve nachweisbar ist, kann eine solche Gesetzmäßigkeit bei den UW Peg-Sternen nicht festgestellt werden. Eine völlige Regellosigkeit des Lichtwechsels scheint aber nicht vorzuliegen, weil die Zwischenzeiten der aufeinanderfolgenden Maxima oder Minima bestimmte Werte bevorzugen, die innerhalb gewisser Grenzen immer wieder hervortreten. So erhält man aus Zusammenfassungen der Zwischenzeiten für verschiedene Abschnitte der Lichtkurven fast die gleichen Mittelwerte. Eine Darstellung der beobachteten Phasenepochen mit diesen Werten ist aber auch für kurze Zeitabschnitte nicht möglich. Die mittlere Amplitude der Helligkeitsänderungen ist klein und dürfte $0^m\!.5$ nur selten überschreiten. Die beiden bekannten Spektra gehören der Klasse M an.

Tabelle 25

Stern	P	Grenzen der Helligk.	Spektrum	gal. Breite	Lit.
		m m			
TW Del*	63^d ?	10.3—12.8	—	—19°	S. 86
DU Sco	70 ?	12.2—13.5	—	+11	Ben. L. 26
HU Oph	77	15.0—[16.5	—	+ 8	HA **90**.232
AH Cru	83	13.4—14.4	—	+ 1	BAN 288
V 646 Sgr	97	13.8—15.7	—	— 8	Ben. L. 35
UW Peg*	106	8.7—9.9	M4	—43	EH **8**, C65
DW Sco	120 ?	15.0—16.4	—	+11	Ben. L. 26
R Men	121	9.0—10.5	Mb	—30	KE 1943
BW Per	121 ?	10 —11	—	—14	KE 1943
SZ CMi	125	12.4—13.4	—	+12	GL II, 1.167

Die Verteilung der Sterne auf die Periodenlängen

Die in Abb. 6 gegebene graphische Darstellung soll ein Bild von der Verteilung der Veränderlichen auf die Periodenlängen liefern, wie es sich aus der Zusammenfassung der neueren Beobachtungen und auf Grund einer Durchsicht der vorhandenen Literatur ergibt. Zu diesem Zweck wurden die in der obigen Zusammenstellung der Ergebnisse aufgeführten Periodenlängen abschnittsweise von 10 zu 10 Tagen zusammengefaßt und die Zahl der auf die einzelnen Abschnitte entfallenden Veränderlichen den mittleren Periodenwerten zugeordnet. In der graphischen Darstellung geben somit die Ordinaten der Kurvenpunkte die Anzahl der Veränderlichen für ein 10tägiges Periodenintervall, dessen Mitte auf der Abszisse abzulesen ist.

Im oberen Feld der Abb. 6 ist die Periodenverteilung für die Gesamtheit aller in Frage kommenden 502 Veränderlichen dargestellt. Durch waagerechte Schraffierung ist der Anteil, den die δ Cephei-Sterne (links) und die Mira-Veränderlichen mit Amplituden $>1^m\!.5$ (rechts) einnehmen, besonders hervorgehoben. Die gerissene Kurve entspricht daher der Summe der im unteren Teil unserer Abbildung gegebenen Einzelkurven für die Untergruppen und gibt somit ein Bild, wie sich die Gesamtheit der periodischen, halbperiodischen und zyklischen Veränderlichen, die den beiden normalen Hauptgruppen nicht angehören, auf die Periodenlängen verteilt.

In den darunter befindlichen Einzeldarstellungen sind die miteinander verwandten Untergruppen teilweise zusammengefaßt wiedergegeben. Einige Kurven zeigen einen stark gewellten Verlauf, der nicht allein auf eine Streuung in der Verteilung der Werte zurückzuführen ist. Die in der Kurve für die Langperiodischen mit kleiner Amplitude (Gruppen I, D1 u. 2) vorhandene Folge von Häufigkeits-Maxima bei 90, 105 und 120^d ist zweifellos durch eine Abrundung von unsicheren Ergebnissen entstanden. Gerade bei diesen langsam und in geringem Umfange veränderlichen Sternen sind von den Beobachtern häufig

„vorläufige" Perioden von etwa 3, $3^1/_2$ oder 4 Monaten angegeben worden, die dann mit den Werten $P = 90$, 105 und 120^d in die Ephemeriden und Kataloge eingingen und in Ermangelung weiterer Beobachtungen später nicht verbessert wurden. Die in den übrigen Darstellungen vorhandenen längeren und stärker ausgeprägten Wellen sind aber unbedingt als reell anzusehen und weisen auf eine Bevorzugung bestimmter Periodenlängen hin.

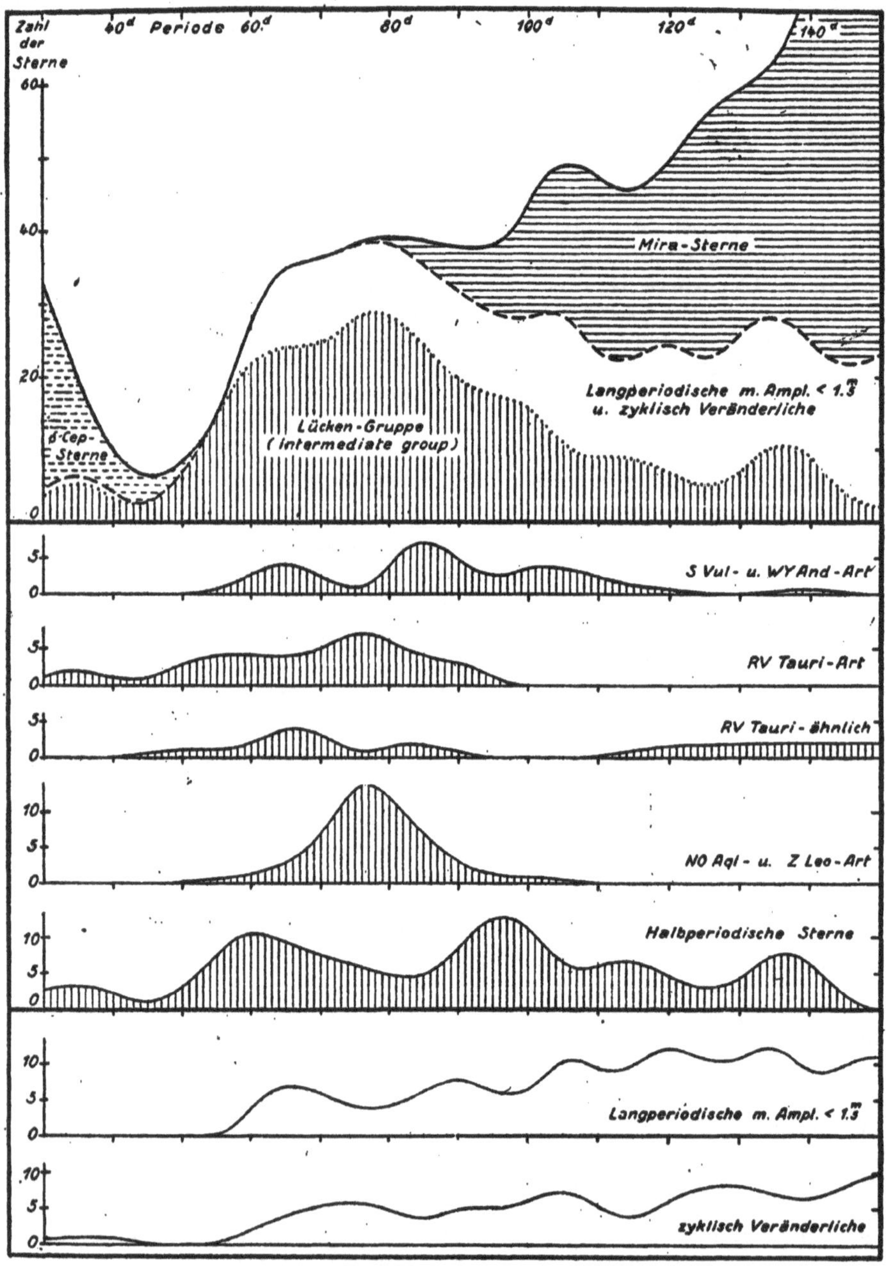

Abb. 6. Physische Veränderliche mit Perioden von 30 bis 150 Tagen.
Verteilung der Sterne auf die Periodenlängen.

Von den in der Abbildung wiedergegebenen Untergruppen sind die δ Cephei-ähnlichen vom Typus S Vul und WY And, die echten RV Tauri-Sterne (R Sge- und DF Cyg-Art) und RV Tauri-ähnlichen (R Sct- und RU Cep-Art) sowie die Mira-ähnlichen vom Typus NO Aql und Z Leo innerhalb des Perioden-Bereichs zwischen 30 und 120 Tagen fast restlos erfaßt, so daß diese Sterngruppen sich im wesentlichen auf die Periodenlücke der δ Cephei- bzw. Mira-Sterne beschränken und daher als die charakteristischen periodischen Veränderlichen der Lücken-Gruppe (intermediate group) anzusehen sind. Im ganzen handelt es sich hier um 84 Sterne, deren Perioden eine ausgesprochene Häufung bei $P = 78^d$ aufweisen.

Auch die halbperiodischen Veränderlichen beschränken sich fast ausschließlich auf einen begrenzten Bereich, der zwischen etwa 45 und 145 Tagen liegt und somit die Periodenlücke umschließt. Innerhalb dieser Grenzen treten besonders bei 61^d und 96^d Häufungen der Perioden auf. Damit gehören auch diese 70 Veränderlichen zweifellos zur „Lücken-Gruppe".

Die Periodenverteilung für die Gesamtheit dieser 154 Sterne ist im Kopf der Abb. 6 durch eine punktierte Kurve und senkrechte Schraffierung dargelegt. Auch diese Häufigkeitsfunktion hat ein ausgeprägtes Minimum bei $P = 44^d$ (nur 3 Sterne zwischen $P = 40$ bis 50^d). Innerhalb des Bereichs $P = 50$ bis 110^d ist die Häufigkeit der Sterne ziemlich groß und erreicht bei $P = 77^d$ mit 29 Sternen zwischen $P = 72$ bis 82^d ihr Maximum.

Tabelle 26

Verteilung der Veränderlichen mit Perioden von 30 bis 150 Tagen

Periodenlänge von 5 zu 5 Tagen	30—35	35—40	40—45	45—50	50—55	55—60	60—65	65—70	70—75	75—80	80—85	85—90	90—95	95—100	100—105	105—110	110—115	115—120	120—125	125—130	130—135	135—140	140—145	145—150	Summe
I. Periodische Veränderliche:																									
δ Cephei-Sterne (A1)	10	4	2	2	0	0	1	—																	19 Sterne
δ Cephei-ähnliche (A2 u. 3)					—	1	2	2	0	0	4	4	0	2	2	2	0	1	0	0	0	1	—		21 ,,
RV Tauri-Sterne[1]) (B1 u. 2)	1	1	0	1	2	2	2	2	3	4	2	2	1	—											23 ,,
RV Tauri-ähnliche[1]) (B3 u. 4)			—	1	0	1	1	3	0	0	2	0	0	0	0	0	0	1	1	0	2	0	2	1	15 ,,
Mira-Sterne (C1, 3 u. 4)									—	1	1	3	4	5	11	10	14	9	16	18	16	18	42	42	200 ,,
Mira-ähnliche (C2 u. 5)					—	1	1	1	6	7	5	2	1	0	1	—									25 ,,
Langperiodische m. kl. Ampl. (D1 u. 2)						—	4	3	3	1	3	2	5	1	5	6	3	7	5	5	6	6	2	8	76 ,,
Summe:	11	5	2	4	2	5	11	11	12	13	17	14	11	8	19	18	17	18	22	23	24	25	36	51	379 Sterne
II. Halbperiodische Veränderliche: Gruppen 1—4	1	2	0	1	2	5	6	3	4	3	1	4	4	9	3	2	4	3	1	2	2	6	1	1	79 Sterne
III. Zyklische Veränderliche: Gruppen 1—2	—	1	0	0	0	0	2	2	3	3	2	1	4	1	5	3	2	1	5	3	5	2	4	4	53 ,,
Gesamt-Summe:	12	8	2	5	4	10	19	16	19	19	20	19	19	18	27	23	23	22	28	28	31	33	41	56	502 Sterne

[1]) Länge der Doppelwellen.

Wesentlich anders liegen die Verhältnisse bei den 76 Langperiodischen mit Amplituden $< 1^m5$ vom Typus TT Dra und UV Dra sowie bei den 53 zyklischen Veränderlichen vom Typus VY Cas und UW Peg. Sowohl aus Abb. 6 wie auch aus der einen größeren Perioden-Bereich umfassenden Abb. 1 geht hervor, daß die Perioden dieser Sterne nur zu einem kleinen Teil in den Bereich der Periodenlücke fallen. Bei den Langperiodischen mit Ampl. $< 1^m5$ ist zwar eine erhebliche Häufung der Perioden zwischen 60 und 210 Tagen mit einem Maximum bei $P = 160^d$ zu bemerken; im übrigen sind diese Sterne in ziemlich gleichmäßiger Weise bis über $P = 400^d$ hinaus verteilt.

Bei den zyklischen Veränderlichen vom Typus VY Cas und UW Peg scheint nach Abb. 1 das Auftreten von längeren Perioden sehr selten zu sein. Nach einer langjährigen Beobachtung von zahlreichen unperiodischen Veränderlichen hat sich jedoch gezeigt, daß ein beträchtlicher Teil dieser Sterne zeitweilig zyklische Helligkeitsänderungen erkennen läßt, deren Auffindung aber mit zunehmender Periode schwieriger wird. Es ist im übrigen aber fraglich, ob man diese Sterne wegen der großen Unregelmäßigkeiten ihres Lichtwechsels überhaupt in die vorliegenden Betrachtungen einbeziehen soll.

Da die Zyklen dieser Veränderlichen jedoch nicht die geringste Häufung innerhalb der Periodenlücke zwischen 45 und 90 Tagen aufweisen und auch nicht auf diesen Bereich beschränkt bleiben, können die Zyklischen ebensowenig wie die Langperiodischen mit Amplituden $< 1^m5$ als Sterne der Lücken-Gruppe (intermediate group) bezeichnet werden.

Die galaktische Verteilung

Die für die einzelnen Sterne gegebenen galaktischen Breiten b wurden auf graphischem Wege aus Sternkarten bestimmt und dürften daher um etwa 1 bis 2° unsicher sein. Als Pol der Milchstraße wurde nach K. Graff[1]) der Ort (1925.0) 12^h50^m +26°.7 zugrundegelegt. Die verhältnismäßig kleine Zahl der in den einzelnen Gruppen zusammengefaßten Veränderlichen reicht für eine nähere Untersuchung der Verteilung der Sterne auf der Himmelskugel nicht aus. Sie ist aber in den meisten Fällen groß genug, um wenigstens das etwaige Vorhandensein und den Grad einer Zusammendrängung zur Milchstraßen-

[1]) K. Graff: Die Umrisse und Helligkeitsverhältnisse der Milchstraße nördlich von 25° südlicher Deklination. (1920).

ebene erkennen zu lassen. Zu diesem Zweck wurden für die einzelnen Veränderlichengruppen mittlere „reduzierte" galaktische Breiten abgeleitet.

Die Bildung des arithmetischen Mittels aus den vorhandenen Breiten wäre in diesem Falle wenig sinnvoll, da die höheren Breiten dabei stark benachteiligt würden. Die Berücksichtigung des Breitenunterschieds durch gewichtsmäßiges Mitteln mit Hilfe des Faktor $\frac{1}{\cos b}$ würde allein noch nicht zum Ziele führen, da die starke Abplattung des Milchstraßensystems ihrerseits gleichfalls eine erhebliche scheinbare Zusammendrängung der Sterne zum galaktischen Äquator hervorruft. Diese Häufung ist bekanntlich für die einzelnen Spektralklassen sehr verschieden. Da im vorliegenden Fall die Verteilung der Veränderlichen innerhalb der Sterne mit gleichem oder ähnlichem Spektrum untersucht werden soll, war infolgedessen bei den einzelnen Untergruppen die normale galaktische Konzentration der jeweils vorherrschenden Spektralklassen zu berücksichtigen. Zu diesem Zwecke wurden aus den von A. Schwassmann und A. Wachmann[1]) aufgestellten Tabellen der „Sternzahlen pro Quadratgrad im Helligkeitsintervall 0^m bis $12^m.5$ für verschiedene Spektralklassen" weitere Gewichtsfaktoren p bestimmt, mit denen der Einfluß der galaktischen Konzentration der normalen Sterne ausgeschaltet wird. Das Gewicht p ergibt sich aus $p = \frac{n_0}{n_b}$, wobei n_0 und n_b die Anzahl der Sterne pro Quadratgrad am galaktischen Äquator bzw. in der Breite b bedeuten. Werden die galaktischen Breiten der Veränderlichen mit diesen Faktoren gewichtsmäßig gemittelt, so ergibt sich bei einer gleichmäßigen Verteilung unter den Sternen ihrer Spektralklasse ein Wert, der mit etwa $b_{red} = 45°$ ziemlich genau in der Mitte zwischen Pol und Äquator liegt. Eine Verlagerung dieser reduzierten galaktischen Breite in Richtung des Äquators zeigt nun in aller Deutlichkeit das Vorhandensein sowie das Maß einer der betr. Veränderlichengruppe eigentümlichen galaktischen Konzentration an.

Selbstverständlich können diese Werte noch durch weitere systematische Einflüsse verfälscht werden. Unter ihnen dürfte sich wohl am stärksten die bevorzugte Erforschung der Milchstraßengebiete auswirken, die in den letzten Jahren in größerem Umfange von C. Hoffmeister in Sonneberg durchgeführt worden ist. Durch den Einfluß dieser Arbeiten, der sich rechnerisch nicht in Ansatz bringen läßt, wird auch in den hier erhaltenen Ergebnissen eine etwas größere Zusammendrängung der Veränderlichen zur Milchstraße vorgetäuscht als sie in Wirklichkeit vorhanden ist.

Als wesentliches Ergebnis dieser Untersuchung wird die Tatsache festgestellt, daß der Lichtwechsel der Veränderlichen mit Perioden zwischen 30 und 150 Tagen im allgemeinen um so glatter und regelmäßiger verläuft, je stärker die entsprechende Untergruppe zur Milchstraße ausgerichtet erscheint.

Tabelle 27

Galaktische Konzentration der einzelnen Veränderlichengruppen innerhalb ihrer Spektralklassen

stark 0°—10°	mäßig 11°—20°	schwach 21°—34°	keine 35°—45°
SV Vul-Art	R Sge-Art	RU Cep-Art	Z Leo-Art
DF Cyg-Art	R Sct-Art	X Cam-Art	S Aql-Art
	WY And-Art	AM Peg-Art	TT Dra-Art
	S Vul-Art	AF Cyg-Art	UV Dra-Art
	NO Aql-Art	UW Peg-Art	VY Cas-Art
	(RY Cam-Art)	(UU Her-Art)	

Die stärkste Zusammendrängung zur Milchstraße zeigen die in der ersten Gruppe zusammengefaßten langperiodischen δ Cephei-Sterne. Bei der Ableitung der mittleren reduzierten galaktischen Breite wurden die beiden Sterne ST Hydri und RR Microscopii wegen ihrer völlig herausfallenden galaktischen Breiten von 42° und 48° ausgeschlossen. Beide Sterne sind wenig bekannt und ihre Zugehörigkeit zur δ Cephei-Klasse kann nicht als völlig sicher betrachtet werden. Aber auch unter Einschluß dieser Außenseiter würden die δ Cephei-Sterne mit einer mittleren reduzierten galaktischen Breite von $b = 8°$ noch an der Spitze stehen.

Da die folgenden Gruppen in ihren glatten Lichtkurven zumeist eine δ Cephei-ähnliche Grundform aufweisen, dürfte ihre Anordnung in niedrigen galaktischen Breiten die Wahrscheinlichkeit verwandtschaftlicher Beziehungen zu den normalen δ Cephei-Sternen erhöhen.

Besonders auffällig ist der Unterschied in der galaktischen Verteilung bei den Untergruppen der Langperiodischen. Während die Mira-Sterne mit Helligkeitsamplituden $>3^m.0$ (X Cam-Art) mit einer mittleren reduzierten galaktischen Breite von 25° deutlich eine schwache galaktische Konzentration erkennen lassen, ist diese bei den Langperiodischen mit Ampl. $<3^m.0$ (S Aql-Art: $b_{red} = 44°$, TT Dra-Art: $b_{red} = 44°$ und UV Dra-Art: $b_{red} = 36°$) nicht vorhanden.

[1]) Bergedorfer Spektraldurchmusterung Bd. 2 (1938).

Beziehungen zwischen Spektrum und Lichtwechsel

Über die Beziehungen zwischen Spektrum und Lichtwechsel können lediglich Betrachtungen allgemeiner Art angestellt werden, da nur für 124 Sterne (25%) der in Frage kommenden 502 Veränderlichen Spektralbeobachtungen vorliegen. Nähere Untersuchungen, die über den Rahmen der Bestimmung des Spektraltyps hinausgehen, sind nur bei einzelnen helleren Veränderlichen angestellt worden und dürften in Anbetracht der Lichtschwäche der meisten Sterne auch in Zukunft auf Schwierigkeiten stoßen. Die Spektralangaben für die in der vorliegenden Arbeit gegebenen Zusammenstellungen sind den Verzeichnissen in Kat. u. Eph. f. 1943 entnommen. Ein Überblick über die Verteilung der Spektra zeigt, daß in den meisten Untergruppen ganz bestimmte Spektralklassen vertreten sind. Man kann daraus schließen, daß Sterne mit äußerlich ähnlichen Lichtkurven gewöhnlich auch gleichartige Spektra besitzen. In Übereinstimmung damit zeigen die Veränderlichen mit einem δ Cephei-ähnlichen Lichtwechsel frühere Spektra als die Mira-ähnlichen Sterne. Diese Wahrnehmung könnte die Vermutung nahelegen, daß diese Untergruppen als gerade Übergänge zwischen den δ Cephei- und Mira-Sternen anzusehen sind. Die Beziehungen zwischen den Spektren und Lichtkurven der beiden Hauptgruppen sind indessen nicht scharf genug ausgeprägt, um daraus auf etwa vorhandene Übergangsformen der Lichtkurven

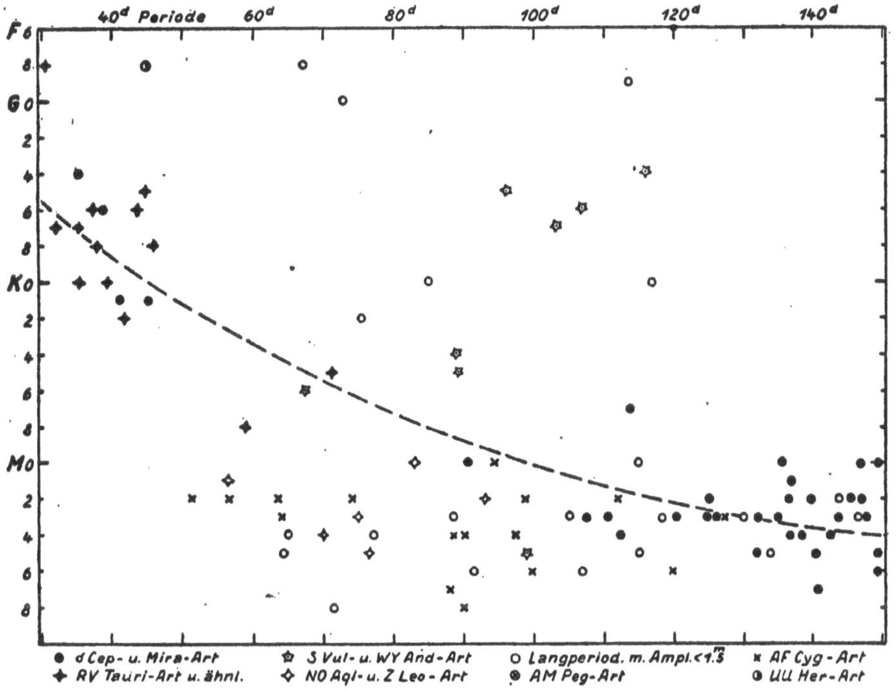

Abb. 7. Beziehungen zwischen Spektrum und Periode.

Schlüsse ziehen zu können. Wesentlich schärfere Beziehungen sind durch das von W. W. Campbell[1]) aufgefundene Perioden-Spektren-Gesetz gegeben, das die Veränderlichen der beiden Hauptgruppen von den Haufen-Sternen bis zu den Mira-Veränderlichen längster Periode in eine kontinuierliche Folge stellt. B. P. Gerasimovič[2]) hat in seiner bereits erwähnten Arbeit die Sterne der „intermediate group" nach dem Vorhandensein oder Fehlen dieser Beziehung eingeteilt und damit die Frage ihrer Zugehörigkeit zu einer der beiden Hauptgruppen zu entscheiden versucht. Das Ergebnis war indessen wenig überzeugend und ist inzwischen durch die Erweiterung unserer Kenntnis des Lichtwechsels dieser Sterne völlig überholt. Nachdem in der vorliegenden Arbeit auf Grund des umfangreichen neuen Beobachtungsmaterials eine Einteilung nach den Lichtkurven vorgenommen worden ist, kann erneut geprüft werden, wie weit die einzelnen Untergruppen der Perioden-Spektren-Beziehung genügen. Zu diesem Zweck wurden alle Veränderlichen mit Perioden zwischen 30 und 150 Tagen, für die Spektra vorhanden sind, mit ihrem mittleren Spektrum und ihrer Periode zu einem Diagramm vereinigt. Die eingetragene Kurve entspricht der von Shapley und Walton[3]) aufgestellten Perioden-Spektren-Beziehung. Für die RV Tauri-Sterne wurden die Längen der Einzelwellen, mithin die halben Perioden in Ansatz gebracht.

Abb. 7 zeigt besser als jede Beschreibung das völlige Fehlen der Perioden-Spektren-Beziehung für die Veränderlichen mit Perioden zwischen 50 und 120 Tagen. Eine Ausnahme bilden hier nur die echten Mira-Sterne, die innerhalb dieser Periodengrenzen liegen. Während über diese Grenzen hinaus die Mira-

[1]) Lick Obs. Bull. 6.51 (1920). — [2]) Harv. Circ. 342 (1929). — [3]) Harv. Circ. 313 (1927).

Veränderlichen sowie die δ Cephei- und RV Tauri-Sterne mit einer gewissen Streuung dem Verlauf der Kurve folgen, fällt in der Periodenlücke der größte Teil der übrigen Veränderlichen nach unten heraus. Im Vergleich zu den beiden Hauptgruppen haben diese Sterne für ihre relativ kurzen Perioden zu späte Spektra. Es fällt dabei auf, daß die Halbperiodischen vom Typus AF Cygni, ganz unabhängig von ihren Periodenlängen, die sich hier zwischen 50 und 126 Tagen verteilen, übereinstimmend der Spektralklasse M angehören. Völlig ungeordnet erscheinen die Verhältnisse bei den Langperiodischen mit kleiner Amplitude. Während die TT Dra-Sterne sehr späte Spektra aufweisen, treten bei den UV Dra-Sternen ohne eine Beziehung zur Periode die verschiedensten Spektra zwischen F8 und M8 bzw. Nb auf. Es ist aber zu beachten, daß diese Sterne an der Grenze zwischen den Periodischen und Halbperiodischen stehen. Überraschend ist das Verhalten der Mira-ähnlichen vom Typus NO Aql und Z Leo sowie der δ Cephei-ähnlichen vom Typus S Vul bzw. WY And. Nach den Lichtkurven wäre bei diesen 4 Untergruppen eine Einfügung in die Perioden-Spektren-Beziehung zu erwarten gewesen. Die Mira-ähnlichen zeigen aber nach dem Diagramm für ihre Perioden zu späte Spektra. Sehr viel ausgeprägter ist diese Abweichung bei den δ Cephei-ähnlichen, die für ihre frühen Spektra viel zu lange Perioden aufweisen. Selbst wenn das zeitweilige, zumeist aber sehr seltene Auftreten von RV Tauri-artigen Doppelwellen die Halbierung der Perioden rechtfertigen könnte, würden diese Sterne immer noch außerhalb der Perioden-Spektren-Beziehung liegen. Daneben zeigen die Schwankungen der Radialgeschwindigkeiten sowohl bei den δ Cephei- als auch bei den Mira-ähnlichen so erhebliche Abweichungen von dem bei den entsprechenden Hauptgruppen vorgefundenen Verlauf, daß eine Einordnung in die normale Folge auch aus diesem Grunde unmöglich wäre.

Nach dem Diagramm scheint indessen eine sehr enge Verwandtschaft zwischen den RV Tauri-Veränderlichen und den langperiodischen δ Cephei-Sternen zu bestehen. Diese Wahrnehmung wird durch zahlreiche Ähnlichkeiten im Aufbau der Einzelwellen der Lichtkurven, durch ihre gleichartige galaktische Konzentration sowie durch übereinstimmende, mit dem Lichtwechsel synchron verlaufende Schwankungen der Radialgeschwindigkeiten stark gestützt. Legt man für diese Betrachtungen die Längen der Einzelwellen zugrunde, so bleiben die Perioden der echten RV Tauri-Sterne mit $P = 16^d\!.5$ bis $46^d\!.1$ innerhalb der durch die δ Cephei-Veränderlichen gezogenen Grenzen.

Zwischen dieser Grenze bei $P = 46^d$ und dem Auftauchen der Mira-Sterne bei etwa $P = 90^d$ gibt es keine Sterngruppe, die sich der Perioden-Spektren-Beziehung einfügt. Mit ganz vereinzelten Ausnahmen, deren Zugehörigkeit zur δ Cephei- bzw. Mira-Klasse zudem noch nicht gesichert ist, gibt es daher in der Periodenlücke keine geraden Übergänge zwischen den beiden Hauptgruppen. Die von Gerasimovič empfohlene Heranziehung dieser Korrelation dürfte somit wenigstens zu einem negativen Ergebnis geführt haben.

Wesentlich weniger begründet scheint die von L. Jacchia[1]) vorgenommene Einteilung der physischen Veränderlichen nach dem Auftreten oder Ausbleiben von Emissionslinien in den Spektren zu sein. Nach Jacchia gehören alle Veränderlichen mit hellen Linien — einige N- und R-Sterne ausgenommen — zu den Mira-Sternen. Alle übrigen, bei denen bislang keine Emissionslinien beobachtet worden sind, werden zu den „Halbregelmäßigen" oder „Unregelmäßigen" gezählt. Die RV Tauri-Schwankungen sind nach Jacchia als eine Anomalie des Lichtwechsels zu betrachten, die bei fast allen Gruppen der periodischen und halbperiodischen Veränderlichen auftreten kann. Es hat sich indessen gezeigt, daß bei zahlreichen Sternen, die sicherlich nicht dem Mira-Typus angehören, wie z. B. μ Cephei, RS Cnc und AF Cyg, darüber hinaus bei den RV Tauri-Sternen und sogar bei einzelnen δ Cephei-Veränderlichen zeitweilig helle Linien auftreten. Da die Emissionen immer nur eine gewisse Zeitlang sichtbar bleiben, ist ihr Auftreten oder Fehlen in vielen Fällen schwer nachzuweisen. Im übrigen kann aber als Regel gelten, daß das Auftreten von hellen Linien in den Spektren der Veränderlichen mit kleinen Helligkeitsamplituden verhältnismäßig selten ist.

Die engeren Beziehungen der einzelnen Untergruppen zueinander werden wahrscheinlich erst nach einer erheblichen Erweiterung unserer Kenntnis der Spektra, insbesondere durch Berücksichtigung der Radialgeschwindigkeiten, der Geschwindigkeitskurven und der absoluten Helligkeiten zu ermitteln sein. Da die Beschaffung einer ausreichenden Zahl von Spektren angesichts der Lichtschwäche der meisten Sterne sehr schwierig ist, wurde von mir im Jahre 1929 mit der Bestimmung von Farbenindizes begonnen. In der Zeit von 1928 Jan. 25 bis 1939 Mai 24 wurden von den hier in Betracht kommenden 106 Veränderlichen insgesamt 355 photographische Beobachtungen erhalten. Als Instrumente dienten dafür von 1928 Jan. bis 1932 März der 160 mm-Astrograph, f = 80 cm, der Gummeltschen Privat-Sternwarte zu Hamburg-Großborstel, später die 105 mm-Astro-Kamera, f = 50 cm, am 142 mm-Refraktor in Hamburg. Die Aufnahmen wurden gleichzeitig mit der visuellen Beobachtung nach Möglichkeit im Maximum und Minimum der Helligkeit vorgenommen, um sowohl den Betrag als auch die Änderung des Farbenindexes bestimmen zu können. Es wurde erhofft, aus den mittleren Farbenindizes sowie aus Art und Umfang ihrer Veränderlichkeit wertvolle Hinweise für eine Klassifizierung unserer Sterne zu gewinnen. Leider ist die geplante einheitliche Auswertung der Aufnahmen durch die Vernichtung der Plattensammlung infolge des bereits erwähnten Fliegerangriffs auf Hamburg hinfällig geworden.

[1]) Publ. Oss. Bologna II, 14 (1933).

Sämtliche Spektra zeigen die typischen Merkmale für das Vorhandensein von großen absoluten Helligkeiten, so daß es sich bei den in Frage kommenden Veränderlichen ausschließlich um Riesen oder Überriesen handeln dürfte.

Zusammenfassung der Ergebnisse

Die im Jahre 1923 in Angriff genommene Beobachtung aller erreichbaren Veränderlichen mit Perioden von 30 bis 150 Tagen sollte die Grundlagen für eine klare Trennung und Gruppierung des innerhalb dieses Periodenbereichs vorhandenen bunten Gemisches von physischen Veränderlichen liefern. Da die innerhalb dieser Grenzen vertretenen δ Cephei- und Mira-Sterne durch die gründlichen Bearbeitungen von M. Güssow[1]), C. Hoffmeister[2]) und H. Ludendorff[3]) ziemlich restlos erfaßt waren, kamen für die vorliegenden Untersuchungen fast ausschließlich die übrigen physischen Veränderlichen in Betracht. Die scharfe Trennung der δ Cephei- und Mira-Sterne, die insbesondere durch das völlige Fehlen dieser Veränderlichen innerhalb des Periodenbereichs von 45 bis 90 Tagen zum Ausdruck kommt, wird durch das Auftreten einer kleineren Zahl von andersgearteten Sternen überbrückt, deren Perioden sich im wesentlichen auf die von den beiden Hauptgruppen gemiedene Lücke beschränken. Es handelt sich dabei um die RV Tauri-Sterne sowie um verschiedene andere Veränderliche mit zumeist kleinen Helligkeitsamplituden, die sich infolge ihres verschiedenen Lichtwechsels nicht zu einer einheitlichen Klasse zusammenfassen lassen. Die bisher unternommenen Versuche, die Veränderlichen dieser Perioden-Lücke (intermediate group) in Gruppen einzuteilen oder verwandtschaftliche Beziehungen zueinander bzw. zu den δ Cephei-, Mira- oder μ Cephei-Sternen nachzuweisen, haben infolge des Fehlens einer hinreichenden Kenntnis ihres Lichtwechsels nur zu wenig befriedigenden Ergebnissen geführt.

Das Hauptgewicht der Arbeit wurde deshalb auf die Erfassung aller mit den vorhandenen optischen Hilfsmitteln erreichbaren Veränderlichen sowie auf eine möglichst gründliche Erforschung ihres Lichtwechsels gelegt. Durch die Erweiterung der Periodengrenzen auf $P = 30$ bis 150^d war die Gewähr gegeben, auch die äußersten Glieder dieser Gruppe einbezogen zu haben.

In der Zeit von 1923—39 wurden im Rahmen dieses Programms von 192 Veränderlichen fast 35 000 Beobachtungen erhalten, von denen 21 000 Beobachtungen von 86 Sternen bereits veröffentlicht worden sind. Durch den Ausbruch des Krieges und die spätere Zerstörung der Privat-Sternwarte des Verfassers mußten die Arbeiten leider vorzeitig abgebrochen werden.

In der vorliegenden Abhandlung sind aus dem noch vorhandenen Material 8521 Beobachtungen von 66 Veränderlichen sowie die daraus abgeleiteten Ergebnisse mitgeteilt. Daneben ist der Versuch unternommen, sämtliche z. Zt. bekannten physischen Veränderlichen mit Perioden von 30 bis 150 Tagen nach ihren Lichtkurven zu ordnen und einzuteilen. Neben den Ergebnissen aus eigenen Beobachtungen wurden dazu auch alle erreichbaren Angaben aus der Literatur herangezogen.

Da die Periode des Lichtwechsels in diesem Falle als das wesentlichste Merkmal für die Eingruppierung der Veränderlichen anzusehen ist, wurde ihr Bestehen sowie auch ihre Konstanz oder Veränderlichkeit geprüft und danach eine Gliederung der Sterne in Periodische, Halbperiodische oder Zyklische vorgenommen. Erst in zweiter Linie wurden die charakteristischen Merkmale der Lichtkurven berücksichtigt, wobei sowohl Gestalt und Regelmäßigkeit im Aufbau der Wellen als auch Ähnlichkeiten mit den Grundformen der δ Cephei- oder Mira-Sterne besondere Beachtung fanden. Die nach dem äußeren Befund der Lichtkurven erfolgte Einteilung der Veränderlichen scheint aber nach der Übereinstimmung der in den einzelnen Gruppen auftretenden Spektralklassen sowie nach den vorgefundenen Merkmalen in der galaktischen Verteilung auch eine gewisse innere Berechtigung zu haben. Es ist jedoch dabei zu beachten, daß die Abgrenzung der einzelnen Gruppen und Untergruppen gegeneinander wegen der fließenden Übergänge etwas willkürlich und unsicher ist.

Infolge der großen Regelmäßigkeit ihres Lichtwechsels lassen sich die δ Cephei-Sterne verhältnismäßig leicht von den übrigen Veränderlichen trennen. Ihre obere Periodengrenze dürfte zwischen etwa 45 und 50 Tagen liegen. Der in dieser Gruppe aufgeführte Stern II Carinae mit $P = 64^d\!.24$ muß als eine seltene Ausnahme gelten, und es ist nicht ausgeschlossen, daß dieser bislang noch wenig beobachtete Veränderliche sich später als ein RV Tauri-Stern erweist. Etwas schwieriger liegen die Verhältnisse bei den Mira-Sternen, deren Lichtwechsel weniger regelmäßig verläuft. Als nachweislich echter Mira-Stern dürfte T Centauri mit einer Periode von $P = 91^d$ an erster Stelle stehen. Einige Sterne mit etwas kürzeren Perioden, die in den beiden Hauptgruppen der Mira-Sterne untergebracht sind, gehören sinngemäß wohl eher in die Gruppe der Langperiodischen mit kleiner Amplitude ($< 1^m\!.5$), konnten dort aber wegen ihrer etwas zu großen Amplituden definitionsgemäß nicht eingereiht werden.

Die Langperiodischen mit kleinen Amplituden treten mit Perioden von etwa 60 Tagen mitten in der Periodenlücke auf. Sie weichen in ihrem Verhalten erheblich von den Mira-Sternen ab und weisen auch eine andersgeartete Periodenverteilung auf. Innerhalb des hier untersuchten Periodenbereichs zwischen $P = 30$ bis 150^d sind 76 Sterne und somit 32% dieser Gruppe erfaßt worden. Ihre Perioden reichen bis weit über 400 Tage hinaus.

[1]) Dissertation, Berlin (1924). — [2]) AN 225.201 (1925). — [3]) Handb. d. Astrophys. VI. 89 (1928).

Neben den periodischen und halbperiodischen Veränderlichen sind auch die zyklischen Sterne aufgenommen worden, deren Lichtwechsel nur zeitweilig periodisch verläuft oder in der Aufeinanderfolge der Extrema bestimmte Zwischenzeiten bevorzugt. Diese Veränderlichen gehören z. T. dem μ Cephei-Typus an und könnten mit gleichem Recht als „unperiodisch" bezeichnet werden. Ihre Perioden oder Zyklen beginnen gleichfalls mit etwa 60 Tagen, beschränken sich aber durchaus nicht auf den hier untersuchten Bereich.

Obgleich die Langperiodischen mit kleiner Amplitude sowie die Zyklischen mit ihren Perioden weit in die von den δ Cephei- und Mira-Sternen gemiedene Lücke zwischen 45 und 90 Tagen hineinreichen, können sie damit doch keineswegs als charakteristische Veränderliche der Lücken-Gruppe (intermediate group) betrachtet werden.

Um so mehr trifft diese Bezeichnung auf die folgenden Gruppen zu, die innerhalb dieses Periodenbereichs nicht allein gehäuft auftreten, sondern im großen und ganzen auch auf diesen beschränkt bleiben. Es handelt sich dabei um die folgenden Gruppen:

RV Tauri-Sterne	(R Sge- und DF Cyg-Art)
RV Tauri-ähnliche	(R Sct- und RU Cep-Art)
δ Cephei-ähnliche	(S Vul- und WY And-Art)
Mira-ähnliche	(NO Aql- und Z Leo-Art)
Halbperiodische	(AM Peg-, AF Cyg-, TW Peg- und UU Her-Art)

Von diesen Gruppen bilden nur die an erster Stelle genannten RV Tauri-Sterne mit ihren besonders charakteristischen Lichtkurven eine geschlossene Einheit. Die hier durchgeführte langjährige Überwachung aller erreichbaren Sterne dieses Typs bestätigt die von B. P. GERASIMOVIČ vertretene Auffassung, nach der zur RV Tauri-Gruppe nur die relativ kurzperiodischen Sterne mit Perioden bis zu etwa 100 Tagen gehören, während die Sterne mit längeren Perioden bis zu etwa 150 Tagen bestenfalls noch zu den RV Tauri-ähnlichen, die darüber hinaus liegenden aber zweifellos zu den Mira-Sternen zu zählen sind. Die Einzelwellen der echten RV Tauri-Sterne entsprechen in ihrem Aufbau den δ Cephei-Kurven mit dem Unterschied, daß sie etwas unregelmäßiger verlaufen und von Epoche zu Epoche in stark veränderter Form auftreten können.

Es kann überhaupt als Regel gelten, daß alle Veränderlichen der Periodenlücke im Vergleich mit den δ Cephei- oder Mira-Sternen bemerkenswerte Unregelmäßigkeiten in ihrem Lichtwechsel zeigen, die sich sowohl auf die Form als auch auf die Periode und Amplitude erstrecken.

Bei den δ Cephei-ähnlichen, Mira-ähnlichen und Halbperiodischen treten überzeugende Ähnlichkeiten unter den Lichtkurven verschiedener Sterne verhältnismäßig selten hervor, so daß die Frage nach Zufall oder Gesetzmäßigkeit oft schwer zu entscheiden ist. Darüber hinaus könnten allein aus einer vorhandenen äußeren Übereinstimmung der Formen noch keine sicheren Schlüsse auf die gleiche Ursache des Lichtwechsels oder auf eine gleichartige Beschaffenheit der Sterne gezogen werden. So sind einzelne Veränderliche, wie z. B. RV CVn und UU Cnc, nach ihrem Lichtwechsel jahrelang als δ Cephei- bzw. RV Tauri-Stern angesprochen worden, bis die spektrale Untersuchung ihre Zugehörigkeit zur Klasse der Bedeckungsveränderlichen ergab. Für die Gesamtheit unserer Veränderlichen dürften derartige Ausnahmen kaum ins Gewicht fallen. Tatsächlich haben die von H. LUDENDORFF angestellten statistischen Untersuchungen der Mira-Sterne ganz klare Beziehungen zwischen den Lichtkurven, Perioden, Amplituden und Spektren ergeben und somit die von ihm aufgestellte und lediglich auf der äußeren Gestalt der Lichtkurven beruhende Klassifikation dieser Veränderlichen aufs beste gerechtfertigt.

Auch in unserem Falle könnte eine Bestätigung der verwandtschaftlichen Beziehungen der Veränderlichen untereinander oder zu einer der Normalgruppen erst auf Grund einer genauen Kenntnis der Spektra, Radialgeschwindigkeiten und absoluten Helligkeiten erlangt werden. Leider sind zur Zeit nur für 25% dieser Veränderlichen die Spektra bekannt. Diese reichen gerade aus, um die Stellung unserer Sterne zur Perioden-Spektren-Beziehung prüfen zu können. Dabei zeigt sich, daß von den vorstehend zusammengestellten Gruppen nur die RV Tauri-Sterne sich der kontinuierlichen Folge einfügen, die von den δ Cephei- zu den Mira-Veränderlichen führt. Für die RV Tauri-Sterne gilt diese Beziehung nur dann, wenn man unter Berücksichtigung der periodischen Schwankungen ihrer Radialgeschwindigkeiten die halbe Periodenlänge zugrunde legt. Unter dieser Annahme stehen jedoch die RV Tauri-Sterne mit ihren Perioden mitten in den langperiodischen δ Cephei-Veränderlichen, so daß die eigentliche Periodenlücke nach wie vor keine Veränderlichen aufweist, die der Perioden-Spektren-Beziehung genügen. Sowohl bei den δ Cephei-ähnlichen wie bei den Mira-ähnlichen stehen überdies auch die Schwankungen der Radialgeschwindigkeiten im Widerspruch zu den bei den Normalklassen vorgefundenen Gesetzmäßigkeiten.

Zusammenfassend ergibt sich, daß die periodischen Veränderlichen der Lücken-Gruppe (intermediate group) trotz sicher vorhandener verwandtschaftlicher Beziehungen keinesfalls als normale Übergangsformen zwischen den δ Cephei- und Mira-Sternen angesehen werden dürfen. Die relative Seltenheit dieser Sterne deutet gemeinsam mit der Mannigfaltigkeit und Unregelmäßigkeit ihres Lichtwechsels darauf hin, daß das Auftreten von Perioden zwischen 45 und 90 Tagen an eine gewisse Instabilität im physischen Zustand der in Betracht kommenden Riesensterne gebunden ist.

Abkürzungen in den Literaturangaben

AN	Astronomische Nachrichten.
Ann. Obs. Belg.	Annales de l'Observatoire Royal de Belgique. Nouvelle Série. Annales Astronomiques.
BAF	Bulletin de l'Association Française d'Observateurs d'Étoiles Variables.
BAN	Bulletin of the Astronomical Institutes of the Netherlands.
Ben.L.	Benennungslisten der Veränderlichen Sterne in den Astronomischen Nachrichten.
BZ	Beobachtungszirkular der Astronomischen Nachrichten.
EH	Astronomische Abhandlungen. Ergänzungshefte zu den Astronomischen Nachrichten.
GL	Geschichte und Literatur des Lichtwechsels der Veränderlichen Sterne.
HA (Harv. Ann.)	Annals of the Astronomical Observatory of Harvard College.
HB (Harv. Bull.)	Bulletin of the Harvard College Observatory.
Harv. Circ.	Harvard College Observatory Circular.
KE	Katalog und Ephemeriden veränderlicher Sterne.
Kyoto Bull.	Bulletin published by the Kwasan Observatory, Kyoto Imperial University.
Lick Obs. Bull.	University of California Publications. Astronomy. Lick Observatory Bulletins.
Lyon Bull.	Bulletin de l'Observatoire de Lyon.
Mirow. Bull.	Mirowedenie Astronomical Bulletin.
MN	Monthly Notices of the Royal Astronomical Society.
NNVS	Verein von Freunden der Physik und Astronomie in Gorki (Nishni-Novgorod). Veränderliche Sterne. Forschungs- und Informations-Bulletin.
Potsd. Publ.	Publikationen des Astrophysikalischen Observatoriums zu Potsdam.
Tadjik Circ.	Tadjik Observatory Circular. Stalinabad.
Tashkent Circ.	Astronomical Circular, Tashkent Astronomical Observatory.
Tokyo Bull.	Tokyo Astronomical Bulletin, published by the Tokyo Astronomical Observatory.
VM	Die Veränderlichen der nördlichen Milchstraße (Kl. Veröff. d. Univ.-Sternwarte Berlin-Babelsberg Nr. 19 u. 24).
VJS	Vierteljahrsschrift der Astronomischen Gesellschaft.

FSC
www.fsc.org
MIX
Papier | Fördert gute Waldnutzung
FSC® C083411

Kolibri 360 GmbH
Ferdinand-Jühlke-Straße 7
99095 Erfurt, Deutschland
produktsicherheit@kolibri360.de